Applied Probability
and Mathematical Statistics

应用概率与数理统计

（第2版）

马阳明　朱方霞　陈佩树　余晓美　江慧敏◎编著

中国科学技术大学出版社

内 容 简 介

　　本书是按照高等院校教学指导委员会关于概率统计课程的教学基本要求编写而成的.全书共分8章,前3章为概率部分,内容包括随机事件及其概率、随机变量及其分布以及数字特征;第4～7章为数理统计部分,内容包括抽样分布、参数估计、假设检验、回归分析;第8章为Excel在统计分析中的应用.本书的编写从实际问题出发,引入基本概念,注重讲清楚概率与数理统计处理问题的思想和方法,强调方法的应用.例题和习题尽量来源于学生熟悉的题材,叙述力求通俗易懂、深入浅出,适合初学者阅读.

　　本书可作为高等院校理工科非数学专业以及经济、管理等专业的教材或教学参考书,也适合读者自学使用.

图书在版编目(CIP)数据

应用概率与数理统计/马阳明,朱方霞,陈佩树,等编著.—2 版.—合肥:中国科学技术大学出版社,2018.9(2025.1 重印)

(应用型本科教育数学基础教材)

普通高等学校"十三五"省级规划教材

ISBN 978-7-312-04537-0

Ⅰ.应… Ⅱ.①马… ②朱… ③陈 Ⅲ.①概率论—高等学校—教材 ②数理统计—高等学校—教材 Ⅳ.O21

中国版本图书馆 CIP 数据核字(2018)第 186777 号

出版	中国科学技术大学出版社
	安徽省合肥市金寨路 96 号,230026
	http://press.ustc.edu.cn
	https://zgkxjsdxcbs.tmall.com
印刷	安徽省瑞隆印务有限公司
发行	中国科学技术大学出版社
经销	全国新华书店
开本	710 mm×1000 mm　1/16
印张	16.5
字数	277 千
版次	2013 年 8 月第 1 版　2018 年 9 月第 2 版
印次	2025 年 1 月第 13 次印刷
定价	36.00 元

总　　序

　　1998 年以来,出现了一大批以培养应用型人才为主要目标的地方本科院校,且办学规模日益扩大,已经成为我国高等教育的主体,为实现高等教育大众化作出了突出贡献.但是,作为知识与技能重要载体的教材建设没能及时跟上高等学校人才培养规格的变化,较长时间以来,应用型本科院校仍然使用精英教育模式下培养学术型人才的教材,人才培养目标和教材体系明显不对应,影响了应用型人才培养质量.因此,认真研究应用型本科教育教学的特点,加强应用型教材研发,是摆在应用型本科院校广大教师面前的迫切任务.

　　安徽省应用型本科高校联盟组织联盟内 13 所学校共同开展应用数学类教材建设工作,成立了“安徽省应用型高校联盟数学类教材建设委员会”,于 2009 年 8 月在皖西学院召开了应用型本科数学类教材建设研讨会,会议邀请了中国高等教育学著名专家潘懋元教授作应用型课程建设专题报告,研讨数学类基础课程教材的现状和建设思路.先后多次召开课程建设会议,讨论大纲,论证编写方案,并落实工作任务,使应用型本科数学类基础课程教材建设工作迈出了探索的步伐.

　　即将出版的这套丛书共计 6 本,包括《高等数学(文科类)》《高等数学(工程类)》《高等数学(经管类)》《高等数学(生化类)》《应用概率与数理统计》和《线性代数》,已在参编学校使用两届,并经过多次修改.教材明确定位于“应用型人才培养”目标,其内容体现了教学改革的成果和教学内容的优化,具有以下主要特点:

　　1. 强调“学以致用”.教材突破了学术型本科教育的知识体系,降低了理论深度,弱化了理论推导和运算技巧的训练,加强对“应用能力”的培养.

　　2. 突出“问题驱动”.把解决实际工程问题作为学习理论知识的出发点和落脚点,增强案例与专业的关联度,把解决应用型习题作为教学内容的有效补充.

　　3. 增加“实践教学”.教材中融入了数学建模的思想和方法,把数学应用软件的学习和实践作为必修内容.

4. 改革"教学方法". 教材力求通俗表达,要求教师重点讲透思想方法,开展课堂讨论,引导学生掌握解决问题的精要.

这套丛书是安徽省应用型本科高校联盟几年来大胆实践的成果. 在此,我要感谢这套丛书的主编单位以及编写组的各位老师,感谢他们这几年在编写过程中的付出与贡献,同时感谢中国科学技术大学出版社为这套教材的出版提供了服务和平台,也希望我省的应用型本科教育多为国家培养应用型人才.

当然,开展应用型本科教育的研究和实践,是我省应用型本科高校联盟光荣而又艰巨的历史任务,这套丛书的出版,用毛泽东同志的话来说,只是万里长征走完了第一步,今后任重而道远,需要大家继续共同努力,创造更好的成绩!

2013 年 7 月

第 2 版前言

本书自 2013 年出版以来已经五年,我们根据五年的教学实践以及同行们的宝贵意见和建议,对本书进行了修订完善,除了对书中的一些不当与疏漏之处进行修改之外,主要把修改的重点放在概念和结论的解释与叙述上,目的是使学生易学、教师易教,从而更好地帮助学生用随机观念和统计思想去思考问题和解决问题.

这次修订保留了第 1 版教材的特色,在内容上主要做了如下改动:

(1) 增加了二维正态分布及其相关内容、非正态总体均值的区间估计和成对数据的 t 检验;删除了李雅普诺夫中心极限定理和 6.4 节中"通过适当选取样本量控制犯第二类错误的概率"等内容.

(2) 对部分内容进行了局部的调整和改进.

(3) 更新了一些例子和习题.

(4) 新增了第 8 章"Excel 在统计分析中的应用",介绍了用 Excel 进行统计计算、区间估计、假设检验以及回归分析等.

(5) 新增了习题参考答案.

本书由马阳明负责修订前 3 章,余晓美负责修订第 4~7 章和编写第 8 章,江慧敏负责全书校对,全书由马阳明负责统稿、定稿.

在本书的修订过程中,我们得到了滁州学院数学与金融学院领导和承担本课程教学工作的老师的关心和支持,他们对本书提出了许多宝贵的意见和建议;我们还参阅了许多优秀教材,从中选取了一些例题和习题. 特在此一并表示衷心的感谢. 由于水平所限,书中不当之处在所难免,恳请读者批评指正.

编 者

2018 年 6 月

前　　言

概率与数理统计是研究随机现象的统计规律性的一门科学,它广泛渗透和应用于社会的各个领域.但在目前非数学专业的概率与数理统计教材中,普遍存在着"理论较多,理解困难;方法较多,应用困难"等诸多问题.这些问题导致学生兴趣不足,不能学以致用.要解决这些问题,需要我们解放思想,了解学生和社会的需求,采用符合学生学习特点,适合他们未来发展的教材.基于这一想法,我们编写了这本《应用概率与数理统计》教材.在编写过程中力求体现以下特色:

(1) 在编写思想上,体现"少概率、多统计、重应用"的基本思想,即保留概率的基本内容,加强统计方法的阐述,结合实例说明统计方法的应用,力争为学生提供具有实际应用价值的、可操作性的数理分析方法,培养和提高学生分析解决实际问题的能力;

(2) 在体系安排上,通过"从实际问题出发,引入概念,展开知识点,再返回去运用所学知识解决实际问题,甚至推广到更普遍的应用领域"的学习过程,帮助学生实现由知识向能力的转化,使教学内容更贴近实际,引导学生运用概率与数理统计基本原理和方法解决实际问题,避免出现理论脱离实际的现象;

(3) 在例题和习题的编写上,注重基础知识的理解和运用,力求体现知识的融会贯通,不追求难度,无偏题、怪题;题目尽量来源于学生熟悉的题材,贴近生活,以利于培养学生运用所学知识解决实际问题的能力;

(4) 在保证科学性的基础上,力求语言通俗易懂,深入浅出,强化概率与数理统计处理问题的思想和方法,弱化计算技巧;

(5) 将计算机软件引入概率与数理统计,统计计算部分通过运用大众化的Excel软件来实现,使学生在轻松完成繁琐的统计计算的同时,更重要的是加深对基本原理和方法的理解,激发学习兴趣,增强解决实际问题的能力.

本书是按照教育部现行的《概率论与数理统计(非数学专业)课程基本要求》编

写的,可作为高校理工科(非数学专业)、经济管理类各专业的教材,也可作为个人自修概率与数理统计课程的入门参考书.

本书各章分别由陈佩树(第1~3章)、马阳明(第4章、第7章)、朱方霞(第5章、第6章)编写初稿,然后由马阳明统稿并改写成第二稿.滁州学院和巢湖学院承担本课程教学工作的老师试用了本书第二稿,根据他们在试用过程中提出的意见和建议,最后由马阳明修改定稿.

滁州学院院长许志才教授审阅了本书的全部书稿,提出了许多宝贵的意见,这对提高本书质量起了重要作用;在本书编写过程中,我们得到了滁州学院和巢湖学院数学系的领导和承担本课程教学工作的老师的大力支持和帮助;我们还参考了许多优秀教材,从中选取了一些例题和习题.特在此一并表示由衷的谢意.

本书的作者虽然均具有高级职称,并且都是长期以来一直工作在教学第一线、有着丰富教学经验的老师,但是由于水平所限,书中不当和疏漏之处在所难免,恳请读者不吝赐教.

编　者

2013 年 6 月

目　　次

第 1 章　随机事件及其概率

19 世纪法国著名数学家拉普拉斯(Laplace)曾这样说过:"对于生活中的大部分,最重要的问题实际上只是概率问题."下面我们来看一个生活中的概率问题:

例 1.0.1　血液酶联免疫吸附试验(Enzyme-Linked Immuno-Sorbent Assay,缩写为 ELISA)是现今检测艾滋病病毒的一种流行方法.假定 ELISA 改进到这样的程度:带有艾滋病病毒的人中的 96% 的检测结果呈阳性(认为有病),而没带艾滋病病毒的人中的 99.5% 的检测结果呈阴性(认为无病).根据有关资料估计,某地区在总人口中大约有 0.06% 的人带有艾滋病病毒.现对某人的检测结果呈阳性,问他真的带有艾滋病病毒的可能性有多大?

许多人可能有过这样的经历,到医院进行某种疾病检查,结果呈阳性(认为患有某种疾病),但实际上却是虚惊一场.这是为什么呢? 我们将通过本章的学习来弄明白其中的道理.

本章由随机现象引出概率论中最基本的两个概念——随机事件及其概率.为了能够从简单事件的概率出发,计算复杂事件的概率,本章介绍事件的关系和运算以及概率的性质,并在此基础上介绍条件概率和三个重要公式——乘法公式、全概率公式与贝叶斯公式,以及事件的独立性.

1.1　随 机 事 件

在自然界和人类社会中,普遍存在的现象有两类,一类现象是在一定条件下总是出现同一个结果.例如,同性电荷必互相排斥;水在标准大气压下加热到 100 ℃一定会沸腾,这类现象称为**确定性现象**.另一类现象是在一定条件下并不总是出现同一个结果,这类现象称为**随机现象**.显然,随机现象的结果不少于两个;至于哪一个出现,事前无法预测.这两点是随机现象的特征.

例 1.1.1 随机现象的例子:

(1) 抛一枚硬币,可能正面向上也可能反面向上;

(2) 掷一颗骰子,出现的点数;

(3) 一天内进入某超市的顾客数;

(4) 某种型号电视机的寿命(从开始使用到第一次维修的时间).

在相同条件下,对可以重复的随机现象的观测、记录、实验统称为**随机试验**,简称**试验**.每次试验前无法预测随机现象的哪一个结果出现,这表明随机现象出现的结果具有偶然性;但若进行大量重复的试验,随机现象出现的结果在数量上又具有某种规律性,称为**统计规律性**.例如,重复抛一枚均匀的硬币多次,可以看到这样的事实:当重复次数 n 不断增大时,出现正面的次数 n_H 与重复次数 n 的比值 n_H/n 会越来越接近于 0.5,如表 1.1.1 所示.这就是例 1.1.1(1)所述的随机现象的统计规律性.概率论与数理统计就是研究随机现象的统计规律性的一门数学学科.由于随机现象的普遍性,使得这门学科具有极其广泛的应用性.

表 1.1.1 历史上抛硬币试验的若干结果

试验者	抛硬币次数 n	出现正面次数 n_H	n_H/n
德摩根(De Morgan)	2 048	1 061	0.518 1
浦丰(Buffon)	4 040	2 048	0.506 9
费勒(Feller)	10 000	4 979	0.497 9
皮尔逊(Pearson)	24 000	12 012	0.500 5

随机现象的每一个可能的基本结果称为**样本点**,用 ω 表示,而由所有样本点组成的集合称为**样本空间**,记为 $\Omega = \{\omega\}$.认识随机现象首先要列出它的样本空间.

例 1.1.2 列出例 1.1.1 中随机现象的样本空间:

(1) $\Omega = \{H, T\}$,H 表示正面向上,T 表示反面向上;

(2) $\Omega = \{1, 2, 3, 4, 5, 6\}$;

(3) $\Omega = \{0, 1, 2, \cdots\}$;

(4) $\Omega = \{t \mid t \geqslant 0\}$,$t$ 表示电视机的寿命.

样本空间可由有限个(至少两个)样本点组成(如(1)和(2)),也可由无限个样本点组成(如(3)和(4)),对有限样本空间要弄清楚其中样本点的个数,对无限样本空间要注意区分其中的样本点是可列个,还是不可列个. 需要说明的是:在(3)中,虽然一天内进入超市的人数是有限的,但我们很难确切地说出进入超市人数的有限上限. 我们把上限视为∞,这样做不仅会使数学处理方便,而且又不失真.同样,在(4)中我们也做了类似的处理.

由样本空间中的某些样本点组成的集合称为**随机事件**,简称**事件**,通常用大写字母 $A,B,C,\cdots$ 表示.特别地,称只含一个样本点的事件为**基本事件**.任意事件 A 是相应的样本空间 Ω 的子集.

例 1.1.3　掷一颗骰子,观察出现的点数. 分别用 $A_1=\{1\},A_2=\{2\},\cdots,A_6=\{6\}$ 表示事件"出现 1 点""出现 2 点"……"出现 6 点",它们都是基本事件;若把事件"出现偶数点""出现奇数点""出现的点数超过 4"依次记为 B,C,D,则它们可分别表示为

$$B=\{2,4,6\},\quad C=\{1,3,5\},\quad D=\{5,6\}$$

在一次试验中,当且仅当事件 A 中的一个样本点 ω 出现时,即 $\omega\in A$,称为**事件 A 发生**.例如,在例 1.1.3 中,当掷出的结果为"3 点"时,A_3,C 这两个事件发生,而事件 $A_i(i=1,2,4,5,6),B,D$ 均不发生.

特别地,作为事件的极端情况,样本空间 Ω 的最大子集,即 Ω 本身,它包含了所有的样本点,在每次试验中都必然发生,因此称 Ω 为**必然事件**. 样本空间 Ω 的最小子集,即空集∅,它不包含任何样本点,在每次试验中都不可能发生,因此称∅为**不可能事件**.

事件是一个集合,因而事件间的关系与运算自然按照集合间的关系与运算来处理,下面根据事件发生的含义,给出事件的关系与运算在概率论中的含义.

设 $A,B,A_k(k=1,2,\cdots)$ 为同一个样本空间 Ω 中的事件.

(1) 若事件 $A\subset B$,则称事件 B **包含**事件 A.这意味着事件 A 发生必然导致事件 B 发生.例如,在例 1.1.3 中,$A_1\subset C,A_2\subset B$.

显然,对任意事件 A 均有∅$\subset A\subset\Omega$.

特别地,若 $A\subset B$ 且 $A\supset B$,即 $A=B$,则称事件 A 与 B **相等**.

(2) 事件 $A\bigcup B=\{\omega\mid\omega\in A$ 或 $\omega\in B\}$ 称为事件 A 与 B 的**和事件**.当且仅当

A,B 中至少有一个发生时,事件 $A\bigcup B$ 发生.例如,在例 1.1.3 中,$A_1\bigcup C=\{1,3,5\}=C,C\bigcup D=\{1,3,5,6\}$.

类似地,称 $\overset{n}{\underset{k=1}{\bigcup}}A_k$ 为 n 个事件 $A_1,A_2,\cdots,A_n$ 的和事件;称 $\overset{\infty}{\underset{k=1}{\bigcup}}A_k$ 为可列个事件 $A_1,A_2,\cdots$ 的和事件.

(3) 事件 $A\bigcap B=\{\omega\mid\omega\in A\ \text{且}\ \omega\in B\}$ 称为 A 与 B 的**积事件**.当且仅当 A,B 同时发生时,事件 $A\bigcap B$ 发生.常简记 $A\bigcap B$ 为 AB.例如,在例 1.1.3 中,$A_2B=\{2\}=A_2,CD=\{5\}$.

类似地,称 $\overset{n}{\underset{k=1}{\bigcap}}A_k$ 为 n 个事件 $A_1,A_2,\cdots,A_n$ 的积事件;称 $\overset{\infty}{\underset{k=1}{\bigcap}}A_k$ 为可列个事件 $A_1,A_2,\cdots$ 的积事件.

(4) 事件 $A-B=\{\omega\mid\omega\in A\ \text{且}\ \omega\notin B\}$ 称为事件 A 与 B 的**差事件**.当且仅当 A 发生而 B 不发生时,事件 $A-B$ 发生.例如,在例 1.1.3 中,$C\ \ D=\{1,3\}$.

(5) 若 $AB=\varnothing$,则称事件 A 与 B 是**互不相容**的或**互斥**的.这意味着事件 A 与 B 不能同时发生.基本事件是两两互不相容的.

(6) 若 $AB=\varnothing$ 且 $A\bigcup B=\Omega$,则称事件 A 与 B 为**互逆事件**,或称事件 A 与 B 互为**对立事件**.这意味着事件 A 与 B 中必有一个发生,且仅有一个发生.A 的对立事件记为 $\bar{A}$.显然,$\bar{A}=\Omega-A,A-B=A\bar{B}$.

值得注意的是:互逆的两个事件一定是互不相容的,但反之不真!

例如,在例 1.1.3 中,$\bar{A}_1=\{2,3,4,5,6\}$,$\bar{B}=\{1,3,5\}=C$;B 与 C 为互逆事件,当然也是互不相容的.而 A_1 与 A_2 虽然是互不相容的,但不是互逆事件.

若事件组 $A_1,A_2,\cdots,A_n$ 满足下面两个条件:

① $A_iA_j=\varnothing(i\neq j;i,j=1,2,\cdots,n)$;

② $A_1\bigcup A_2\bigcup\cdots\bigcup A_n=\Omega$,

则称 $A_1,A_2,\cdots,A_n$ 为**完备事件组**.

特别地,事件 A 与其对立事件 $\bar{A}$ 构成最简单的一个完备事件组.这是因为

$$A\bar{A}=\varnothing,\quad A\bigcup\bar{A}=\Omega$$

事件间的关系与运算可以用图表示,如图 1.1.1 所示.

在进行事件运算时,常用到下列性质.设 $A,B,C,A_k\ (k=1,2,\cdots)$ 均为事件,则有:

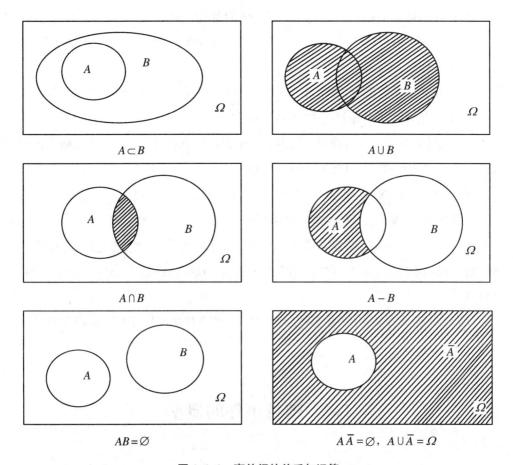

图 1.1.1 事件间的关系与运算

交换律 $A \cup B = B \cup A, A \cap B = B \cap A$;

结合律 $(A \cup B) \cup C = A \cup (B \cup C), (AB)C = A(BC)$;

分配律 $A(B \cup C) = AB \cup AC, A \cup (BC) = (A \cup B)(A \cup C)$;

对偶律(德摩根公式) $\overline{A \cup B} = \bar{A} \cap \bar{B}, \overline{A \cap B} = \bar{A} \cup \bar{B}$.

德摩根公式是很有用的公式,它可推广到多个事件及可列个事件:

$$\overline{\bigcup_{i=1}^{n} A_i} = \bigcap_{i=1}^{n} \overline{A_i}, \quad \overline{\bigcup_{i=1}^{+\infty} A_i} = \bigcap_{i=1}^{+\infty} \overline{A_i}$$

$$\overline{\bigcap_{i=1}^{n} A_i} = \bigcup_{i=1}^{n} \overline{A_i}, \quad \overline{\bigcap_{i=1}^{+\infty} A_i} = \bigcup_{i=1}^{+\infty} \overline{A_i}$$

例 1.1.4 甲、乙、丙三人向同一目标各射击一次,记 A = "甲击中目标", B = "乙击中目标", C = "丙击中目标".试用 A, B, C 表示下列事件:

(1) 目标被击中;　　　　　　　(2) 目标中一弹;

(3) 目标中两弹;　　　　　　　(4) 目标至少中两弹;

(5) 目标没有被击中.

解　(1) 目标被击中,意味着三人中至少有一人击中目标,即事件 A, B, C 至少有一个发生,因此"目标被击中"= $A \cup B \cup C$.

(2) 目标中一弹,意味着甲、乙、丙三人中只有一人击中目标,另两人均未击中目标,故"目标中一弹"= $A\bar{B}\bar{C} \cup \bar{A}B\bar{C} \cup \bar{A}\bar{B}C$.

(3) 目标中两弹,意味着甲、乙、丙三人中有两人击中目标,另一人未击中目标,故"目标中两弹"= $AB\bar{C} \cup A\bar{B}C \cup \bar{A}BC$.

(4) 目标至少中两弹,意味着除了包括"目标中两弹"之外,还包括"目标中三弹"的情况,因此"目标至少中两弹"= $AB\bar{C} \cup A\bar{B}C \cup \bar{A}BC \cup ABC = AB \cup BC \cup CA$.

(5) "目标没有被击中"是事件"目标被击中"的对立事件,因此"目标没有被击中"= $\overline{A \cup B \cup C} = \bar{A}\bar{B}\bar{C}$.　　　　　　　　　　　　　　　　　　　　　■

1.2　随机事件的概率

我们知道,随机事件发生的可能性有大有小,而概率就是事件发生可能性大小的度量.在给出事件概率的确切定义之前,我们先了解一下与概率密切相关的频率的概念.

1.2.1　频率

定义 1.2.1　设在相同的条件下,进行了 n 次试验.如果事件 A 在这 n 次重复试验中出现了 $n(A)$ 次,则称 $n(A)$ 为事件 A 发生的**频数**,称 $n(A)/n$ 为事件 A 发生的**频率**,记为 $f_n(A)$,即

$$f_n(A) = \frac{n(A)}{n}$$

频率具有以下三条性质:

(1) **非负性**　对任意事件 A，$f_n(A) \geqslant 0$；

(2) **规范性**　$f_n(\Omega) = 1$；

(3) **可加性**　若事件 A 与 B 互不相容，则

$$f_n(A \cup B) = f_n(A) + f_n(B)$$

频率的非负性与规范性是显然的，而对于可加性，只需注意到：当事件 A 与 B 互不相容时，$A \cup B$ 的频数必为 A 的频数与 B 的频数之和，即 $n(A \cup B) = n(A) + n(B)$，在此式两边同除以 n，即得.

一般地，若 m 个事件 $A_1, A_2, \cdots, A_m$ 两两互不相容，则有

$$f_n\left(\bigcup_{i=1}^{m} A_i\right) = \sum_{i=1}^{m} f_n(A_i)$$

事件 A 发生的频率大小表示事件 A 发生的频繁程度. 若频率大，则事件 A 发生就频繁，这意味着事件 A 在一次试验中发生的可能性就大，反之，若频率小，则事件 A 在一次试验中发生的可能性也小. 由此可见，频率的大小能反映事件发生的可能性大小. 事实上，在许多实际问题中我们就是用频率来衡量事件发生可能性大小的，例如，在体育比赛中，体育评论员常用"投篮的命中率""飞碟的命中率"等来表示运动员的水平.

人们长期的实践表明，事件 A 发生的频率 $f_n(A)$ 在某个常数附近摆动，随着试验重复次数 n 的不断增大，摆动的幅度越来越小，并逐渐稳定于这个常数. 我们把频率的这种特性称为**频率的稳定性**，这个常数称为**频率的稳定值**，记为 $P(A)$. 频率的稳定值 $P(A)$ 表明事件 A 在一次试验中发生的可能性大小是客观存在的，用它作为事件 A 的概率是恰当的. 例如，在"抛硬币"试验中，由表 1.1.1 可见，事件 $A = $"出现正面 H"的概率为 0.5，这与人们的直观判断是一致的. 然而，在实际问题中，我们不可能对每一个事件都重复做大量的试验，去寻求频率的稳定值（概率），同时，为了理论研究的需要，必须引入一个能够揭示概率本质属性的定义. 我们知道，频率的本质是概率. 受频率性质的启发，我们给出表征事件在一次试验中发生可能性大小的概率的确切定义.

1.2.2　概率的定义与性质

定义 1.2.2　设 Ω 为样本空间，对于每一个事件 A 赋予一个实数 $P(A)$ 与之

对应,若函数 $P(\cdot)$ 满足下列三条公理:

(1) **非负性**　$P(A) \geqslant 0$;

(2) **规范性**　$P(\Omega) = 1$;

(3) **可列可加性**　对于可列个两两互不相容的事件 $A_1, A_2, \cdots, A_n, \cdots$,有

$$P\left(\bigcup_{i=1}^{\infty} A_i\right) = \sum_{i=1}^{\infty} P(A_i)$$

则称 $P(A)$ 为事件 A 的**概率**.

注意,这里的函数 $P(\cdot)$ 的自变量是一个集合,因而它是一个集合函数,与我们以前在微积分中遇到的函数是不同的.

定义 1.2.2 称为**概率的公理化定义**,它是在频率性质的基础上提出的,在 3.5 节中,我们将给出,当 $n \to \infty$ 时,频率 $f_n(A)$ 在某种意义下收敛于概率 $P(A)$. 基于这一事实,我们有理由用上述定义的概率 $P(A)$ 来作为事件 A 在一次试验中发生可能性大小的度量.

从概率的公理化定义出发,我们可以推出概率的一些重要性质.

定理 1.2.1　设 $A_1, A_2, \cdots, A_n, A, B$ 均为事件,则:

(1) $P(\varnothing) = 0$;

(2) (有限可加性)若 $A_1, A_2, \cdots, A_n$ 两两互斥,则

$$P\left(\bigcup_{i=1}^{n} A_i\right) = \sum_{i=1}^{n} P(A_i)$$

特别地,有以下重要公式

$$P(\bar{A}) = 1 - P(A) \tag{1.2.1}$$

(3) (减法公式)$P(A - B) = P(A) - P(AB)$,特别地,若 $A \supset B$,则

$$P(A - B) = P(A) - P(B) \tag{1.2.2}$$

(4) (加法公式)$P(A \cup B) = P(A) + P(B) - P(AB)$.

证明　(1) 因为 $\Omega = \Omega \cup \varnothing \cup \varnothing \cup \cdots$,所以由公理(3)得

$$P(\Omega) = P(\Omega) + P(\varnothing) + \cdots$$

因此,由公理(1),(2)得 $P(\varnothing) = 0$.

(2) 令 $A_{n+1} = A_{n+2} = \cdots = \varnothing$,则 $P(A_i) = 0 (i = n+1, n+2, \cdots)$. 由于 $A_1, A_2, \cdots, A_n$ 两两互斥,故 $A_1, A_2, \cdots, A_n, A_{n+1}, \cdots$ 也两两互斥,从而由公理(3)得

$$P\left(\bigcup_{i=1}^{n} A_i\right) = P\left(\bigcup_{i=1}^{\infty} A_i\right) = \sum_{i=1}^{\infty} P(A_i) = \sum_{i=1}^{n} P(A_i)$$

(3) 因为 $A = (A-B)\bigcup(AB)$，且 $(A-B)\bigcap(AB) = \varnothing$，故由有限可加性得

$$P(A) = P(A-B) + P(AB)$$

由此即得减法公式.

(4) 因为 $A\bigcup B = A\bigcup(B-AB)$，且 $A\bigcap(B-AB) = \varnothing$，故由概率的有限可加性与式 (1.2.2) 得

$$P(A\bigcup B) = P(A) + P(B-AB) = P(A) + P(B) - P(AB) \qquad ∎$$

注 1.2.1　(1) 若 $A\supset B$，则由减法公式 (1.2.2) 与公理 (1) 可得

$$P(A) \geqslant P(B) \qquad (1.2.3)$$

上述性质称为**概率的单调性**. 由这个性质知，对于任一事件 A，有

$$0 \leqslant P(A) \leqslant 1$$

这是一个大家都知晓的事实.

(2) 概率的加法公式可以推广到任意有限个事件的和，例如，对任意三个事件 A,B,C，有

$$P(A\bigcup B\bigcup C) = P(A) + P(B) + P(C) - P(AB)$$
$$- P(AC) - P(BC) + P(ABC) \qquad (1.2.4)$$

例 1.2.1　设 $P(A) = 0.3, P(B) = 0.4, P(A\bigcup B) = 0.6$，求 $P(AB), P(A\bar{B}), P(\bar{A}\bigcup\bar{B})$.

解　易知

$$P(AB) = P(A) + P(B) - P(A\bigcup B) = 0.3 + 0.4 - 0.6 = 0.1$$

$$P(A\bar{B}) = P(A-B) = P(A) - P(AB) = 0.3 - 0.1 = 0.2$$

$$P(\bar{A}\bigcup\bar{B}) = P(\overline{AB}) = 1 - P(AB) = 1 - 0.1 = 0.9 \qquad ∎$$

例 1.2.2　已知 $P(A) = P(B) = P(C) = 1/4, P(AB) = P(AC) = 1/16, P(BC) = 0$，试求：

(1) A,B,C 中至少发生一个的概率；

(2) A,B,C 都不发生的概率.

解　(1) 由于 $P(BC) = 0$，且 $ABC\subset BC$，故由概率的单调性和非负性，可知 $P(ABC) = 0$. 再由加法公式，得 A,B,C 中至少发生一个的概率为

$$P(A \cup B \cup C) = P(A) + P(B) + P(C) - P(AB) - P(AC)$$
$$- P(BC) + P(ABC)$$
$$= \frac{3}{4} - \frac{2}{16} = \frac{5}{8}$$

(2) A, B, C 都不发生的概率为

$$P(\overline{AB}\overline{C}) = P(\overline{A \cup B \cup C}) = 1 - P(A \cup B \cup C)$$
$$= 1 - \frac{5}{8} = \frac{3}{8}.$$

1.2.3 古典概型

在前面所研究的随机试验的例子中,有一些试验具有如下两个特征:

(1) 样本空间只含有有限个基本事件,即 $\Omega = \{\omega_1, \omega_2, \cdots, \omega_n\}$;

(2) 每个基本事件发生的可能性是相同的,即

$$P(\omega_1) = P(\omega_2) = \cdots = P(\omega_n)$$

我们把具有上述两个特征的试验模型称为**古典概型**,它是概率论发展初期的主要研究对象.

由于基本事件两两互不相容,故对古典概型,我们有

$$1 = P(\Omega) = P\left(\bigcup_{i=1}^{n} \{\omega_i\}\right) = \sum_{i=1}^{n} P(\omega_i) = nP(\omega_i)$$

因此

$$P(\omega_i) = \frac{1}{n} \quad (i = 1, 2, \cdots, n)$$

若事件 A 中包含 k 个基本事件,则有

$$P(A) = \frac{k}{n} = \frac{A \text{ 包含的基本事件数}}{\Omega \text{ 中的基本事件总数}} \tag{1.2.5}$$

由式(1.2.5)确定的概率称为**古典概率**,它满足概率公理化定义中的三条公理.

例 1.2.3(盒子模型) 有 3 个球、4 个盒子,球与盒子都是可以区分的. 每个球都等可能地被放到 4 个盒子中的任一个(盒子容量不限),试求:

(1) 指定的 3 个盒子中各有一球的概率;

(2) 恰有 3 个盒子各有一球的概率.

解　把 3 个球放到 4 个盒子中,每一种放法是一个基本事件,这是古典概型. 基本事件总数应该是 4 个盒子中取 3 个的重复排列数 4^3.

(1) 记 A = "指定的 3 个盒子中各有一球",它所包含的基本事件数是指定的 3 个盒子中 3 个球的全排列数 3!,故所求概率为

$$P(A) = \frac{3!}{4^3} = \frac{3}{32}$$

(2) 记 B = "恰有 3 个盒子中各有一球",它所包含的基本事件数是从 4 个盒子中取 3 个的选排列数 A_4^3,故所求概率为

$$P(B) = \frac{A_4^3}{4^3} = \frac{3}{8}$$ ∎

盒子模型可应用到许多实际问题中,历史上有名的"生日问题"就是一个例子.

例 1.2.4(生日问题)　n 个人的生日全不相同的概率 P_n 是多少?

解　把 n 个人看成 n 个球,将一年 365 天看成 365 个盒子,则"n 个人的生日全不相同"就相当于"恰有 $n(n \leqslant 365)$ 个盒子各有一球",故 n 个人的生日全不相同的概率为

$$P_n = \frac{A_{365}^n}{365^n} = \frac{365!}{365^n (365 - n)!}$$ ∎

例 1.2.5(抽签模型)　在 10 根签中有 7 根白签、3 根红签,随机地一根一根抽签,抽后不放回,求第 k 次抽得红签的概率.

解法 1　把签视为不同的(设想把签编号). 按抽签次序把签排成一列,直到 10 根签抽完为止. 将每一个排列作为一个样本点,总数为 10 根签的全排列数 10!. 事件 A_k = "第 k 次抽得红签"相当于在第 k 个位置放红签,共有 3 种放法,每种放法又对应其余 9 根签的 9! 种放法,故 A_k 包含的样本点数为 $3 \times 9!$,因此所求概率为

$$P(A_k) = \frac{3 \times 9!}{10!} = \frac{3}{10} \quad (k = 1, 2, \cdots, 10)$$

解法 2　同色签不加区别. 10 根签仍按抽签次序排列,但 3 个位置放红签,不论红签间如何交换,只算一种放法,即只作为一个样本点,此时样本点总数应为 C_{10}^3. 事件 A_k 为"在第 k 个位置放 1 根红签,再从剩下的 9 个位置中选 2 个放其余 2 根红签",共有 C_9^2 种放法,因此所求概率为

$$P(A_k) = \frac{C_9^2}{C_{10}^3} = \frac{3}{10} \quad (k = 1,2,\cdots,10)$$

本题的结果与 k 无关,即不论是第几次抽签,抽得红签的概率都一样,均为红签所占的比例数.可见,抽签不论先后,中签的机会都一样!

本题两种解法的区别在于样本空间不同.解法 1 把所有签都看成不同的,考虑样本点总数和 A_k 包含的样本点数时都必须计及签的次序,所以都用排列;在解法 2 中,同色签不加区别,故只需考虑哪几个位置放红签,而不必计及签的次序,因此分子、分母都用组合.由此可见,应用古典概型计算公式(1.2.5),分子、分母要在同一样本空间内计算,否则结果一定出错!

例 1.2.6(抽样模型) 某批产品共有 N 件,其中有 M 件为次品.采取有放回和不放回两种抽样方式,从中随机地抽出 n ($n \leqslant M$)件,求恰好有 k 件次品的概率.

解 记 A_k = "恰好有 k 件次品",$P(A_k)$ 的计算与抽样方式有关.

(a) 有放回抽样.从 N 件产品中有放回地抽 n 次,把每一个可能的重复排列作为一个样本点,总数为 N^n,其中属于 A_k 的样本点数为 $C_n^k M^k (N-M)^{n-k}$,故所求概率为

$$P(A_k) = \frac{C_n^k M^k (N-M)^{n-k}}{N^n} = C_n^k \left(\frac{M}{N}\right)^k \left(1 - \frac{M}{N}\right)^{n-k}$$

$$(k = 0,1,\cdots,n) \tag{1.2.6}$$

(b) 不放回抽样.把从 N 件产品取出 n 件的每一个组合作为一个样本点,总数为 C_N^n,其中属于 A_k 的样本点数为 $C_M^k \cdot C_{N-M}^{n-k}$,故所求概率为

$$P(A_k) = \frac{C_M^k \cdot C_{N-M}^{n-k}}{C_N^n} \quad (k = 0,1,2,\cdots,n) \tag{1.2.7}$$

1.3 条 件 概 率

1.3.1 条件概率与乘法公式

所谓条件概率,就是指在某一事件 B 发生的条件下,另一事件 A 的概率,记为

$P(A\mid B)$. 下面我们来看一个具体的例子.

例 1.3.1　抛一枚均匀的硬币两次,观察正面 H、反面 T 出现的情况,样本空间 $\Omega=\{\mathrm{HH},\mathrm{HT},\mathrm{TH},\mathrm{TT}\}$,其中 HT 表示第一次出现正面、第二次出现反面,其余类推. 若记事件 $A=$ "两次出现同一面",事件 $B=$ "至少出现一次正面",则 $A=\{\mathrm{HH},\mathrm{TT}\}$,$B=\{\mathrm{HH},\mathrm{HT},\mathrm{TH}\}$,于是有

$$P(A)=\frac{1}{2}$$

在事件 B 发生的条件下,事件 A 发生的概率为

$$P(A\mid B)=\frac{1}{3} \tag{1.3.1}$$

这是因为有了"B 发生"这一附加条件,就排除了"TT"发生的可能性,此时样本空间也随之压缩为 $B=\Omega_B$,称 Ω_B 为压缩样本空间. 在 Ω_B 的 3 个样本点中,只有"HH"属于 A,故 $P(A\mid B)=1/3$. 这就是条件概率,它与(无条件)概率 $P(A)$ 是两个不同的概念.

对式(1.3.1)的分子和分母同除以 4,可得

$$P(A\mid B)=\frac{1/4}{3/4}=\frac{P(AB)}{P(B)}$$

这个关系式对一般的古典概率也成立. 因此,一般有以下定义.

定义 1.3.1　设 A,B 是两个事件,且 $P(B)>0$,则称

$$P(A\mid B)=\frac{P(AB)}{P(B)} \tag{1.3.2}$$

为在 B 发生的条件下 A 的**条件概率**.

容易验证(留作练习),条件概率满足一般概率定义中的三条公理,即非负性、规范性和可列可加性. 因此它也与一般概率具有同样的运算性质,只是每次都加上"在某事件发生的条件下"即可. 例如,若 A,A_1,A_2,B 是四个事件,则有

$$P(\bar{A}\mid B)=1-P(A\mid B)$$

$$P(A_1\bigcup A_2\mid B)=P(A_1\mid B)+P(A_2\mid B)-P(A_1 A_2\mid B)$$

由条件概率的定义可知,当 $P(B)>0$ 时,有

$$P(AB)=P(B)P(A\mid B) \tag{1.3.3}$$

同样,当 $P(A)>0$ 时,有

$$P(AB) = P(A)P(B \mid A) \tag{1.3.4}$$

称以上两式为**乘法公式**,它可推广到 n 个事件的情形.例如,若 A_1, A_2, A_3 是三个事件,且 $P(A_1A_2) > 0$,则有

$$P(A_1A_2A_3) = P(A_1)P(A_2 \mid A_1)P(A_3 \mid A_1A_2)$$

例 1.3.2　设盒中有 10 件产品,其中有 7 件正品、3 件次品,从中不放回地依次取两次,每次取一件,已知第一次取到次品,求第二次又取到次品的概率.

解　记 $A_i =$ "第 i 次取到次品"($i = 1, 2$),求 $P(A_2 \mid A_1)$.下面给出三种解法.

(a) 不放回抽取两次的所有可能结果有 $10 \times 9 = 90$ 个,此即样本点总数,而在 A_1 发生的条件下,样本点总数压缩为 $3 \times 9 = 27$,其中属于 A_2 的样本点有 $3 \times 2 = 6$ 个,因此

$$P(A_2 \mid A_1) = \frac{6}{27} = \frac{2}{9}$$

(b) 在 A_1 发生的条件下,盒中还剩下 9 件产品,其中有 2 件次品,因此

$$P(A_2 \mid A_1) = \frac{2}{9}$$

(c) 按定义计算:

$$P(A_2 \mid A_1) = \frac{P(A_1A_2)}{P(A_1)} = \frac{(3 \times 2)/(10 \times 9)}{3/10} = \frac{2}{9}$$

由例 1.3.2 的三种解法知,在计算条件概率时,可按定义计算(解法(c));附加条件意味着对样本空间的压缩,相应的条件概率也可在压缩的样本空间上进行计算(解法(a));有时直接从附加条件后改变了的情况出发,计算条件概率会更加方便(解法(b)).

例 1.3.3　某人忘记了某银行卡密码的最后一位,该行规定每天最多允许输错三次,一旦输错三次就只能在 24 小时后解锁,求他不超过三次就能输对密码的概率.

解　记 $A =$ "不超过三次就能输对密码",$A_i =$ "第 i ($i = 1, 2, 3$)次输对密码",则

$$A = A_1 \bigcup \overline{A_1} A_2 \bigcup \overline{A_1}\, \overline{A_2} A_3$$

于是,所求概率为

$$P(A) = P(A_1) + P(\overline{A_1} A_2) + P(\overline{A_1}\, \overline{A_2} A_3)$$

$$= P(A_1) + P(\overline{A_1})P(A_2 \mid \overline{A_1}) + P(\overline{A_1})P(\overline{A_2} \mid \overline{A_1})P(A_3 \mid \overline{A_1}\,\overline{A_2})$$

$$= \frac{1}{10} + \frac{9}{10} \times \frac{1}{9} + \frac{9}{10} \times \frac{8}{9} \times \frac{1}{8}$$

$$= 0.3$$

1.3.2　全概率公式与贝叶斯公式

下面介绍两个与条件概率有关的重要公式:全概率公式和贝叶斯(Bayes)公式.我们还是从一个具体的例子谈起.

例 1.3.4　某厂有三条流水线生产同一种产品,第一条流水线的产量是第二条的 2 倍,第二、三条流水线的产量相等,这三条流水线的次品率依次为 2%,2%,4%. 某顾客从市场上购买一件该厂生产的这种产品,问:

(1) 这件产品是次品的概率是多少?

(2) 若已知购买的这件产品是次品,但它是哪一条流水线生产的标志已经脱落,问它是第一、二、三条流水线生产的概率分别是多少?

解　(1) 记

$A =$ "购买的一件产品是次品"

$B_i =$ "购买的一件产品是第 i 条流水线生产的"　$(i = 1,2,3)$

显然 B_1, B_2, B_3 是完备事件组,即

$$B_1 \bigcup B_2 \bigcup B_3 = \Omega, \quad B_i B_j = \varnothing (i \neq j; i,j = 1,2,3)$$

因此

$$A = AB_1 \bigcup AB_2 \bigcup AB_3 \tag{1.3.5}$$

易知 $(AB_i)(AB_j) = \varnothing (i \neq j; i,j = 1,2,3)$. 于是,所求概率为

$$P(A) = P(AB_1) + P(AB_2) + P(AB_3) \tag{1.3.6}$$

$$= P(B_1)P(A \mid B_1) + P(B_2)P(A \mid B_2) + P(B_3)P(A \mid B_3)$$

$$= 0.5 \times 0.02 + 0.25 \times 0.02 + 0.25 \times 0.04$$

$$= 0.025$$

(2) 问题归结为计算:$P(B_1 \mid A), P(B_2 \mid A), P(B_3 \mid A)$.

利用条件概率的定义和乘法公式,可得

$$P(B_1 \mid A) = \frac{P(AB_1)}{P(A)} = \frac{P(B_1)P(A \mid B_1)}{P(A)} = \frac{0.5 \times 0.02}{0.025} = 0.4$$

同理,可以求得

$$P(B_2 \mid A) = 0.2, \quad P(B_3 \mid A) = 0.4$$

如果该厂规定,出了次品要追究有关流水线的经济责任,那么应当按概率 $P(B_i \mid A)$ 的大小来追究第 $i(i=1,2,3)$ 条流水线的责任.由上述计算结果可见,第二条流水线的责任最小.这个结论是容易理解的,第二条流水线不仅产量占总产量的份额小,而且其次品率也低. ▌

下面我们来分析一下例 1.3.4 的解题过程.

(1) 求出 $P(A)$ 的关键是,我们找到了一个完备事件组:B_1,B_2,B_3,使得事件 A 总是伴随某个 B_i 出现(见式(1.3.5)),从而"全部"概率 $P(A)$ 被分解成了若干"部分"概率之和(见式(1.3.6)),然后利用乘法公式求出 $P(A)$.一般地,我们有:

定理 1.3.1　设 $B_1,B_2,\cdots,B_n$ 为完备事件组,且 $P(B_i) > 0(i=1,2,\cdots,n)$,则对任意事件 A,有

$$P(A) = \sum_{i=1}^{n} P(B_i)P(A \mid B_i) \tag{1.3.7}$$

式(1.3.7) 称为**全概率公式**.它的证明已在例 1.3.4(1)的计算中给出. 它的名称的由来,从式(1.3.6)可以悟出:"全部"概率 $P(A)$ 等于部分概率之和. 它的作用在于:在复杂情况下,直接求出 $P(A)$ 不易,但 A 总是伴随某个 B_i 出现,适当构造一组 B_i(只要 $A \subset \bigcup\limits_{i} B_i$ 即可),且 $P(B_i)$ 与 $P(A \mid B_i)$ $(i=1,2,\cdots,n)$ 已知或容易求出,往往可以简化计算.

(2) 利用条件概率的定义和乘法公式得到

$$P(B_1 \mid A) = \frac{P(B_1)P(A \mid B_1)}{P(A)}$$

其中 $P(A)$ 按全概率公式计算.综合起来得到

$$P(B_1 \mid A) = \frac{P(B_1)P(A \mid B_1)}{\sum\limits_{i=1}^{3} P(B_i)P(A \mid B_i)}$$

这就是贝叶斯公式. 其一般形式如下:

定理 1.3.2　设 $B_1,B_2,\cdots,B_n$ 为完备事件组,且 $P(B_i) > 0(i=1,2,\cdots,n)$,若对任意事件 $A,P(A) > 0$,则有

$$P(B_j \mid A) = \frac{P(B_j)P(A \mid B_j)}{\sum\limits_{i=1}^{n} P(B_i)P(A \mid B_i)} \quad (j = 1, 2, \cdots, n) \qquad (1.3.8)$$

式 (1.3.8) 称为**贝叶斯公式**. 这里 $P(B_i)$ 是在没有进一步的信息 (不知 A 是否发生) 的情况下, 人们对 B_i 发生可能性大小的初步认识, 称为**先验概率**, 一般由实际或经验给出. 现在有了新的信息 (知道 A 发生), 人们对 B_j 发生可能性大小有了新的估计, 得到条件概率 $P(B_j \mid A)$, 称为**后验概率**, 一般用贝叶斯公式求得.

如果把事件 A 看成"结果", 把完备事件组 $B_1, B_2, \cdots, B_n$ 看成是导致这一结果发生的各种可能的"原因", 则全概率公式可以看成是"由原因推结果", 而贝叶斯公式正好相反, 可以看成是"由结果推原因". 现在某个结果 A 发生了, 那么导致这一结果发生的各种原因的可能性大小就可以由贝叶斯公式求得.

特别地, 在式 (1.3.7) 和式 (1.3.8) 中取 $n = 2$, 把 B_1 记为 B, 此时 B_2 就是 $\bar{B}$, 则全概率公式和贝叶斯公式分别成为

$$P(A) = P(B)P(A \mid B) + P(\bar{B})P(A \mid \bar{B})$$

$$P(B \mid A) = \frac{P(B)P(A \mid B)}{P(B)P(A \mid B) + P(\bar{B})P(A \mid \bar{B})}$$

这两个特例是常用的.

例 1.3.5　设 10 件产品中有 7 件正品、3 件次品, 从中不放回地依次取两次, 每次取一件, 求取出的第二件为次品的概率.

解　设 $A_i =$ "取出的第 i 件为次品" $(i = 1, 2)$, 则由全概率公式得

$$P(A_2) = P(A_1)P(A_2 \mid A_1) + P(\overline{A_1})P(A_2 \mid \overline{A_1})$$

$$= \frac{3}{10} \times \frac{2}{9} + \frac{7}{10} \times \frac{3}{9} = \frac{3}{10}$$

本题的结果与例 1.2.5 是一致的.

例 1.3.6(续例 1.0.1)　现在我们利用所学的知识来解决本章开头提出的关于艾滋病普查的问题.

解　设 $A =$ "某人检测结果呈阳性", $B =$ "某人带有艾滋病病毒", 则由题设 (见例 1.0.1) 知

$$P(A \mid B) = 0.96, \quad P(\bar{A} \mid \bar{B}) = 0.995, \quad P(B) = 0.0006$$

所以

$$P(B \mid A) = \frac{P(B)P(A \mid B)}{P(B)P(A \mid B) + P(\bar{B})P(A \mid \bar{B})}$$

$$= \frac{0.0006 \times 0.96}{0.0006 \times 0.96 + 0.9994 \times 0.005} \approx 0.103$$

这表明,虽然此人检测结果呈阳性,但他真的带有艾滋病病毒的可能性并不大! 这是为什么呢? 现在我们来仔细分析一下产生这一结果的原因. 如图 1.3.1 所示,当 $P(B)$ 较小时,$P(B \mid A)$ 高度依赖于 $P(B)$,$P(B)$ 越小,则 $P(B \mid A)$ 越小,即把检测结果呈阳性者确诊为艾滋病患者的可信度越低. 即使提高了 ELISA 的精度,情况也不会有多少改进. 例如,假设我们将 ELISA 改进到了更好的程度: $P(A \mid B) = 0.99, P(\bar{A} \mid \bar{B}) = 0.996$,则 $P(B \mid A) \approx 0.13$. 即检测结果呈阳性的人中只有 12.9% 的人真的带有艾滋病病毒. 也就是说,产生上述结果的主要原因是带有艾滋病病毒的人只占总人口的极少部分,试想在分析问题时若不运用概率论思想,是很难理解这一结论的.

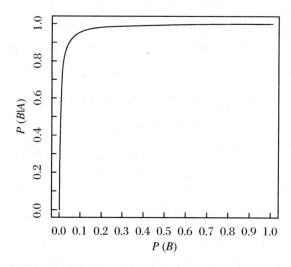

图 1.3.1

值得注意的是,对于带有艾滋病病毒的"高危"人群,这种检测方式还是很有效的. 例如,人群中每 10 个人中就有一个带有艾滋病病毒,即 $P(B) = 0.10$,则

$$P(B \mid A) = \frac{0.10 \times 0.96}{0.10 \times 0.96 + 0.90 \times 0.005} \approx 0.955$$

可见,检测结果呈阳性者中真的带有艾滋病病毒的可能性大大提高了.

在实际应用中,常常是先用一些简单易行的方法进行初查,排除大量明显不带有艾滋病病毒的人后,再用 ELISA 对其余被怀疑带有艾滋病病毒的"高危"人群进行复查.

1.4　事件的独立性

对于事件 A,B,一般来说,$P(B|A) \neq P(B)$,即 A 发生对 B 发生的概率是有影响的.然而,在实际问题中,也有 A 发生对 B 发生的概率没有影响的情况,即有 $P(B|A) = P(B)$.下面的例子就是这种情况.

例 1.4.1　抛一枚均匀的硬币两次,观察正面 H、反面 T 出现的情况,样本空间

$$\Omega = \{\text{HH},\text{HT},\text{TH},\text{TT}\}$$

若记 A = "第一次出现正面",B = "第二次出现反面",则有

$$A = \{\text{HH},\text{HT}\}, \quad B = \{\text{HT},\text{TT}\}$$

所以

$$P(B|A) = \frac{P(AB)}{P(A)} = \frac{1/4}{1/2} = \frac{1}{2} = P(B)$$

这说明 A 发生不影响 B 发生的概率.

设 $P(A) > 0, P(B) > 0$.若 $P(B|A) = P(B)$,则

$$P(A|B) = \frac{P(AB)}{P(B)} = \frac{P(A)P(B|A)}{P(B)} = P(A)$$

这表明,如果 A 发生不影响 B 发生的概率,那么 B 发生也不影响 A 发生的概率;反之亦然.此时,我们说 A 与 B 相互独立.注意到,当

$$P(B|A) = P(B) \tag{1.4.1}$$

时,有

$$P(AB) = P(A)P(B) \tag{1.4.2}$$

于是,我们给出以下定义.

定义 1.4.1　若两个事件 A 和 B 满足式(1.4.2),则称事件 A 和 B **相互独立**,

简称 A,B **独立**.

A,B 独立的定义之所以采用式(1.4.2)而不采用式(1.4.1),是因为在形式上,式(1.4.2)关于 A 和 B 对称,便于推广到 n 个事件,并且式(1.4.2)没有条件 $P(A)>0$ 的限制.事实上,若 $P(A)=0$,则 $P(AB)=0$,此时不论 B 是什么事件,式(1.4.2)均成立.

两个事件"A 与 B 相互独立"和"A 与 B 互不相容"是不同的两个概念.由式(1.4.2)可知,当 $P(A)>0,P(B)>0$ 时,"A 与 B 相互独立"和"A 与 B 互不相容"不能同时成立.

在实际问题中,常常需要由两个事件 A 与 B 的独立性推出相关事件的独立性.为此,我们给出以下结论.

定理 1.4.1 若事件 A 与 B 相互独立,则下列各对事件也相互独立:

$$A \text{ 与 } \bar{B}, \quad \bar{A} \text{ 与 } B, \quad \bar{A} \text{ 与 } \bar{B}$$

证明 由事件 A 与 B 相互独立,知 $P(AB)=P(A)P(B)$,故有

$$P(A\bar{B}) = P(A-B) = P(A-AB) = P(A) - P(AB)$$
$$= P(A) - P(A)P(B) = P(A)[1-P(B)]$$
$$= P(A)P(\bar{B})$$

因此 A 与 $\bar{B}$ 相互独立.利用这个结果可得 $\bar{A}$ 与 $\bar{B}$、$\bar{A}$ 与 B 也相互独立. ■

下面我们将两个事件的独立性的概念推广到任意有限个事件的情形.首先给出三个事件独立性的概念.

定义 1.4.2 设 A_1,A_2,A_3 是三个事件,若它们满足下列等式:

$$\left. \begin{array}{l} P(A_1A_2) = P(A_1)P(A_2) \\ P(A_2A_3) = P(A_2)P(A_3) \\ P(A_1A_3) = P(A_1)P(A_3) \end{array} \right\} \tag{1.4.3}$$

$$P(A_1A_2A_3) = P(A_1)P(A_2)P(A_3) \tag{1.4.4}$$

则称 A_1,A_2,A_3 **相互独立**.

一般地,设 $A_1,A_2,\cdots,A_n$ 是 $n(n\geqslant 2)$ 个事件,若其中任意 $k(2\leqslant k\leqslant n)$ 个事件积的概率,等于各个事件概率的积,则称 $A_1,A_2,\cdots,A_n$ **相互独立**.

由定义 1.4.2,还可以得到以下两个有用的结论:

(1) 若 $n(n{\geqslant}2)$ 个事件 $A_1,A_2,\cdots,A_n$ 相互独立,则其中任意 $k(2{\leqslant}k{\leqslant}n)$ 个事件也相互独立.特别地,当 $k=2$ 时,称为**两两独立**.显然,相互独立必两两独立.

(2) 若 $n(n{\geqslant}2)$ 个事件 $A_1,A_2,\cdots,A_n$ 相互独立,则将其中任何 $m(1{\leqslant}m{\leqslant}n)$ 个事件换成它们各自的对立事件,所得的 n 个新的事件仍相互独立.

结论(1)是显然的;对于(2),当 $n=2$ 时,定理 1.4.1 已经证明,一般情况可用数学归纳法证明.

在实际应用中,往往根据问题的实际意义来判断事件的独立性.利用事件的独立性可以简化概率的计算.下面我们给出两个利用事件独立性计算概率的例子.

例 1.4.2　甲、乙、丙三人向同一目标各射击一次,他们的命中率分别为 0.5, 0.6 和 0.7,求目标被击中的概率.

解　设 A,B,C 分别表示甲,乙,丙击中目标,则"目标被击中"可表示为 $A\cup B\cup C$,注意到 A,B,C 相互独立,故有

$$P(A\cup B\cup C)=1-P(\overline{A\cup B\cup C})=1-P(\overline{A}\,\overline{B}\,\overline{C})$$
$$=1-P(\overline{A})P(\overline{B})P(\overline{C})$$
$$=1-(1-0.5)\times(1-0.6)\times(1-0.7)$$
$$=0.94$$

本题也可以直接用加法公式(见式(1.2.4)),但不如上面的算法简单.

例 1.4.3　某种彩票每周开奖一次,每次中头等奖的概率为百万分之一,且每周开奖都是独立的.若某人每周买一张彩票,坚持买了 10 年(设每年为 52 周)之久,则他至少中一次头等奖的概率是多少?

解　以 A_i 表示第 $i(i=1,2,\cdots,520)$ 次开奖中了头等奖.以 B 表示 10 年来他至少中一次头等奖,则有

$$P(B)=P\left(\bigcup_{i=1}^{520}A_i\right)=1-\prod_{i=1}^{520}P(\overline{A_i})$$
$$=1-(1-10^{-6})^{520}=0.000\ 52$$

这个很小的概率表明,他 10 年来没中一次头等奖是非常正常的事.

最后,我们给出一个与独立性有关的综合应用的例子.

例 1.4.4　一个系统能正常工作的概率称为系统的可靠性.由五个元件组成的桥式系统如图 1.4.1 所示,设每个元件正常工作的概率 $p=0.9$,且各个元件能

否正常工作是相互独立的,试求该系统的可靠性.

解　设 B_i = "第 $i(i=1,2,3,4,5)$ 个元件正常工作", A = "系统正常工作". 在桥式系统中,第 5 个元件是关键,可根据 B_5 发生与否使用全概率公式,即

$$P(A) = P(B_5)P(A\mid B_5) + P(\overline{B_5})P(A\mid \overline{B_5}) \tag{1.4.5}$$

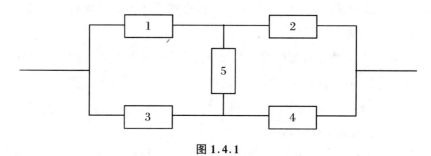

图 1.4.1

当 B_5 发生时,即第 5 个元件正常工作,此时系统成为第 1、第 3 个元件并联,第 2、第 4 个元件并联,然后再把它们串联,所以

$$P(A\mid B_5) = P((B_1 \bigcup B_3)(B_2 \bigcup B_4)) = P(B_1 \bigcup B_3)P(B_2 \bigcup B_4)$$
$$= [1 - (1-p)^2]^2 = 0.980\,1$$

当 $\overline{B_5}$ 发生时,即第 5 个元件不正常工作,此时系统成为第 1、第 2 个元件串联,第 3、第 4 个元件串联,然后再把它们并联,所以

$$P(A\mid \overline{B_5}) = P(B_1 B_2 \bigcup B_3 B_4) = 1 - P(\overline{B_1 B_2})P(\overline{B_3 B_4})$$
$$= 1 - (1-p^2)^2 = 0.963\,9$$

因此,由式(1.4.5)可得所求概率为

$$P(A) = p[1 - (1-p)^2]^2 + (1-p)[1 - (1-p^2)^2]$$
$$= 0.9 \times 0.980\,1 + 0.1 \times 0.963\,9$$
$$= 0.978\,5$$

习　题　1

1. 单项选择题:

(1) 若 $AB \subset C$,则下列结论正确的是(　　).

　　A. $\overline{A}\,\overline{B} \supset \overline{C}$　　　　　　　　　　　　　B. $A \subset C$ 且 $B \subset C$

C. $\bar{A}\cup\bar{B}\supset\bar{C}$　　　　　　　　　　D. $A\subset C$ 或 $B\subset C$

(2) 事件 A,B 互为对立事件等价于(　　).

　　A. A 与 B 互不相容　　　　　　　　B. A 与 B 互相独立

　　C. $A\cup B=\Omega$　　　　　　　　　　D. A 与 B 构成完备事件组

(3) 在编号为 $1,2,\cdots,n$ 的 n 根签中,依次不放回地抽取 n 次,则在第 k ($k=1,2,\cdots,$ n)次抽到 1 号签的概率是(　　).

　　A. $\dfrac{1}{n+k}$　　　B. $\dfrac{1}{n-k+1}$　　　C. $\dfrac{1}{n}$　　　D. $\dfrac{1}{n+k+1}$

(4) 设 A,B 为两个事件,且 $A\subset B,P(B)>0$,则下列结论正确的是(　　).

　　A. $P(A)<P(A\mid B)$　　　　　　　B. $P(A)\leqslant P(A\mid B)$

　　C. $P(A)>P(A\mid B)$　　　　　　　D. $P(A)\geqslant P(A\mid B)$

(5) 甲、乙、丙三人独立地破解某种密码,能译出的概率分别为 $1/5,1/3,1/4$,则这种密码被译出的概率是(　　).

　　A. $2/5$　　　B. $3/5$　　　C. $4/5$　　　D. $1/5$

2. 填空题:

(1) 抛掷一枚硬币三次,观察出现正面与反面的情况,$\Omega=$ _____.

(2) 抛掷一枚硬币三次,观察出现正面的次数,$\Omega=$ _____.

(3) 事件运算式 $(AB)\cup(A\bar{B})\cup(\bar{A}B)\cup(\overline{AB})$ 的简化式为_____.

(4) 设 A,B 是两个事件,已知 $P(A)=0.5,P(B)=0.7,P(AB)=0.3$,则 $P(\bar{A}\cup\bar{B})$ = _____,$P(\bar{A}B)=$ _____,$P(\bar{A}\bar{B})=$ _____,$P(\bar{A}\cup B)=$ _____.

(5) 设 $P(A)=P(B)=P(C)=1/3$,且 A,B,C 相互独立,则 A,B,C 至少有一个发生的概率为_____.

3. 袋中有 10 个球,分别编写有号码 $1,2,\cdots,10$,从中任取一球,设 $A=$"取到球的号码是偶数",$B=$"取到球的号码是奇数",$C=$"取得球的号码小于 5". 问下列运算表示什么事件:(1) AB;(2) AC;(3) $\overline{B\cup C}$.

4. 在某校任选一名学生,以 A 表示"男生",B 表示"一年级",C 表示"计算机专业". 试述下列事件或关系式的含义:(1) $AB\bar{C}$;(2) $C\subset B$;(3) $ABC=C$.

5. 指出下列命题是否成立,并说明理由:

(1) $A\cup B=(AB)\cup B$;　　　　　　(2) $\bar{A}B=A\cup B$;

(3) $\overline{A\cup B}\cap C=\overline{ABC}$;　　　　　(4) 若 $AB=\varnothing$,且 $C\subset A$,则 $BC=\varnothing$;

(5) $(AB)(\overline{AB})=\varnothing$;　　　　　　(6) 若 $A\subset B$,则 $\bar{B}\subset\bar{A}$.

6. 设 $P(A) = 1/2, P(B) = 1/3$,试在下列情况下,求 $P(A\bar{B})$ 的值:

(1) A 与 B 互斥;

(2) $A \supset B$;

(3) $P(AB) = 1/8$.

7. 已知 $A \supset C, B \supset C, P(A) = 0.7, P(A - C) = 0.4, P(AB) = 0.5$,求 $P(AB - C)$.

8. 已知 $P(AB) = P(\bar{A}\bar{B}), P(A) = r$,求 $P(B)$.

9. 若 $P(A) = P(B) = P(C) = 1/4, P(AB) = P(AC) = P(BC) = 1/8, P(ABC) = 1/16$,则 A, B, C 至多有一个发生的概率是多少?

10. 设 A, B 为任意两个事件,证明:

(1) $P(AB) = 1 - P(\bar{A}) - P(\bar{B}) + P(\bar{A}\bar{B})$;

(2) $P(A\bar{B} \cup \bar{A}B) = P(A) + P(B) - 2P(AB)$.

11. 某城市发行 A,B,C 三种报纸,订阅 A 报的有 45%,订阅 B 报的有 35%,订阅 C 报的有 30%,同时订阅 A,B 报的有 10%,同时订阅 A,C 报的有 8%,同时订阅 B,C 报的有 5%,同时订阅 A,B,C 三种报纸的有 3%.试求下列事件的概率:

(1) 只订阅 A 报;　　　　　　　(2) 只订阅 A 报和 B 报;

(3) 只订阅一种报;　　　　　　　(4) 正好订阅两种报;

(5) 不订阅任何报;

12. 已知 10 件产品中有 2 件次品,从中任取 2 件,求取出的 2 件全是次品、恰有 1 件次品和没有次品的概率各是多少?

13. 从 52 张扑克牌中任取 5 张牌,这 5 张牌中恰好有 2 张 A 的概率为多少?

14. 将两封信随机地投入 4 个邮筒,前两个邮筒没有信的概率是多少? 第一个邮筒只有一封信的概率是多少?

15. 一个大学生宿舍中住有 6 位同学,试求下列事件的概率:

(1) 6 人中至少有 1 人生日在 10 月份;

(2) 6 人中恰有 2 人生日在 10 月份;

(3) 6 人中至少有 2 人生日在同一月份.

16. $n(n > 2)$ 个朋友随机地围一圆桌而坐,求其中甲、乙两人相邻而坐的概率.

17. 在 5 个阄中有 4 个空白阄、1 个有物阄.有 5 个人依次抓阄,决定谁取得此物.

(1) 问第三个人抓到有物阄的概率是多少?

(2) 问前三人之一抓到有物阄的概率是多少?

(3) 若 5 个阄中有 3 个空白阄、2 个有物阄，则后两人抓不到有物阄的概率是多少？

18. 盒子中有 10 只晶体管，其中 4 只次品，6 只正品，从中不放回地依次取出晶体管进行测试，直到 4 只次品晶体管都找到为止，求第 4 只次品晶体管在第 5 次测试中被发现的概率.

19. 证明：条件概率 $P(\cdot\,|\,B)$ 满足概率定义中的三条公理：

(1) 对任意事件 A，$P(A\,|\,B)\geqslant 0$；

(2) $P(\Omega\,|\,B)=1$；

(3) 若 $A_1,A_2,\cdots$ 两两互斥，则 $P\left(\bigcup\limits_{i=1}^{\infty}A_i\,\Big|\,B\right)=\sum\limits_{i=1}^{\infty}P(A_i\,|\,B)$.

20. 设 $P(A)>0$，证明：

$$P(B\,|\,A)\geqslant 1-\frac{P(\bar{B})}{P(A)}.$$

21. 设一批产品中一、二、三等品各占 $60\%,30\%,10\%$. 从中任取一件，结果不是三等品，求取到的是一等品的概率.

22. 为了保证安全生产，在矿井内同时安装了两种报警系统 A 与 B，每种系统单独使用时，A 的有效率为 0.90，B 的有效率为 0.95，在 A 失效情况下 B 仍有效的概率为 0.80，试求：

(1) 这两种警报系统至少有一个有效的概率；

(2) 在 B 失效的情况下，A 仍有效的概率.

23. 根据以往资料表明，某地区一个三口之家患有某种传染病的概率有以下规律：

$P(\text{孩子得病})=0.6$，　$P(\text{母亲得病}\,|\,\text{孩子得病})=0.5$，　$P(\text{父亲得病}\,|\,\text{母子得病})=0.4$

求母子得病而父亲未得病的概率.

24. 用三台机床加工一批零件，各机床加工的零件数之比为 $5:3:2$，各机床加工的零件的合格品率分别为 $0.94,0.90,0.95$，求这批零件的合格品率.

25. 某保险公司把被保险人分成"谨慎""一般"和"冒失" 三类，他们分别占 $20\%,50\%$ 和 30%，一年内他们出事故的概率分别为 $0.05,0.15$ 和 0.30.

(1) 求任一投保人出事故的概率；

(2) 现有一投保人出了事故，问他是"谨慎"客户的概率是多少？

26. 一道选择题有 4 个备选项可供选择，其中恰有 1 项是对的. 某考生能正确判断的概率为 0.5，在不能正确判断的情况下就乱猜（即猜中的概率为 $1/4$）. 试求：

(1) 该考生选择正确答案的概率；

（2）已知该考生选择正确答案，求他不是乱猜而选择正确的概率.

27．在肝癌诊断中，有一种甲胎蛋白法，用这种方法能够检查出 95% 的真实患者，但也有可能将 10% 的人误诊．根据以往的记录，某地区每 10 000 人中有 4 人患有肝癌，已知某人用甲胎蛋白法检查患有肝癌，求他确实患有肝癌的概率.

28．据以往资料知，在出口罐头导致索赔案件中，有 50% 是质量问题，30% 是数量短缺问题，20% 是包装问题．在质量问题争议中经过协商解决（不诉诸法律）的占 40%，在数量短缺问题争议中经过协商解决的占 60%，在包装问题争议中经过协商解决的占 75%．今出现一件索赔案件.

（1）求在争议中经过协商解决的概率；

（2）已知在争议中经过协商解决了，问这一案件不属于质量问题的概率是多少？

29．有朋友自远方来访，他乘火车、轮船、汽车、飞机来的概率分别是 0.3，0.2，0.1，0.4．如果他乘火车、轮船、汽车来的话，迟到的概率分别是 1/4，1/3，1/12，而乘飞机不会迟到.

（1）求他迟到的概率；

（2）已知他迟到了，试问他是乘火车来的概率是多少？

30．为真实了解学生中考试作弊的比率，调查者设计一个调查方案，在这个方案中，被调查者只需回答以下两个问题中的一个问题：问题（1），你的生日是否在 7 月 1 日之前？问题（2），你曾经在考试中是否作过弊？让被调查者在一个装有 20 个 1 号球（写有号码 1 的球）、30 个 2 号球的箱子中摸一球，摸到 1 号球就回答问题（1），摸到 2 号球就回答问题（2），而且只需回答"是"或"否"．在这种调查过程中，旁人无法知道被调查者回答的是哪一个问题，从而消除了被调查者的顾虑．假若在被调查者中回答"是"的比率为 38%，试求学生中曾经在考试中作过弊的比率.

31．一射手对同一目标独立地进行 4 次射击，若目标被击中的概率为 80/81，求该射手进行一次射击的命中率.

32．一个大学毕业生给四家单位各发出一份求职信，若这些单位彼此独立通知他去面试的概率分别是 1/2，1/3，1/4，1/5．问这个学生至少有一次面试机会的概率有多大？

33．目前随着电子信息技术的广泛使用，电话诈骗案件在全国各地屡屡发生．现有一起电话诈骗案，警方经过多方调查，掌握了两个比较有力的证据，每个证据均以 70% 的把握证明为某一团伙所为，假设这两个证据之间是相互独立的，求这起诈骗案为这一团伙所为的概率．若要以 99% 以上的把握确定这起诈骗案为这一犯罪团伙所为，问至少需要多少个这种相互独立的证据？

34. 17 世纪中叶,法国有一位热衷于赌博的贵族德·梅耳(De Mere),他在掷骰子游戏中遇到了一个令他难以解释的问题:"掷一颗骰子 4 次至少出现一次 6 点"是有利的,而"掷一双骰子 24 次至少出现一次双 6 点"是不利的. 试从概率论的角度解释这是为什么.

35. 有两个系统,均由 4 个独立工作的元件 1,2,3,4 连接而成,且每个元件的可靠性(即正常工作的概率)均为 0.9. 试分别求出这两个系统的可靠性.

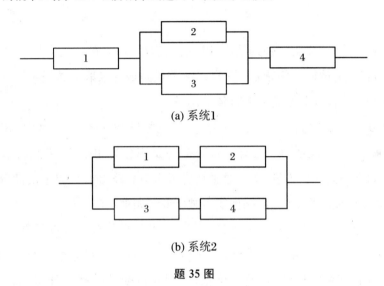

(a) 系统1

(b) 系统2

题 35 图

第2章　随机变量及其分布

当今社会,考试作为一种选拔人才的有效途径,一直被广泛采用.每次考试过后,应试者最关心的两个问题是:① 自己能否达到最低录取分数线? ② 自己的考试名次如何? 下面我们来看一个具体的例子.

例2.0.1　某公司在一次招聘考试中,计划招聘200名员工,其中180名正式工,20名临时工.而报考的人数有1 490名,考试满分为400分.考试后不久,通过当地新闻媒介得到如下消息:考试总平均成绩为166分,360分以上的高分考生28名.考生小张的成绩是276分,问他能否被录取? 如被录取是否为正式工?

在第1章中,我们用事件描述随机现象,其中的样本点可以是数量,也可以不是数量.为了进行定量的数学处理,必须将随机现象的结果数量化.为此,本章首先引入随机变量的概念.在此基础上,介绍随机变量的概率分布.通过本章的学习,我们不难解决例2.0.1提出的问题.

2.1　随　机　变　量

2.1.1　随机变量的概念

在实际问题中,许多随机现象的结果本身就是数,有些随机现象的结果虽然不是数,但我们总可以根据需要对它进行数量化处理.

例2.1.1　抛一枚硬币2次,观察正面 H 和反面 T 出现的情况,样本空间
$$\Omega = \{HH, HT, TH, TT\}$$
若令 X 为"出现正面的次数",则 X 是定义在 Ω 上的一个实值函数,它把每一个样本点与一个实数对应起来,具体如表2.1.1所示.

表 2.1.1

ω	$\omega_1 = TT$	$\omega_2 = HT$	$\omega_3 = TH$	$\omega_4 = HH$
$X(\omega)$	0	1	1	2

即

$$X = X(\omega) = \begin{cases} 0, & \omega = \omega_1 \\ 1, & \omega = \omega_2, \omega_3 \\ 2, & \omega = \omega_4 \end{cases}$$

对于那些随机现象的结果本身就是数的情况,我们只要在样本空间上定义一个恒等函数就可以了.例如,掷一颗骰子,观察出现的点数,样本空间 $\Omega = \{1,2,3,4,5,6\}$,若令 $X =$ "掷一颗骰子出现的点数",则 X 就是定义在 Ω 上的一个恒等函数:$X = X(i) = i(i = 1,2,\cdots,6)$;又如,记录某种型号电视机的使用寿命,样本空间 $\Omega = \{t \mid t \geqslant 0\}$,若令 X 为"电视机的使用寿命",则 X 也是定义在 Ω 上的一个恒等函数:$X = X(t) = t(t \geqslant 0)$.

这样,不管随机现象的结果(样本点)是不是数,我们都可以用数量加以描述,即在样本空间 Ω 上定义一个实值函数 $X = X(\omega)$,这就是随机变量.

定义 2.1.1　设 $\Omega = \{\omega\}$ 为样本空间,若 $X = X(\omega)$ 是定义在 Ω 上的实值函数,则称 $X = X(\omega)$ 为**随机变量**.若一个随机变量可能取的值仅为有限个或可列个,则称之为**离散型随机变量**;若一个随机变量可能取的值充满一个区间,则称之为**连续型随机变量**.本书用大写英文字母 X, Y, Z 等表示随机变量.

按照这个定义,"随机变量 X 的取值为 x"就是满足等式 $X(\omega) = x$ 的所有 ω 组成的集合,简记为 $\{X = x\}$.它是 Ω 的一个子集,即 $\{X = x\} = \{\omega : X(\omega) = x\}$.类似地,有 $\{X \leqslant x\} = \{\omega : X(\omega) \leqslant x\}$.

引进随机变量之后,任何事件都可以用随机变量在实数轴上某一个集合中取的值来表示.例如,在例 2.1.1 中,事件 $A =$ "至多出现一次正面",由表 2.1.1 可见 $A = \{\omega_1, \omega_2, \omega_3\}$,用随机变量来表示就是 $A = \{X \leqslant 1\}$;而 $\{X = 2\}$ 则表示事件"恰好出现两次正面".

由于随机变量 $X = X(\omega)$ 的取值由样本点 ω 而定,样本点的出现有一定的概率,故随机变量的取值也有一定的概率.例如,在例 2.1.1 中,X 取各个值就是如下的各个互不相容的事件：

$$\{X = 0\} = \{\omega_1\}, \quad \{X = 1\} = \{\omega_2, \omega_3\}, \quad \{X = 2\} = \{\omega_4\}$$

于是，X 取各个值的概率如表 2.1.2 所示.

表 2.1.2

X	0	1	2
P	0.25	0.50	0.25

由此可见，随机变量 X 是一种"随机取值的变量"，我们不仅要知道 X 取哪些值，而且还要知道它取这些值的概率，这就需要概率分布的概念，有没有概率分布是区分一般变量与随机变量的主要标志.

2.1.2　随机变量的分布函数

现在我们来讨论随机变量 X 的概率分布，即 X 取各种值的概率. 由于

$$\{a < X \leqslant b\} = \{X \leqslant b\} - \{X \leqslant a\}$$

$$\{X > c\} = \Omega - \{X \leqslant c\}$$

故只要对任意实数 x，知道事件 $\{X \leqslant x\}$ 的概率就够了，于是引入如下定义.

定义 2.1.2　设 X 为随机变量，对任意实数 x，称

$$F(x) = P(X \leqslant x) \tag{2.1.1}$$

为随机变量 X 的**概率分布函数**，简称**分布函数**，记为 $X \sim F(x)$.

如果将 X 看成是数轴上随机点的坐标，那么 X 的分布函数 $F(x)$ 在 x 处的函数值就表示 X 落在区间 $(-\infty, x]$ 的概率，这个概率具有累积特性，如图 2.1.1 所示.

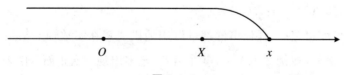

图 2.1.1

有了随机变量 X 的分布函数 $F(x)$，与 X 有关的各事件的概率就可用分布函数 $F(x)$ 来表示. 例如，对任意实数 $a, b(a < b), c$，有

$$P(a < X \leqslant b) = F(b) - F(a) \tag{2.1.2}$$

$$P(X > c) = 1 - F(c) \tag{2.1.3}$$

$$P(X = c) = F(c) - F(c - 0) \tag{2.1.4}$$

其中 $F(c - 0) = \lim\limits_{x \to c - 0} F(x)$. 从这个意义上讲, 分布函数完整地描述了随机变量的概率分布. 此外, 因为分布函数 $F(x)$ 是一个普通函数, 所以我们可以用高等数学的方法来研究随机现象的统计规律性.

分布函数具有下列基本性质:

(1) **单调性**　$F(x)$ 是一个单调不减函数.

事实上, 对任意实数 x_1, x_2, 若 $x_1 < x_2$, 则 $\{X \leqslant x_1\} \subset \{X \leqslant x_2\}$, 于是有

$$F(x_1) = P(X \leqslant x_1) \leqslant P(X \leqslant x_2) = F(x_2)$$

(2) **有界性**　$0 \leqslant F(x) \leqslant 1$, 且

$$F(-\infty) = \lim\limits_{x \to -\infty} F(x) = 0, \quad F(+\infty) = \lim\limits_{x \to +\infty} F(x) = 1$$

由式 (2.1.1) 可得 $0 \leqslant F(x) \leqslant 1$. 对于上面两个式子, 我们可以从几何上加以说明: 在图 2.1.1 中, 若让点 x 沿数轴无限左移 (即 $x \to -\infty$), 则 "随机点 X 落在点 x 左边" 趋于不可能事件, 故其概率趋于 0, 即有 $F(-\infty) = 0$. 类似地, 我们可以说明 $F(+\infty) = 1$.

(3) **右连续性**　$F(x + 0) = F(x)$.

我们将在下一节结合例子来说明 $F(x)$ 是右连续函数.

随机变量的分布函数具有上述三条基本性质; 反过来可以证明: 具有上述三条基本性质的函数必可作为某个随机变量的分布函数.

例 2.1.2　设随机变量 X 的分布函数如下:

$$F(x) = A + B\arctan x \quad (-\infty < x < +\infty)$$

试确定常数 A, B, 并求 $P(X > -1)$.

解　根据分布函数的基本性质, 有

$$0 = F(-\infty) = \lim\limits_{x \to -\infty}(A + B\arctan x) = A - B \cdot \frac{\pi}{2}$$

$$1 = F(+\infty) = \lim\limits_{x \to +\infty}(A + B\arctan x) = A + B \cdot \frac{\pi}{2}$$

联立两式便得到关于 A, B 的方程组, 解之得 $A = 1/2, B = 1/\pi$. 于是有

$$P(X > -1) = 1 - F(-1)$$

$$= 1 - \left[\frac{1}{2} + \frac{1}{\pi} \left(- \frac{\pi}{4} \right) \right] = \frac{3}{4}$$

2.2　离散型随机变量

2.2.1　离散型随机变量的分布列

我们知道,离散型随机变量 X 可能取的值为有限个或可列个. 如果能将 X 所有可能取的值以及取各个值的概率都说清楚,那么随机变量 X 也就完全描述清楚了.

定义 2.2.1　设离散型随机变量 X 的所有可能的取值为 $x_1, x_2, \cdots$,则称 X 取 x_k 的概率

$$P(X = x_k) = p(x_k) = p_k \quad (k = 1, 2, \cdots) \tag{2.2.1}$$

为 X 的**概率分布列**,简称**分布列**,记为 $X \sim \{ p(x_k) \}$.

分布列也可用列表方式来表示,见表 2.2.1.

表 2.2.1　离散型随机变量的分布列

X	x_1	x_2	$\cdots$	x_k	$\cdots$
P	$p(x_1)$	$p(x_2)$	$\cdots$	$p(x_k)$	$\cdots$

显然,分布列具有下面两条基本性质:

(1) **非负性**　$p(x_k) \geqslant 0 \ (k = 1, 2, \cdots)$;

(2) **规范性**　$\sum\limits_{k=1}^{\infty} p(x_k) = 1$.

可见,分布列完整地描述了离散型随机变量取值的概率分布情况.

有了分布列(2.2.1),就可求得与 X 有关的所有事件的概率. 如事件 $\{ X \leqslant x \}$ 的概率,即 X 的分布函数 $F(x)$. 由概率的可加性可得

$$F(x) = \sum\limits_{x_k \leqslant x} p(x_k) \tag{2.2.2}$$

这是一个阶梯函数(具体见下面的例子). 不过对离散型随机变量,常用来描述其概率分布的是分布列,很少用分布函数. 这是因为在求与离散型随机变量 X 有关的

事件的概率时,用分布列比用分布函数更方便.

例 2.2.1 将 3 个球随机地放入 4 个盒子中去,以 X 表示盒子中球的最大个数.

(1) 求 X 的分布列;

(2) 计算概率 $P(X>1)$;

(3) 写出 X 的分布函数,并画出其图像.

解 (1) 这是盒子模型,X 的可能取值为 $1,2,3$,其概率分别为

$$P(X = 1) = \frac{A_4^3}{4^3} = \frac{3}{8}$$

$$P(X = 3) = \frac{4}{4^3} = \frac{1}{16}$$

$$P(X = 2) = 1 - P(X = 1) - P(X = 3) = \frac{9}{16}$$

于是,X 的分布列为

X	1	2	3
P	6/16	9/16	1/16

(2) $P(X>1) = P(X = 2) + P(X = 3) = \dfrac{9}{16} + \dfrac{1}{16} = \dfrac{5}{8}$.

(3) X 的分布函数为

$$F(x) = \begin{cases} 0, & x < 1 \\ 6/16, & 1 \leqslant x < 2 \\ 15/16, & 2 \leqslant x < 3 \\ 1, & x \geqslant 3 \end{cases}$$

$F(x)$ 的图像如图 2.2.1 所示,它是定义在整个实数轴上的阶梯函数,其间断点就是 X 可能取的值 $1,2,3$,在间断点上 $F(x)$ 的取值有跳跃,跳跃度分别是 X 取 $1,2,3$ 的概率 $6/16,9/16,1/16$. 显然,在 $F(x)$ 的这些间断点上的函数值等于它的右极限. 可见,离散型随机变量的分布函数是一个右连续函数.

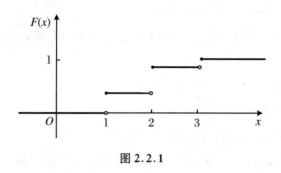

图 2.2.1

2.2.2　常用离散型分布

1. 二项分布

二项分布来源于 n 重伯努利(Bernoulli)试验. 若一个试验只有两个结果:事件 A 发生或不发生(即 $\bar{A}$ 发生),则称该试验为**伯努利试验**. 设 $P(A) = p$ $(0 < p < 1)$,则 $P(\bar{A}) = 1 - p$. 将伯努利试验独立地重复进行 n 次,则称这 n 次独立重复的试验为 n **重伯努利试验**. 这里的"独立"是指每一次试验的任一结果与另一次试验的任一结果相互独立;"重复"是指在每次试验中 $P(A) = p$ 保持不变.

n 重伯努利试验是一种非常重要的数学模型,有着非常广泛的应用. 例如,抛一枚硬币,观察得到正面(记为 A)或反面(记为 $\bar{A}$),这是一个伯努利试验,将硬币抛 n 次,就是 n 重伯努利试验;又如,某射手向同一目标进行一次射击,观察命中(记为 A)或未命中(记为 $\bar{A}$),这是一个伯努利试验,该射手进行 n 次射击,就是 n 重伯努利试验;再如,从一批产品中任取 1 件,检验是次品(记为 A)还是正品(记为 $\bar{A}$),这是一个伯努利试验,有放回地抽取 n 件产品,就是 n 重伯努利试验.

若以 X 表示"n 重伯努利试验中事件 A 发生的次数",则 X 是离散型随机变量,现在我们来求其分布列. X 可能取的值为 $0, 1, 2, \cdots, n$,下面求 X 取各个值的概率,即 X 的分布列.

若将 n 重伯努利试验的基本结果记作

$$\omega = (\omega_1, \omega_2, \cdots, \omega_n)$$

则其中各 ω_i 只可能是 A 和 $\bar{A}$ 两种情况之一,且 $P(A) = p, P(\bar{A}) = 1 - p$. 某个样本点

$$\omega = (\omega_1, \omega_2, \cdots, \omega_n) \in \{X = k\}$$

意味着 $\omega_1, \omega_2, \cdots, \omega_n$ 中有 k 个 A，$n - k$ 个 $\bar{A}$，故由独立性知

$$P(\omega) = p^k (1 - p)^{n-k}$$

而在事件 $\{X = k\}$ 中，这样的 ω 共有 C_n^k 个. 因此，X 的分布列为

$$P(X = k) = C_n^k p^k (1 - p)^{n-k} \quad (k = 0, 1, \cdots, n)$$

显然，$C_n^k p^k (1 - p)^{n-k} \geqslant 0 \, (k = 0, 1, \cdots, n)$，并且

$$\sum_{k=0}^{n} C_n^k p^k (1 - p)^{n-k} = [p + (1 - p)]^n = 1$$

可见 $P(X = k) = C_n^k p^k (1 - p)^{n-k}$ 刚好是二项式 $[p + (1 - p)]^n$ 的展开式中的第 $k + 1$ 项，这就是二项分布名称的由来. 由此我们引入以下最重要的离散型分布.

定义 2.2.2 若随机变量 X 的分布列为

$$P(X = k) = C_n^k p^k (1 - p)^{n-k} \quad (k = 0, 1, \cdots, n) \tag{2.2.3}$$

则称 X 服从参数为 n，p 的**二项分布**，记为 $X \sim B(n, p)$，其中 $p \, (0 < p < 1)$ 为常数.

特别地，当 $n = 1$ 时，式(2.2.3)化为

$$P(X = k) = p^k (1 - p)^{1-k} \quad (k = 0, 1) \tag{2.2.4}$$

或列表表示为

X	0	1
P	$1-p$	p

此时称 X 服从参数为 p 的**伯努利分布**或**两点分布**，即 $X \sim B(1, p)$.

很多随机现象的样本空间 Ω 常可一分为二，记为 A 与 $\bar{A}$，由此构成伯努利试验. n 重伯努利试验是由 n 个相同的、独立进行的伯努利试验组成. 若将第 i 个伯努利试验中 A 发生的次数记为 $X_i \, (i = 1, 2, \cdots, n)$，则各 X_i 相互独立，且同服从两点分布 $B(1, p)$，其和

$$Z = X_1 + X_2 + \cdots + X_n$$

就是 n 重伯努利试验中事件 A 发生的总次数，它服从二项分布 $B(n, p)$. 这就是二项分布和两点分布之间的联系，即二项分布随机变量是 n 个独立同分布的两点分布随机变量之和.

例 2.2.2　设 $X \sim B(2,p)$，$Y \sim B(4,p)$．若 $P(X \geqslant 1) = 8/9$，求 $P(Y \geqslant 1)$．

解　由 $P(X \geqslant 1) = 8/9$ 可知 $P(X = 0) = 1/9$，即 $(1-p)^2 = 1/9$，解之得 $p = 2/3$．故由 $Y \sim B(4, 2/3)$ 可得

$$P(Y \geqslant 1) = 1 - P(Y = 0) = 1 - \left(1 - \frac{2}{3}\right)^4 = \frac{80}{81}$$

例 2.2.3　甲、乙两棋手约定进行 10 局比赛，以赢的局数多者为胜．设在每局中甲赢的概率为 0.6，乙赢的概率为 0.4．若各局比赛是独立进行的，试问甲胜、乙胜、不分胜负的概率各是多少？

解　我们把每下一局棋看作一次伯努利试验，10 局比赛就是 10 重伯努利试验．若以 X 表示 10 局比赛中甲赢的局数，则 $X \sim B(10, 0.6)$．于是，所求概率分别为

$$P(甲胜) = P(X \geqslant 6) = \sum_{k=6}^{10} C_{10}^{k} (0.6)^k (0.4)^{10-k} = 0.633\ 1$$

$$P(乙胜) = P(X \leqslant 4) = \sum_{k=0}^{4} C_{10}^{k} (0.6)^k (0.4)^{10-k} = 0.166\ 2$$

$$P(不分胜负) = P(X = 5) = C_{10}^{5} (0.6)^5 (0.4)^5 = 0.200\ 7$$

由此可见，甲胜的概率达 63.31%，而乙胜的概率只有 16.62%，二者不分胜负的概率为 20.07%．最后两个概率之和 0.366 9 则是乙不输的概率．

例 2.2.4　经验表明，人们患了某种疾病，有 30% 的人不经治疗会自行痊愈．某医药公司推行一种新药，随机地选 10 位患此种病的患者服用了新药，结果有 9 人很快就痊愈了．设各人自行痊愈与否相互独立，试推断这些患者是自行痊愈的，还是新药起了作用．

解　假设新药毫无疗效，则一位患者痊愈的概率 $p = 0.3$．以 X 表示 10 位患者中痊愈的人数，则 $X \sim B(10, 0.3)$，因此

$$P(X = 9) = C_{10}^{9} \times 0.3^9 \times 0.7^1 = 0.000\ 138$$

$$\begin{aligned}
P(X \geqslant 9) &= P(X = 9) + P(X = 10) \\
&= C_{10}^{9} \times 0.3^9 \times 0.7 + C_{10}^{10} \times 0.3^{10} \times 0.7^0 \\
&= 0.000\ 138 + 0.000\ 006 \\
&= 0.000\ 144
\end{aligned}$$

这个概率很小,对应的事件称为**小概率事件**.人们长期的实践经验表明:"小概率事件在一次试验中实际上几乎是不可能发生的",故称之为**小概率事件实际不发生原理**,简称**小概率原理**.现在小概率事件在一次试验中竟然发生了,这与小概率原理矛盾,因此我们有理由怀疑"新药毫无疗效"这一假设的正确性,从而推断新药是有疗效的.

以后我们将会看到,小概率原理在统计推断中具有重要的作用.

2. 泊松分布

定义 2.2.3　若随机变量 X 的分布列为

$$P(X = k) = \frac{\lambda^k \mathrm{e}^{-\lambda}}{k!} \quad (k = 0,1,2,\cdots) \tag{2.2.5}$$

则称 X 服从参数为 λ 的**泊松(Poisson)分布**,记作 $X \sim \pi(\lambda)$,其中 $\lambda > 0$ 为常数.

显然,对任意非负整数 k,$\dfrac{\lambda^k \mathrm{e}^{-\lambda}}{k!} \geqslant 0$,而且

$$\sum_{k=0}^{\infty} \frac{\lambda^k \mathrm{e}^{-\lambda}}{k!} = \mathrm{e}^{-\lambda} \sum_{k=0}^{\infty} \frac{\lambda^k}{k!} = \mathrm{e}^{-\lambda} \mathrm{e}^{\lambda} = 1$$

例 2.2.5　某地区一个月内发生交通事故的次数 X 服从泊松分布,根据统计资料发现,一个月内发生 8 次交通事故的概率是发生 10 次的 2.5 倍,试求一个月内至少发生 2 次交通事故的概率.

解　已知 $X \sim \pi(\lambda)(\lambda > 0)$,又 $P(X=8) = 2.5P(X=10)$,即

$$\frac{\lambda^8}{8!} \mathrm{e}^{-\lambda} = 2.5 \times \frac{\lambda^{10}}{10!} \mathrm{e}^{-\lambda}$$

由此解得 $\lambda = 6$.因此

$$P(X \geqslant 2) = 1 - P(X = 0) - P(X = 1) = 1 - 7\mathrm{e}^{-6}$$

$$\approx 1 - 7 \times 0.00248 = 0.9826$$

泊松分布是一种很常见的分布,它常与计数过程相关联.例如,在一段时间内,电话交换台接到的呼叫数,公共汽车站候车的旅客数,保险公司理赔的保单数,以及一定大小的面积内零件铸造表面上的砂眼数······在历史上,泊松分布是作为二项分布的近似计算而被引入的.可以证明(见文献[2]):当 n 很大、p 很小而 np 适中时,有

$$C_n^k p^k (1-p)^{n-k} \approx \frac{\lambda^k \mathrm{e}^{-\lambda}}{k!} \quad (k = 0,1,2,\cdots,n) \tag{2.2.6}$$

其中 $\lambda = np$. 式(2.2.6)称为二项分布的泊松近似.

2.3　连续型随机变量

2.3.1　连续型随机变量的密度函数

我们已经看到,对于离散型随机变量,用分布列来描述其概率分布既简单又直观.但是,对于连续型随机变量,由于其可能取值充满某个区间,无法一一列出,所以我们不能像离散型随机变量那样用分布列来描述其概率分布,而要另想别的描述方式.虽然分布函数可以描述所有随机变量的概率分布,但它不够直观,我们希望寻求一种比较直观的描述方式.

例 2.3.1　向区间(a,b)内任意投一个质点,以 X 表示"质点的坐标",设这质点落在(a,b)内任一子区间上的概率仅与子区间的长度成正比,而与子区间的位置无关,试求 X 的分布函数$F(x)$.

解　由题设知,若$(c,d)\subset(a,b)$,则

$$P(c < X < d) = \lambda(d - c) \qquad (2.3.1)$$

其中 λ 为比例系数. 特别地,取 $c = a, d = b$,式(2.3.1)即为 $P(a < X < b) = \lambda(b-a)$,注意到 $P(a < X < b) = 1$,可得 $\lambda = 1/(b-a)$. 于是,有

$$F(x) = P(X \leqslant x) = \begin{cases} 0, & x < a \\ \dfrac{x-a}{b-a}, & a \leqslant x < b \\ 1, & x \geqslant b \end{cases} \qquad (2.3.2)$$

$F(x)$的图像如图 2.3.1 所示,它是一个连续函数,在整个数轴上没有一个间断点(可见,这种随机变量取任一值的概率都是零).由式(2.3.1)可见,比例系数 λ 反映了 X 的概率分布在(a,b)内任一子区间(c,d)上的密集程度,记为$f(x)$,即

$$f(x) = \begin{cases} \dfrac{1}{b-a}, & a < x < b \\ 0, & 其他 \end{cases} \qquad (2.3.3)$$

不难看出,分布函数(2.3.2)可表示为

$$F(x) = \int_{-\infty}^{x} f(t)\mathrm{d}t$$

可见,$f(x)$完全决定了 X 的分布函数 $F(x)$,也就是说,X 的概率分布完全可由$f(x)$来描述. 一般地,我们有以下的定义.

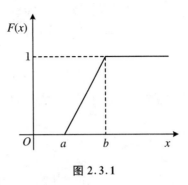

图 2.3.1

定义 2.3.1　设 X 为连续型随机变量,若存在非负可积函数 $f(x)$,使得 X 的分布函数 $F(x)$ 可表示为

$$F(x) = \int_{-\infty}^{x} f(t)\mathrm{d}t \quad (-\infty < x < +\infty) \tag{2.3.4}$$

则称 $f(x)$为 X 的**概率密度函数**,简称**密度函数**,记为 $X \sim f(x)$.

由式(2.3.4)可见,连续型随机变量 X 的分布函数 $F(x)$是连续函数,且在 $f(x)$ 的连续点有 $F'(x) = f(x)$,于是有

$$f(x) = \lim_{\Delta x \to 0^+} \frac{P(x < X \leqslant x + \Delta x)}{\Delta x} \tag{2.3.5}$$

因此,有下面的近似式

$$P(x < X \leqslant x + \mathrm{d}x) \approx f(x)\mathrm{d}x \tag{2.3.6}$$

由式(2.3.5)知,虽然 $f(x)$不是连续型随机变量 X 取x 值的概率,但它反映了 X 在 x 点处概率分布的密集程度(与物理学中的线密度类似),这也是我们把 $f(x)$称为密度函数的原因.由式(2.3.6)知,密度函数 $f(x)$的大小反映出连续型随机变量 X 在 x 点附近取值的概率的大小,故对连续型随机变量,用密度函数描述其概率分布比分布函数更直观,因此,今后一般用密度函数描述连续型随机变量.我们以后将会看到:概率微分 $f(x)\mathrm{d}x$ 与积分号$\int$ 在连续型场合中所起的作用相当于分布列 $p(x_k)$ 与求和号$\sum$ 在离散型场合中所起的作用.

密度函数具有与分布列类似的两个基本性质:

(1) **非负性**　$f(x) \geqslant 0$;

(2) **规范性**　$\int_{-\infty}^{+\infty} f(x)\mathrm{d}x = 1$.

密度函数除具有上述基本性质外,还具有以下重要性质:

(3) 对任意实数 a, b $(a < b)$，有

$$P(a < X \leqslant b) = \int_a^b f(x) \mathrm{d}x \qquad (2.3.7)$$

从几何上看，概率 $P(a < X \leqslant b)$ 等于区间 $(a, b]$ 上方、密度函数曲线 $f(x)$ 下方的曲边梯形的面积，如图 2.3.2 所示.

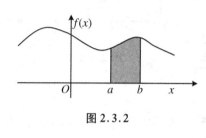

图 2.3.2

(4) 对任一常数 a，有 $P(X = a) = 0$.

事实上，由连续型随机变量的分布函数的连续性及式 (2.1.4) 立得性质 (4).

性质 (4) 表明：不可能事件的概率为 0，但概率为 0 的事件 (如 $P(X = a) = 0$) 未必是不可能事件. 类似地，必然事件的概率为 1，但概率为 1 的事件 (如 $P(X \neq a) = 1$) 未必是必然事件.

由于连续型随机变量 X 取任一点的概率恒为 0 (这与离散型随机变量不同!)，故在计算与 X 相关的概率时，不必"点点计较". 比如，对任意 a, b $(a < b)$，有

$$P(a < X < b) = P(a \leqslant X < b) = P(a < X \leqslant b)$$
$$= P(a \leqslant X \leqslant b) = \int_a^b f(x) \mathrm{d}x$$

在若干个点上改变密度函数 $f(x)$ 的值并不影响分布函数 $F(x)$ 的值，这意味着连续型随机变量的密度函数不唯一. 例如在例 2.3.1 中，改变 $X = a$ 和 $X = b$ 处 $f(x)$ 的值如下：

$$g(x) = \begin{cases} \dfrac{1}{b - a}, & a \leqslant x \leqslant b \\ 0, & \text{其他} \end{cases}$$

$f(x)$ 和 $g(x)$ 都可以作为投点的坐标 X 的密度函数，注意到

$$P(f(x) \neq g(x)) = P(X = a) + P(X = b) = 0$$

即 $p(f(x) = g(x)) = 1$，可见这两个函数在概率意义上是没有差别的，此时我们称 $f(x) = g(x)$ "几乎处处成立". 也就是说，在概率论中可以剔除概率为 0 的事件后讨论问题.

例 2.3.2 设连续型随机变量 X 的密度函数为

$$f(x) = \begin{cases} ax + b, & 0 < x < 2 \\ 0, & \text{其他} \end{cases}$$

且 $P(1<X<3)=0.25$. 试确定常数 a 和 b, 并计算 $P(X>1.5)$.

解　由

$$1 = \int_{-\infty}^{+\infty} f(x)\mathrm{d}x = \int_0^2 (ax + b)\mathrm{d}x = 2a + 2b$$

$$0.25 = P(1 < X < 3) = \int_1^3 f(x)\mathrm{d}x = \int_1^2 (ax + b)\mathrm{d}x = 1.5a + b$$

得到关于 a, b 的方程组

$$\begin{cases} 2a + 2b = 1 \\ 1.5a + b = 0.25 \end{cases}$$

解之得

$$a = -0.5, \quad b = 1$$

于是有

$$P(X > 1.5) = \int_{1.5}^{\infty} f(x)\mathrm{d}x = \int_{1.5}^2 (1 - 0.5x)\mathrm{d}x = 0.062\,5$$

2.3.2　常用连续型分布

1. 正态分布

定义 2.3.2　设随机变量 X 的密度函数为

$$f(x) = \frac{1}{\sqrt{2\pi}\sigma} \mathrm{e}^{-(x-\mu)^2/(2\sigma^2)} \quad (-\infty < x < +\infty) \tag{2.3.8}$$

则称 X 服从参数为 μ, σ 的**正态分布**, 记为 $X \sim N(\mu, \sigma^2)$, 其中 $\mu\,(-\infty < \mu < +\infty)$, $\sigma\,(\sigma > 0)$ 为常数. 此时, X 简称为**正态变量**.

显然 $f(x) \geqslant 0$. 下面证明: $\int_{-\infty}^{+\infty} f(x)\mathrm{d}x = 1$. 令 $\dfrac{x-\mu}{\sigma} = t$, 转为证明:

$$I = \int_{-\infty}^{+\infty} \mathrm{e}^{-t^2/2}\mathrm{d}t = \sqrt{2\pi} \tag{2.3.9}$$

为此考虑

$$I^2 = \int_{-\infty}^{+\infty}\int_{-\infty}^{+\infty} \mathrm{e}^{-(s^2+t^2)/2}\mathrm{d}s\mathrm{d}t = \int_0^{2\pi}\int_0^{+\infty} r\mathrm{e}^{-r^2/2}\mathrm{d}r\mathrm{d}\theta = 2\pi$$

因此式 (2.3.9) 成立.

正态变量 X 的密度函数 $f(x)$ 的图像(见图 2.3.3)简称为正态曲线. 它具有下列性质:

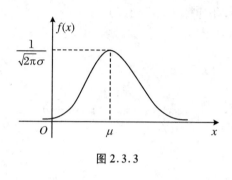

图 2.3.3

(1) 正态曲线关于直线 $x = \mu$ 对称, 即 $f(\mu - h) = f(\mu + h)$;

(2) $f(x)$ 在 $x = \mu$ 处达到最大值 $f(\mu) = \dfrac{1}{\sqrt{2\pi}\sigma}$;

(3) 当 $x \to \pm\infty$ 时, $f(x) \to 0$, 即正态曲线以 x 轴为渐近线.

由正态曲线上述性质知, 它是关于 μ 对称, 并且往两个方向衰减, 属于"中间高、两边低"这种正常情况下一般事物所处的状态. 例如, 同龄人的身高和体重, 特大和特小的居少而中间状态的居多; 大批制造的同一产品的尺寸(长、宽、高、直径等)、某种农作物的收获量、某地区职工的年收入等等, 都服从或近似服从正态分布. 这不但说明了"正态"这个名称的由来, 也说明了正态分布的重要性. 我们还将看到, 许多其他的分布都可用正态分布作近似计算(详见第 3 章中的中心极限定理); 从正态分布可以导出另外一些有用的分布(详见第 4 章中的三大统计分布). 这些都进一步增加了正态分布的重要性.

特别地, 当 $\mu = 0, \sigma = 1$ 时, $N(0,1)$ 称为**标准正态分布**, 相应的随机变量称作**标准正态变量**. 标准正态分布的密度函数用 $\varphi(x)$ 表示, 分布函数用 $\Phi(x)$ 表示, 即

$$\varphi(x) = \frac{1}{\sqrt{2\pi}} e^{-x^2/2} \quad (-\infty < x < \infty) \qquad (2.3.10)$$

$$\Phi(x) = \frac{1}{\sqrt{2\pi}} \int_{-\infty}^{x} e^{-t^2/2} dt \quad (-\infty < x < \infty) \qquad (2.3.11)$$

利用变量替换法, 容易验证: 对任意实数 x, 有

$$\Phi(-x) = 1 - \Phi(x) \qquad (2.3.12)$$

式(2.3.12)也可从 $\varphi(x)$ 关于纵轴对称直接看出, 如图 2.3.4 所示.

附表 1 给出了标准正态分布函数 $\Phi(x)$ 的函数值, 它是正态分布计算的基础.

下面的定理在正态分布的计算中是重要的.

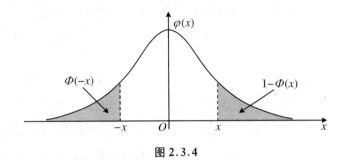

图 2.3.4

定理 2.3.1　若 $X \sim N(\mu, \sigma^2)$,则 $Z = \dfrac{X-\mu}{\sigma} \sim N(0,1)$.

证明　因 Z 的分布函数为

$$P(Z \leqslant x) = P(X \leqslant \sigma x + \mu) = \int_{-\infty}^{\sigma x + \mu} \frac{1}{\sqrt{2\pi}\,\sigma} \mathrm{e}^{-(y-\mu)^2/(2\sigma^2)} \mathrm{d}y$$

$$= \int_{-\infty}^{x} \frac{1}{\sqrt{2\pi}} \mathrm{e}^{-t^2/2} \mathrm{d}t = \Phi(x)$$

故 $Z \sim N(0,1)$.

由定理 2.3.1 知,若 $X \sim N(\mu, \sigma^2)$,则其分布函数 $F(x)$ 可以写成

$$F(x) = P(X \leqslant x) = P\left(\frac{X-\mu}{\sigma} \leqslant \frac{x-\mu}{\sigma}\right) = \Phi\left(\frac{x-\mu}{\sigma}\right) \quad (2.3.13)$$

进一步,可得 X 落在区间 (a,b) 内的概率

$$P(a < X < b) = \Phi\left(\frac{b-\mu}{\sigma}\right) - \Phi\left(\frac{a-\mu}{\sigma}\right) \quad (2.3.14)$$

例 2.3.3　设 $X \sim N(\mu, \sigma^2)$,则由 $\Phi(x)$ 的函数值表(附表 1),可查得

$$P(|X-\mu| < k\sigma) = 2\Phi(k) - 1 = \begin{cases} 0.682\,6, & k=1 \\ 0.954\,5, & k=2 \\ 0.997\,3, & k=3 \end{cases} \quad (2.3.15)$$

从式(2.3.15)可见:尽管正态变量的取值范围是 $(-\infty, +\infty)$,但它可能取的值 99.73% 落在 $(\mu-3\sigma, \mu+3\sigma)$ 内,这个性质常称为正态分布的"3σ 原则".

例 2.3.4　测量到某一目标的距离时发生的误差 X(单位:m)具有密度函数

$$f(x) = \frac{1}{40\sqrt{2\pi}} \mathrm{e}^{-(x-20)^2/3\,200} \quad (-\infty < x < \infty)$$

试求在三次测量中至少有一次误差的绝对值不超过 30 m 的概率.

解　因 $X \sim N(20, 40^2)$，故测量误差的绝对值不超过 30 m 的概率为

$$P(|X| \leqslant 30) = \Phi\left(\frac{30 - 20}{40}\right) - \Phi\left(\frac{-30 - 20}{40}\right)$$

$$= \Phi(0.25) - \Phi(-1.25) = 0.493$$

设 Y 为三次测量中误差的绝对值不超过 30 m 的次数，则 $Y \sim B(3, 0.493)$，故

$$P(Y \geqslant 1) = 1 - P(Y = 0) = 1 - (1 - 0.493)^3 = 0.87 \qquad ∎$$

例 2.3.5（续例 2.0.1）　现在我们来解决本章开头提出的关于考试招聘的问题.

解　一般认为考试成绩 X 服从正态分布，即 $X \sim N(\mu, \sigma^2)$. 直观上，从正态曲线关于 μ 对称可见，μ 是正态变量 X 取值的平均值（第 3 章将证明这一点）. 由题设知，1 490 人参加考试，考试总平均成绩为 166 分，即 $\mu = 166$. 又 360 分以上的高分有 28 人，故有

$$\frac{28}{1\,490} \approx P(X > 360) = P\left(\frac{X - 166}{\sigma} > \frac{360 - 166}{\sigma}\right) = 1 - \Phi\left(\frac{194}{\sigma}\right)$$

即

$$\Phi\left(\frac{194}{\sigma}\right) \approx 0.981\,2$$

查附表 1，得 $194/\sigma \approx 2.08$，因此，$\sigma \approx 93$. 至此得到 $X \sim N(166, 93^2)$.

设录取最低分数线为 a. 由于公司招聘 200 人，故有

$$\frac{200}{1\,490} \approx P(X > a) = P\left(\frac{X - 166}{93} > \frac{a - 166}{93}\right) = 1 - \Phi\left(\frac{a - 166}{93}\right)$$

即

$$\Phi\left(\frac{a - 166}{93}\right) \approx 0.865\,8$$

查附表 1 得 $\dfrac{a - 166}{93} = 1.005$，故 $a \approx 260$（分）. 因此，小张被录取了.

小张是否被录取为正式工呢？这要看他的考试名次能否排在 180 名之前. 由

$$P(X > 276) = P\left(\frac{X - 166}{93} > \frac{276 - 166}{93}\right)$$

$$= 1 - \Phi(1.18) = 0.119$$

可知，在所有应试者中成绩高于小张的人数大约为 $1\,490 \times 0.119 \approx 177$. 由此可见，

小张的名次大约是 178,排在 180 名之前,因此他还被录取为正式工.

2. 均匀分布

定义 2.3.3　若随机变量 X 的密度函数(图 2.3.5)为

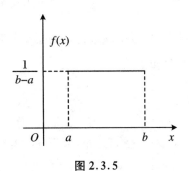

$$f(x) = \begin{cases} \dfrac{1}{b-a}, & a < x < b \\ 0, & 其他 \end{cases}$$

$$(2.3.16)$$

图 2.3.5

那么称 X 服从区间 (a,b) 上的**均匀分布**,记为 $X \sim U(a,b)$,其分布函数如式(2.3.2)所示.

对于均匀分布,显然有 $f(x) \geqslant 0$,并且

$$\int_{-\infty}^{\infty} f(x)\mathrm{d}x = \int_a^b \frac{1}{b-a}\mathrm{d}x = 1$$

若 $X \sim U(a,b)$,则对 (a,b) 中任一长度为 l 的子区间 $(c, c+l)$,有

$$P(c < X < c+l) = \int_c^{c+l} \frac{1}{b-a}\mathrm{d}x = \frac{l}{b-a}$$

这表明,在区间 (a,b) 上服从均匀分布的随机变量 X,落在 (a,b) 中任一子区间内的概率仅与子区间的长度成正比,而与子区间的位置无关.换言之,它落在 (a,b) 内长度相等的子区间上的概率相等.简言之,"等长度等概率".这就是我们称之为均匀分布的原因.

均匀分布是常见的分布.例如,在区间 (a,b) 上投点,投点的坐标 X 就服从区间 (a,b) 上的均匀分布(见例 2.3.1);又如,在日常计算中,我们常用四舍五入的方法,若要保留 n 位小数,则舍入误差 X 就服从区间 $(-0.5 \times 10^{-n}, 0.5 \times 10^{-n})$ 上的均匀分布,等等.

若随机变量 $X \sim U(0,1)$,则特别称 X 为随机数.

3. 指数分布

定义 2.3.4　若随机变量 X 的密度函数(图 2.3.6)为

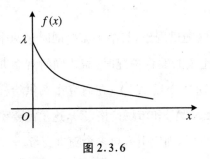

图 2.3.6

$$f(x) = \begin{cases} \lambda e^{-\lambda x}, & x > 0 \\ 0, & x \leqslant 0 \end{cases} \tag{2.3.17}$$

则称 X 服从参数为 λ 的**指数分布**,记作 $X \sim e(\lambda)$,其中 $\lambda > 0$ 为常数. 不难求得 x 的分布函数为

$$F(x) = \begin{cases} 1 - e^{-\lambda x}, & x > 0 \\ 0, & x \leqslant 0 \end{cases} \tag{2.3.18}$$

对于指数分布,显然 $f(x) \geqslant 0$,并且

$$\int_{-\infty}^{+\infty} f(x)\mathrm{d}x = \int_0^{+\infty} \lambda e^{-\lambda x}\mathrm{d}x = 1$$

服从指数分布的随机变量 X 具有以下有趣的性质:对于任意 $s > 0, t > 0$,有

$$P(X > s + t \mid X > s) = \frac{P(X > s + t)}{P(X > s)} = \frac{e^{-\lambda(s+t)}}{e^{-\lambda s}} = e^{-\lambda t} = P(X > t)$$

若以 X 表示某一产品的使用寿命,则上式表明:已知产品使用了 s 小时而不坏,它再能使用 t 小时而不坏的条件概率,与从开始使用时算起它能使用 t 小时而不坏的概率相等. 这就是说,产品对它已使用过的 s 小时没有记忆. 我们把指数分布的这一特殊性质称为**无记忆性**.

指数分布最常用的一个场合就是描述"无老化"寿命问题. 当然"无老化"是不可能的,只能是一种近似. 例如,对于一些寿命比较长的电子元件,在初期阶段老化现象很小,此时指数分布可以比较贴切地描述其寿命分布情况.

2.4 随机向量

在很多实际问题中,我们常常遇到这样一些随机现象,其结果需要同时用两个或多个随机变量来描述. 例如,在研究某地区儿童的发育情况时,需要同时观察儿童的身高(X)和体重(Y),这里需要引入两个随机变量 X, Y;在研究市场供给模型时,需要同时考虑商品供给量(X)、消费者收入(Y)和市场价格(Z),这里需要引入三个随机变量 X, Y, Z,若还需要考虑其他指标,则应引入更多个随机变量.

一般地,我们有以下定义.

定义 2.4.1　若 $X_1 = X_1(\omega), X_2 = X_2(\omega), \cdots, X_n = X_n(\omega)$ 是定义在同一样本空间 $\Omega = \{\omega\}$ 上的 n 个随机变量，则称 $(X_1, X_2, \cdots, X_n)$ 是一个 **n 维随机变量**或 **n 维随机向量**.

本节我们主要讨论二维随机变量，从二维随机变量到 n 维随机变量的推广是直接的、形式上的，并无实质性困难.

2.4.1　二维随机变量的分布函数

定义 2.4.2　若 (X, Y) 为二维随机变量，则称二元函数

$$F(x, y) = P(X \leqslant x, Y \leqslant y) \tag{2.4.1}$$

为 (X, Y) 的**联合分布函数**.

在式 (2.4.1) 中，$\{X \leqslant x, Y \leqslant y\}$ 表示事件 $\{X \leqslant x\} \bigcap \{Y \leqslant y\}$. 若将二维随机变量 (X, Y) 看成是平面上随机点的坐标，则联合分布函数 $F(x, y)$ 在点 (x, y) 处的函数值就是随机点 (X, Y) 落在以 (x, y) 为顶点的左下方无限的矩形区域内的概率，如图 2.4.1 所示.

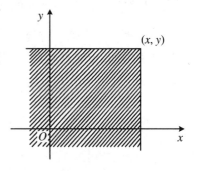

图 2.4.1

二维联合分布函数有与一维分布函数类似的性质：

(1) $F(x, y)$ 对每个变量单调不减且右连续；

(2) $0 \leqslant F(x, y) \leqslant 1$ 且

$$F(-\infty, y) = F(x, -\infty) = F(-\infty, -\infty) = 0$$
$$F(+\infty, +\infty) = 1$$

(3) 对任意实数 $x_1 < x_2, y_1 < y_2$，有

$$F(x_2, y_2) - F(x_1, y_2) - F(x_2, y_1) + F(x_1, y_1) \geqslant 0$$

上式之所以成立，是因为其左端所表示的正是随机点 (X, Y) 落在如图 2.4.2 所示的矩形区域上的概率.

在二维随机变量 (X, Y) 中，X, Y 作为一维随机变量也有各自的分布函数，它们可由联合分布函数求得. X 的分布函数为

$$F_X(x) = P(X \leqslant x) = P(X \leqslant x, Y < +\infty) = F(x, +\infty) \tag{2.4.2}$$

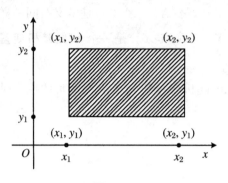

图 2.4.2

同理，Y 的分布函数为

$$F_Y(y) = F(+\infty, y) \quad (2.4.3)$$

分别称式(2.4.2)、式(2.4.3)为 X 和 Y 的**边际分布函数**.

2.4.2　二维离散型随机变量

定义 2.4.3　若二维随机变量(X, Y)只取有限个或可列个数对$(x_i, y_j)(i, j = 1, 2, \cdots)$，则称$(X, Y)$为**二维离散型随机变量**，并称$(X, Y)$取各数对的概率

$$P(X = x_i, Y = y_j) = p_{ij} \quad (i, j = 1, 2, \cdots) \quad (2.4.4)$$

为(X, Y)的**联合分布列**，也可用表 2.4.1 表示联合分布列.

表 2.4.1　二维离散型随机变量的概率分布

X \ Y	y_1	y_2	$\cdots$	y_j	$\cdots$	$P(X = x_i)$
x_1	p_{11}	p_{12}	$\cdots$	p_{1j}	$\cdots$	$p_{1\cdot}$
x_2	p_{21}	p_{22}	$\cdots$	p_{2j}	$\cdots$	$p_{2\cdot}$
$\vdots$	$\vdots$	$\vdots$		$\vdots$		$\vdots$
x_i	p_{i1}	p_{i2}	$\cdots$	p_{ij}	$\cdots$	$p_{i\cdot}$
$\vdots$	$\vdots$	$\vdots$		$\vdots$		$\vdots$
$P(Y = y_j)$	$p_{\cdot 1}$	$p_{\cdot 2}$	$\cdots$	$p_{\cdot j}$	$\cdots$	1

二维联合分布列具有如下基本性质：

(1) **非负性**　$p_{ij} \geqslant 0 \, (i, j = 1, 2, \cdots)$；

(2) **规范性**　$\sum\limits_{i, j} p_{ij} = 1$.

有了联合分布列，有关的事件概率都可用联合分布列算出. 例如，对任意二维平面区域 D，有

$$P((X, Y) \in D) = \sum_{(x_i, y_j) \in D} p_{ij} \quad (2.4.5)$$

下面由二维随机变量 (X, Y) 的联合分布列来求各分量的分布列. 注意到

$$\{Y = y_1\} \bigcup \{Y = y_2\} \bigcup \cdots \bigcup \{Y = y_j\} \bigcup \cdots$$

是必然事件, 故有

$$\{X = x_i\} = \{X = x_i\}[\{Y = y_1\} \bigcup \{Y = y_2\} \bigcup \cdots \bigcup \{Y = y_j\} \bigcup \cdots]$$

$$= \{X = x_i, Y = y_1\} \bigcup \{X = x_i, Y = y_2\} \bigcup \cdots$$

$$\bigcup \{X = x_i, Y = y_j\} \bigcup \cdots$$

上式右端中各事件两两互不相容, 因此, X 的分布列为

$$P(X = x_i) = \sum_{j=1}^{\infty} P(X = x_i, Y = y_j) = \sum_{j=1}^{\infty} p_{ij} = p_{i\cdot}. \quad (i = 1, 2, \cdots)$$

$$(2.4.6)$$

同理, 可得 Y 的分布列为

$$P(Y = y_j) = \sum_{i=1}^{\infty} P(X = x_i, Y = y_j) = \sum_{i=1}^{\infty} p_{ij} = p_{\cdot j} \quad (j = 1, 2, \cdots)$$

$$(2.4.7)$$

分别称式 (2.4.6) 和式 (2.4.7) 为 X 和 Y 的**边际分布列**. 式 (2.4.6) 和式 (2.4.7) 恰好为表 2.4.1 按行与按列相加的结果, 把它们分别写在表 2.4.1 的右边与下边, 这也是称它们为边际分布列的原因.

例 2.4.1 口袋中有 2 只白球、3 只黑球, 连取两次, 每次随机取一球. 设 X 为第一次取得的白球数; Y 为第二次取得的白球数. 试对 (1) 有放回与 (2) 无放回两种抽样方式, 分别求出 (X, Y) 的联合分布列和边际分布列.

解 X 与 Y 可能取的值是 0 和 1, (X, Y) 可能取的数对为 $(0, 0), (0, 1), (1, 0), (1, 1)$. 下面来求 (X, Y) 的联合分布列和边际分布列.

(1) 有放回情形. $\{X = 0, Y = 0\}$ 表示第一次取黑球且第二次也取黑球, 由于有放回, 故两次取球相互独立, 其概率均为 3/5, 利用事件的独立性得

$$P(X = 0, Y = 0) = P(X = 0)P(Y = 0) = \frac{3}{5} \times \frac{3}{5}$$

同理可求得 (X, Y) 取数对 $(0, 1), (1, 0), (1, 1)$ 的概率. 从而得到 (X, Y) 的联合分布列, 如表 2.4.2 所示. 再按行、按列相加即可分别得到 X 与 Y 的边际分布列.

表 2.4.2　有放回抽样情形

Y〳X	0	1	$P(X = x_i)$
0	$\frac{3}{5} \times \frac{3}{5}$	$\frac{3}{5} \times \frac{2}{5}$	$\frac{3}{5}$
1	$\frac{2}{5} \times \frac{3}{5}$	$\frac{2}{5} \times \frac{2}{5}$	$\frac{2}{5}$
$P(Y = y_j)$	$\frac{3}{5}$	$\frac{2}{5}$	1

（2）无放回情形.因无放回,故两次取球不独立,利用乘法公式得

$$P(X = 0, Y = 0) = P(X = 0)P(Y = 0 \mid X = 0) = \frac{3}{5} \times \frac{2}{4}$$

同理,可求得(X, Y)取数对$(0,1),(1,0),(1,1)$的概率. 从而得到(X, Y)的联合分布列,如表 2.4.3 所示. 再按行、按列相加即可分别得到 X 与 Y 的边际分布列.

表 2.4.3　无放回抽样情形

Y〳X	0	1	$P(X = x_i)$
0	$\frac{3}{5} \times \frac{2}{4}$	$\frac{3}{5} \times \frac{2}{4}$	$\frac{3}{5}$
1	$\frac{2}{5} \times \frac{3}{4}$	$\frac{2}{5} \times \frac{1}{4}$	$\frac{2}{5}$
$P(Y = y_j)$	$\frac{3}{5}$	$\frac{2}{5}$	1

从表 2.4.2 和表 2.4.3 可以看到,在有放回和无放回两种抽样情形下,它们的联合分布不同,但它们的边际分布却是相同的.由此可见,**联合分布唯一确定边际分布,但反之不真!** 也就是说,二维随机变量的性质不能由它们的分量的个别性质来确定,还要考虑它们之间的相互联系.

2.4.3　二维连续型随机变量

定义 2.4.4　设(X, Y)为随机向量,若存在二元非负可积函数 $f(x, y)$,使得(X, Y)的联合分布函数 $F(x, y)$可表示为

$$F(x,y) = \int_{-\infty}^{x} \int_{-\infty}^{y} f(u,v) \mathrm{d}u \mathrm{d}v \qquad (2.4.8)$$

则称(X,Y)为**二维连续型随机变量**,并称 $f(x,y)$ 为(X,Y)的**联合密度函数**.

联合密度函数 $f(x,y)$ 具有以下基本性质:

(1) **非负性**　$f(x,y) \geqslant 0$;

(2) **规范性**　$\int_{-\infty}^{+\infty} \int_{-\infty}^{+\infty} f(x,y) \mathrm{d}x \mathrm{d}y = 1$.

与式(2.4.5)类似,若 D 为平面上的一个二维可积区域,则事件$\{(X,Y) \in D\}$ 的概率等于在 D 上对$f(x,y)$的二重积分

$$P((X,Y) \in D) = \iint\limits_{D} f(x,y) \mathrm{d}x \mathrm{d}y \qquad (2.4.9)$$

在使用式(2.4.9)计算概率时,要注意积分区域是 $f(x,y)$ 的非零区域与 D 的交集.由于"平面曲线的面积为零",故积分区域的边界线是否在积分区域内不影响概率的计算结果.

由(X,Y)的联合密度函数 $f(x,y)$可求得各分量的密度函数.先求 X 和 Y 的边际分布函数:

$$F_X(x) = F(x,+\infty) = \int_{-\infty}^{x} \left[\int_{-\infty}^{+\infty} f(u,v) \mathrm{d}v \right] \mathrm{d}u = \int_{-\infty}^{x} f_X(u) \mathrm{d}u$$

$$F_Y(y) = F(+\infty,y) = \int_{-\infty}^{y} \left[\int_{-\infty}^{+\infty} f(u,v) \mathrm{d}u \right] \mathrm{d}v = \int_{-\infty}^{y} f_Y(v) \mathrm{d}v$$

其中

$$f_X(x) = \int_{-\infty}^{+\infty} f(x,y) \mathrm{d}y \qquad (2.4.10)$$

$$f_Y(y) = \int_{-\infty}^{+\infty} f(x,y) \mathrm{d}x \qquad (2.4.11)$$

就是 X,Y 的密度函数,分别称为 X 和 Y 的**边际密度函数**.

由联合密度函数求边际密度函数时,要注意积分区域的确定.

例 2.4.2　设二维随机变量(X,Y)的联合密度函数为

$$f(x,y) = \begin{cases} \dfrac{1}{\pi}, & x^2 + y^2 \leqslant 1 \\ 0, & \text{其他} \end{cases} \qquad (2.4.12)$$

(1) 求 X 和 Y 的边际密度函数;

(2) 计算随机点 (X, Y) 到原点的距离 $Z = \sqrt{X^2 + Y^2}$ 不大于 $r (0 < r < 1)$ 的概率.

解　(1) 先用式(2.4.10)计算 $f_X(x)$,当 $|x| > 1$ 时,$f(x, y) = 0$,从而 $f_X(x) = 0$;当 $|x| \leqslant 1$ 时,

$$f_X(x) = \int_{-\infty}^{+\infty} f(x, y) \mathrm{d}y = \int_{-\sqrt{1-x^2}}^{\sqrt{1-x^2}} \frac{1}{\pi} \mathrm{d}y = \frac{2}{\pi} \sqrt{1 - x^2}$$

综合起来,可得 X 的边际密度函数

$$f_X(x) = \begin{cases} \dfrac{2}{\pi} \sqrt{1 - x^2}, & |x| \leqslant 1 \\ 0, & \text{其他} \end{cases}$$

由 X 与 Y 的对称性,把上式中的 x 换成 y,即得 Y 的边际密度函数

$$f_Y(y) = \begin{cases} \dfrac{2}{\pi} \sqrt{1 - y^2}, & |y| \leqslant 1 \\ 0, & \text{其他} \end{cases}$$

(2) 所求概率为

$$P(Z \leqslant r) = P(\sqrt{X^2 + Y^2} \leqslant r) = P(X^2 + Y^2 \leqslant r^2)$$

$$= \iint_{x^2 + y^2 \leqslant r^2} f(x, y) \mathrm{d}x \mathrm{d}y = \frac{1}{\pi} \iint_{x^2 + y^2 \leqslant r^2} \mathrm{d}x \mathrm{d}y = \frac{\pi r^2}{\pi} = r^2 \quad \blacksquare$$

例 2.4.3　若二维随机变量 (X, Y) 的联合密度函数为

$$f(x, y) = \frac{1}{2\pi \sigma_1 \sigma_2 \sqrt{1 - \rho^2}} \exp\left\{ - \frac{1}{2(1 - \rho^2)} \left[\frac{(x - \mu_1)^2}{\sigma_1^2} \right.\right.$$

$$\left.\left. - 2\rho \frac{(x - \mu_1)(y - \mu_2)}{\sigma_1 \sigma_2} + \frac{(y - \mu_2)^2}{\sigma_2^2} \right] \right\}$$

$$(-\infty < x, y < +\infty) \tag{2.4.13}$$

则称 (X, Y) 服从**二维正态分布**,记为 $(X, Y) \sim N(\mu_1, \mu_2, \sigma_1^2, \sigma_2^2, \rho)$. 其中五个参数的取值范围分别如下:

$$-\infty < \mu_1, \mu_2 < +\infty; \quad \sigma_1, \sigma_2 > 0; \quad -1 \leqslant \rho \leqslant 1$$

$f(x, y)$ 的图形很像一个扣在 xOy 平面上的四周无限伸展的大钟,其中心在点 (μ_1, μ_2) 处,如图 2.4.3 所示.

下面我们来证明一个重要结论:**二维正态分布的边际分布是一维正态分布**,即

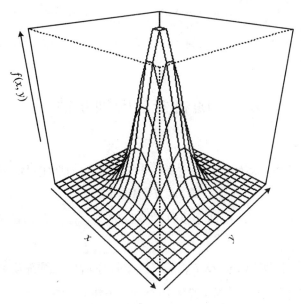

图 2.4.3

若 $(X,Y) \sim N(\mu_1, \mu_2, \sigma_1^2, \sigma_2^2, \rho)$，则 $X \sim N(\mu_1, \sigma_1^2)$，$Y \sim N(\mu_2, \sigma_2^2)$. 为此，改写式 (2.4.13) 表示的 $f(x,y)$ 的指数部分，我们有

$$f(x,y) = \frac{1}{2\pi\sigma_1\sigma_2 \sqrt{1-\rho^2}} \exp\left[-\frac{(x-\mu_1)^2}{2\sigma_1^2} - \frac{1}{2(1-\rho^2)} \left(\frac{y-\mu_2}{\sigma_2} - \rho\frac{x-\mu_1}{\sigma_1} \right)^2 \right]$$

$$= \frac{1}{2\pi\sigma_1\sigma_2 \sqrt{1-\rho^2}} \exp\left\{ -\frac{(x-\mu_1)^2}{2\sigma_1^2} - \frac{\left[y-\mu_2-\frac{\rho\sigma_2}{\sigma_1}(x-\mu_1) \right]^2}{2\sigma_2^2(1-\rho^2)} \right\}$$

$$\tag{2.4.14}$$

当 x 固定时，式 (2.4.14) 的第二部分是正态分布的密度函数，故对 y 积分等于 1，因此 X 的边际密度函数就是式 (2.4.14) 的第一部分，即 $X \sim N(\mu_1, \sigma_1^2)$. 同理 $Y \sim N(\mu_2, \sigma_2^2)$.

由此可见，二维正态分布 $N(\mu_1, \mu_2, \sigma_1^2, \sigma_2^2, \rho)$ 的边际分布是一维正态分布，并且与 ρ 无关. 因此，对于给定的 $\mu_1, \mu_2, \sigma_1^2, \sigma_2^2$，当取不同的 ρ 时，对应了不同的二维正态分布，但对应的边际分布却是相同的一维正态分布. 这又一次表明：联合分布唯一确定边际分布，但反之不真.

顺便指出，显然 $f(x,y) \geqslant 0$，又由于

$$\int_{-\infty}^{+\infty} \int_{-\infty}^{+\infty} f(x,y)\mathrm{d}x\mathrm{d}y = \int_{-\infty}^{+\infty} f_X(x)\mathrm{d}x = 1$$

因此,这就验证了式(2.4.13)表示的 $f(x,y)$ 满足联合密度函数的基本性质.

2.5　随机变量的独立性

在第 1 章中,我们是这样定义两个事件相互独立的:若两个事件 A,B 满足等式
$$P(AB) = P(A)P(B)$$
则称 A 与 B 相互独立.下面把两个事件独立性的概念移植到随机变量中来,就得到以下定义:

定义 2.5.1　设 $F(x,y)$ 及 $F_X(x),F_Y(v)$ 分别是二维随机变量 (X,Y) 的联合分布函数与边际分布函数,若对任意 $x,y \in \mathbf{R}$,事件 $\{X \leqslant x\}$ 与 $\{Y \leqslant y\}$ 相互独立,即
$$F(x,y) = F_X(x)F_Y(y) \tag{2.5.1}$$
则称 X 与 Y 相互独立.

可以证明:当 (X,Y) 为离散型随机变量时,X 与 Y 相互独立的条件式(2.5.1)等价于:对 (X,Y) 所有可能取的数对 $(x_i,y_j)(i,j=1,2,\cdots)$,有
$$P(X = x_i, Y = y_j) = P(X = x_i)P(Y = y_j) \tag{2.5.2}$$
当 (X,Y) 为连续型随机变量时,X 和 Y 相互独立的条件式(2.5.1)等价于:
$$f(x,y) = f_X(x)f_Y(y) \tag{2.5.3}$$
几乎处处成立,其中 $f(x,y)$ 以及 $f_X(x),f_Y(y)$ 分别为 (X,Y) 的联合密度函数和边际密度函数.

在例 2.4.1 中,对有放回抽样(表 2.4.2),X 与 Y 相互独立,对无放回抽样(表 2.4.3),X 与 Y 不独立;例 2.4.2 中的两个随机变量不独立.

例 2.5.1　若 $(X,Y) \sim N(\mu_1,\mu_2,\sigma_1^2,\sigma_2^2,\rho)$,则 X 与 Y 独立的充要条件是 $\rho = 0$.

证明　先证充分性:当 $\rho = 0$ 时,(X,Y) 的联合密度函数为
$$f(x,y) = \frac{1}{2\pi\sigma_1\sigma_2}\exp\left\{-\frac{1}{2}\left[\frac{(x-\mu_1)^2}{\sigma_1^2} + \frac{(y-\mu_2)^2}{\sigma_2^2}\right]\right\} = f_X(x)f_Y(y)$$

故 X 与 Y 相互独立.

再证必要性:若 X 与 Y 独立,则对一切 $x,y\in\mathbf{R}$ 都有 $f(x,y)=f_X(x)f_Y(y)$,当然取 $x=\mu_1,y=\mu_2$ 有 $f(\mu_1,\mu_2)=f_X(\mu_1)f_Y(\mu_2)$,由此可得 $\rho=0$.

在实际问题中,我们常常根据问题的实际背景来判断两个随机变量的独立性.若两个随机变量 X 和 Y 独立,则由式(2.5.1)～(2.5.3)知,(X,Y) 的边际分布完全决定其联合分布.

例 2.5.2　一煤矿的安全系统由两台瓦斯报警器组成,其中一台是原装的,另一台是备用的,备用报警器只在原装报警器失效时自动投入工作.若两台报警器的寿命(以 1 000 h 计)X_1,X_2 相互独立,且同服从参数为 1/4 的指数分布,试求该煤矿安全系统的寿命不小于 2 的概率.

解　设 $f_{X_1}(x_1)$ 和 $f_{X_2}(x_2)$ 分别为 X_1 和 X_2 的边际密度函数,则由题设知,X_1,X_2 的联合密度函数为

$$f(x_1,x_2)=f_{X_1}(x_1)f_{X_2}(x_2)=\begin{cases}\dfrac{1}{16}\mathrm{e}^{-(x_1+x_2)/4}, & x_1>0,x_2>0 \\ 0, & 其他\end{cases}$$

于是,所求概率为

$$P(X_1+X_2\geqslant 2)=1-P(X_1+X_2<2)=1-\iint_G\frac{1}{16}\mathrm{e}^{-(x_1+x_2)/4}\mathrm{d}x_1\mathrm{d}x_2$$

其中 G 是直线 $x_1+x_2=2$、x_1 轴、x_2 轴所围成的区域,如图 2.5.1 所示.于是有

$$P(X_1+X_2\geqslant 2)=1-\int_0^2\mathrm{d}x_1\int_0^{2-x_1}\frac{1}{16}\mathrm{e}^{-(x_1+x_2)/4}\mathrm{d}x_2$$

$$=1-\frac{1}{4}\int_0^2(\mathrm{e}^{-x_1/4}-\mathrm{e}^{-1/2})\mathrm{d}x_1$$

$$=\frac{3}{2}\mathrm{e}^{-1/2}=0.909\,8$$

将 2.4 节和 2.5 节中与二维随机变量 (X,Y) 有关的定义推广到 n($n>2$)维随机变量的情形,并没有什么实质性的困难.

设 $(X_1,X_2,\cdots,X_n)$ 为 n 维随机向量,则称 n 元函数

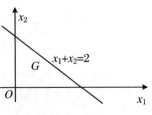

图 2.5.1

$$F(x_1, x_2, \cdots, x_n) = P(X_1 \leqslant x_1, X_2 \leqslant x_2, \cdots, X_n \leqslant x_n)$$

为 n 维随机向量 $(X_1, X_2, \cdots, X_n)$ 的联合分布函数,而称

$$F_{X_i}(x_i) = F(+\infty, \cdots, +\infty, x_i, +\infty, \cdots, +\infty)$$

为 $X_i (i=1, 2, \cdots, n)$ 的边际分布函数;若对任意实数 $x_1, x_2, \cdots, x_n$,有

$$F(x_1, x_2, \cdots, x_n) = F_{X_1}(x_1) F_{X_2}(x_2) \cdots F_{X_n}(x_n) \tag{2.5.4}$$

则称 $X_1, X_2, \cdots, X_n$ 相互独立.

随机变量的独立性是非常重要的概念.除上述定义外,还有以下有用的结论:

(1) 若 $X_1, X_2, \cdots, X_n$ 是 n 个相互独立的随机变量,则其中的任意 m ($2 \leqslant m \leqslant n$) 个随机变量也相互独立.

(2) 若随机向量 X 与 Y 相互独立,则它们各自的子向量也相互独立.

(3) 若随机向量 X 与 Y 相互独立,则它们的函数

$$U = g(X) \quad 与 \quad V = h(Y)$$

也相互独立,其中 $g(\cdot)$ 和 $h(\cdot)$ 是两个(分块)连续函数.

2.6　随机变量函数的分布

2.6.1　一个随机变量函数的分布

在理论研究和实际应用中经常会遇到这样的问题:已知随机变量 X 的概率分布,需要求 X 的函数 $Y = g(X)$ (g 是(分段连续)函数)的概率分布.

对离散型情形比较简单,我们来看一个例子.

例 2.6.1　设 X 的分布列如下表所示,试求:

X	-2	-1	0	1	2	3
P	0.1	0.2	0.2	0.1	0.3	0.1

(1) $Y = 2X + 1$ 的分布列;

(2) $Y = X^2$ 的分布列.

解　(1) Y 可能取的值:$-3, -1, 1, 3, 5, 7$,它们各不相等,此时 Y 取这些值

的概率,就是相应于 X 取的 6 个值的概率. 于是 Y 的分布列为

Y	-3	-1	1	3	5	7
P	0.1	0.2	0.2	0.1	0.3	0.1

(2) 相应于 X 取的 6 个值的 Y 的取值分别为 4,1,0,1,4,9,其中有相等的,相等值的概率需要合并,具体如下:

$$P(Y = 0) = P(X = 0) = 0.2$$
$$P(Y = 1) = P(X = -1) + P(X = 1) = 0.2 + 0.1 = 0.3$$
$$P(Y = 4) = P(X = -2) + P(X = 2) = 0.1 + 0.3 = 0.4$$
$$P(Y = 9) = P(X = 3) = 0.1$$

于是 Y 的分布列为

Y	0	1	4	9
P	0.2	0.3	0.4	0.1

一般地,对于离散型随机变量 X,若 X 的分布列为 $P(X = x_k) = p(x_k)$ $(k = 1, 2, \cdots)$,则 $Y = g(X)$ 的分布列为

$$P(Y = y_k) = \sum_{g(x_k) = y_k} p(x_k) \ (k = 1, 2, \cdots)$$

对连续型随机变量,由 X 的密度函数 $f_X(y)$(已知)求 $Y = g(X)$ 的密度函数的基本方法是:根据分布函数的定义,先求 Y 的分布函数,即

$$F_Y(y) = P(Y \leqslant y) = P(g(X) \leqslant y) = \int_{g(x) \leqslant y} f_X(x) \mathrm{d}x$$

然后对 $F_Y(y)$ 关于 y 求导,得到 Y 的密度函数 $f_Y(y) = F'_Y(y)$. 我们称这种方法为**分布函数法**. 下面我们来看一个具体的例子.

例 2.6.2　若随机变量 $X \sim N(\mu, \sigma^2)$,试求 $Y = aX + b$ $(a \neq 0)$ 的密度函数.

解　先求 Y 的分布函数,分两种情况考虑.

当 $a > 0$ 时,有

$$F_Y(y) = P(Y \leqslant y) = P(aX + b \leqslant y) = P\left(X \leqslant \frac{y - b}{a}\right)$$

$$= \int_{-\infty}^{\frac{y-b}{a}} \frac{1}{\sqrt{2\pi}\sigma} \mathrm{e}^{-(x-\mu)^2/(2\sigma^2)} \mathrm{d}x$$

求导后即得 Y 的密度函数

$$f_Y(y) = \frac{1}{\sqrt{2\pi}\sigma} e^{-[(y-b)/a-\mu]^2/(2\sigma^2)} \left(\frac{1}{a}\right)$$

当 $a<0$ 时,有

$$F_Y(y) = P(Y \leqslant y) = P(aX + b \leqslant y) = P\left(X \geqslant \frac{y-b}{a}\right)$$

$$= 1 - P\left(X < \frac{y-b}{a}\right)$$

$$= 1 - \int_{-\infty}^{\frac{y-b}{a}} \frac{1}{\sqrt{2\pi}\sigma} e^{-(x-\mu)^2/(2\sigma^2)} \mathrm{d}x$$

求导后可得 Y 的密度函数

$$f_Y(y) = -\frac{1}{\sqrt{2\pi}\sigma} e^{-[(y-b)/a-\mu]^2/(2\sigma^2)} \left(\frac{1}{a}\right)$$

综上所述,Y 的密度函数可表示为

$$f_Y(y) = \frac{1}{\sqrt{2\pi}(|a|\sigma)} e^{-[y-(a\mu+b)]^2/[2(a\sigma)^2]}$$

例 2.6.2 表明,若 $X \sim N(\mu,\sigma^2)$,则 $Y = aX + b \sim N(a\mu + b,(a\sigma)^2)$. 由此可见,**正态变量的线性函数仍然是正态变量**.定理 2.3.1 是其特例!

上面例子所涉及的函数 $y = g(x)$ 是严格单调的,下面的定理对所有严格单调函数的密度函数提供了较为简单的计算方法.

定理 2.6.1 设随机变量 X 的密度函数为 $f_X(x)$,$y = g(x)$ 为严格单调函数,其反函数 $x = g^{-1}(y)$ 可导,记 (α,β) 为 $g(x)$ 的值域. 则 $Y = g(X)$ 的密度函数为

$$f_Y(y) = \begin{cases} f_X(g^{-1}(y)) \cdot |(g^{-1}(y))'|, & \alpha < y < \beta \\ 0, & \text{其他} \end{cases} \tag{2.6.1}$$

证明 不妨设 $g(x)$ 为严增函数. 显然,当 $y \leqslant \alpha$ 时,$F_Y(y) = 0$,故 $f_Y(y) = 0$;当 $\alpha < y < \beta$ 时,

$$F_Y(y) = P(Y \leqslant y) = P(g(X) \leqslant y) = P(X \leqslant g^{-1}(y)) = \int_{-\infty}^{g^{-1}(y)} f_X(x)\mathrm{d}x$$

$$f_Y(y) = F_Y'(y) = f_X(g^{-1}(y)) \cdot (g^{-1}(y))'$$

而当 $y \geqslant \beta$ 时,$F_Y(y) = 1$,故 $f_Y(y) = 0$. 从而式(2.6.1)得证.

当 $g(x)$ 为严减函数时,类似地可证式(2.6.1)成立. ■

应用定理 2.6.1 的关键在于写出反函数. 譬如,当 $Y = aX + b(a \neq 0)$ 时,反函数 $x = (y - b)/a$,$x'_y = 1/a$,于是 Y 的密度函数为

$$f_Y(y) = f_X\left(\frac{y - b}{a}\right) \cdot \frac{1}{|a|}$$

在给出具体的 $f_X(x)$ 后,就可写出 $f_Y(y)$ 的表达式. 读者可用例 2.6.2 进行验证.

例 2.6.3　设随机变量 X 在区间 $(0,1)$ 服从均匀分布,求 $Y = -2\ln X$ 的密度函数.

解　注意到 X 的密度函数为

$$f_X(x) = \begin{cases} 1, & 0 < x < 1 \\ 0, & 其他 \end{cases}$$

$Y = -2\ln X$ 为严减函数,反函数 $x = \mathrm{e}^{-y/2}$,$x'_y = -\dfrac{1}{2}\mathrm{e}^{-y/2}$,当 X 在 $(0,1)$ 取值时,$Y > 0$,故由式(2.6.1)可得 Y 的密度函数为

$$f_Y(y) = \begin{cases} \dfrac{1}{2}\mathrm{e}^{-y/2}, & y > 0 \\ 0, & y \leqslant 0 \end{cases}$$

可见,若 $X \sim U(0,1)$,则 $Y = -2\ln X \sim e(1/2)$. ■

当 $y = g(x)$ 不是严格单调函数时,情况要复杂一些. 此时我们只能运用分布函数法来求 $Y = g(X)$ 的密度函数 $f_Y(y)$.

例 2.6.4　设随机变量 $X \sim N(0,1)$,试求 $Y = X^2$ 的密度函数.

解　当 $-\infty < x < +\infty$ 时,$y = x^2 \geqslant 0$,故当 $y \leqslant 0$ 时,有

$$F_Y(y) = P(Y \leqslant y) = 0$$

而当 $y > 0$ 时,有

$$F_Y(y) = P(Y \leqslant y) = P(X^2 \leqslant y) = P(-\sqrt{y} \leqslant X \leqslant \sqrt{y})$$

$$= \int_{-\sqrt{y}}^{\sqrt{y}} \frac{1}{\sqrt{2\pi}}\mathrm{e}^{-x^2/2}\mathrm{d}x$$

$$= \int_0^{\sqrt{y}} \frac{1}{\sqrt{2\pi}}\mathrm{e}^{-x^2/2}\mathrm{d}x - \int_0^{-\sqrt{y}} \frac{1}{\sqrt{2\pi}}\mathrm{e}^{-x^2/2}\mathrm{d}x$$

由此可得,Y 的密度函数为

$$f_Y(y) = F'_Y(y) = \begin{cases} \dfrac{1}{\sqrt{2\pi}\sqrt{y}}\mathrm{e}^{-y/2}, & y > 0 \\ 0, & y \leqslant 0 \end{cases} \tag{2.6.2}$$

不难看出,式(2.6.2)是下述密度函数当 $n=1$ 时的特例:

$$f(x) = \begin{cases} \dfrac{1}{2^{n/2}\Gamma(n/2)}x^{n/2-1}\mathrm{e}^{-x/2}, & x > 0 \\ 0, & x \leqslant 0 \end{cases} \tag{2.6.3}$$

其中 $\Gamma(\cdot)$ 表示伽马函数,以式(2.6.3)为密度函数的分布中含有参数 n,称这个分布为自由度为 n 的 χ^2 **分布**,记作 $\chi^2(n)$,它是数理统计中一个重要的分布.例 2.6.4 表明:**若 $X \sim N(0,1)$,则 $X^2 \sim \chi^2(1)$.**　■

2.6.2　和的分布

例 2.6.5　若 $X \sim B(n,p)$,$Y \sim B(m,p)$,且 X 与 Y 独立,证明:

$$Z = X + Y \sim B(n+m,p)$$

证明　$Z = X + Y$ 的可能取值为 $0,1,2,\cdots,n+m$,注意到 X 与 Y 独立,则可得

$$P(Z = k) = \sum_{i=0}^{k} P(X = i, Y = k - i) = \sum_{i=0}^{k} P(X = i)P(Y = k - i)$$

$$= \sum_{i=0}^{k} C_n^i p^i (1-p)^{n-i} \cdot C_m^{k-i} p^{k-i} (1-p)^{m-(k-i)}$$

$$= p^k (1-p)^{n+m-k} \sum_{i=0}^{k} C_n^i C_m^{k-i}$$

利用组合公式 $\sum_{i=0}^{k} C_n^i C_m^{k-i} = C_{n+m}^k$,即得

$$P(Z = k) = C_{n+m}^k p^k (1-p)^{n+m-k} \quad (k = 0,1,2,\cdots)$$

此结果表明:$Z = X + Y \sim B(n+m,p)$.　■

例 2.6.5 显示了二项分布的一个重要的性质:对两个独立的二项分布随机变量,当它们的第二参数相同时,其和仍服从二项分布,并且它的第一参数恰好为这两个二项分布第一参数的和.这一性质称为**二项分布的可加性**.从 X 与 Y 的概率意义来看,上述结果是非常明显的:X 与 Y 分别是 n 重与 m 重伯努利试验中事件

A 发生的次数,两组试验合起来,$Z = X + Y$ 应当就是 $n + m$ 重伯努利试验中事件 A 发生的次数.

运用类似于例 2.6.5 的方法,不难证明**泊松分布也具有可加性**(证明留作练习),即若 $X_1 \sim \pi(\lambda_1)$,$X_2 \sim \pi(\lambda_2)$,且 X_1 与 X_2 独立,则

$$Y = X_1 + X_2 \sim \pi(\lambda_1 + \lambda_2)$$

可以证明(可参见文献[4])**正态分布也具有可加性**,即若 $X_1 \sim N(\mu_1, \sigma_1^2)$,$X_2 \sim N(\mu_2, \sigma_2^2)$,且 X_1 与 X_2 独立,则

$$Y = X_1 + X_2 \sim N(\mu_1 + \mu_2, \sigma_1^2 + \sigma_2^2)$$

再结合例 2.6.2,可得更一般的重要结论:**独立正态变量的线性组合仍为正态变量**.例如,设 $X_1 \sim N(\mu_1, \sigma_1^2)$,$X_2 \sim N(\mu_2, \sigma_2^2)$,且 X_1 与 X_2 独立,若 a_1, a_2 是不全为零的常数,b 为任意常数,则

$$Y = a_1 X_1 + a_2 X_2 + b$$
$$\sim N(a_1 \mu_1 + a_2 \mu_2 + b, a_1^2 \sigma_1^2 + a_2^2 \sigma_2^2)$$

例如,若 $X \sim N(-3, 1)$,$Y \sim N(2, 1)$,且 X, Y 独立,则

$$Z = X - 2Y + 7 \sim N(0, 5)$$

上述关于三个常用分布的结论可推广到 $n(n > 2)$ 个随机变量的情形.

习　题　2

1. 单项选择题:

(1) 设 X 的密度函数为 $f(x)$,且 $f(-x) = f(x)$,$F(x)$ 是 X 的分布函数,则对任意实数 a,有(　　).

　　A. $F(-a) = 1 - \int_0^a f(x)\mathrm{d}x$　　　　　　B. $F(-a) = \dfrac{1}{2} - \int_0^a f(x)\mathrm{d}x$

　　C. $F(-a) = F(a)$　　　　　　　　　　D. $F(-a) = 2F(a) - 1$

(2) 设 X 的密度函数为

$$f(x) = \begin{cases} x, & 0 \leqslant x < 1 \\ 2 - x, & 1 \leqslant x \leqslant 2 \\ 0, & \text{其他} \end{cases}$$

则 $P(X \leqslant 1.5) = ($　　$)$.

　　A. 0.875　　　B. $\int_0^{1.5} (2-x)\mathrm{d}x$　　　C. $\int_1^{1.5} (2-x)\mathrm{d}x$　　　D. $\int_{-\infty}^{1.5} (2-x)\mathrm{d}x$

　　(3) 设 $X \sim N(\mu, \sigma^2)$,则随着 σ 的增大,$P(|X-\mu|<\sigma)$(　　　).

　　　　A. 单调增加　　　　B. 单调减少　　　　C. 保持不变　　　　D. 增减不定

　　(4) 设 $X \sim B(3, 0.4)$,令 $Y = X(3-X)/2$,则 $P(Y=1) = ($　　　$)$.

　　　　A. 0.432　　　　B. 0.72　　　　C. 0.28　　　　D. 0.5

　　(5) 若随机变量 $X_1, X_2, \cdots, X_n$ 相互独立同服从正态分布 $N(\mu, \sigma^2)$,则其算术平均值 $\overline{X}$ $= \dfrac{1}{n} \sum\limits_{i=1}^n X_i \sim ($　　　$)$.

　　　　A. $N(\mu, \sigma^2)$　　　　B. $N(n\mu, n\sigma^2)$　　　　C. $N(n\mu, n^2\sigma^2)$　　　D. $N\left(\mu, \dfrac{\sigma^2}{n}\right)$

　　(6) 设 $P(X \geqslant 0, Y \geqslant 0) = 3/7$,$P(X \geqslant 0) = P(Y \geqslant 0) = 4/7$,记 $Z = \max\{X, Y\}$,那么 $P(Z \geqslant 0) = ($　　　$)$.

　　　　A. 3/7　　　　B. 4/7　　　　C. 5/7　　　　D. 16/49

　　2. 填空题:

　　(1) 设 X 的分布函数为

$$F(x) = \begin{cases} 0, & x < -1 \\ 0.4, & -1 \leqslant x < 1 \\ 0.8, & 1 \leqslant x < 3 \\ 1, & 3 \leqslant x \end{cases}$$

则 X 的分布列为＿＿＿＿＿.

　　(2) 设 $X \sim \pi(\lambda)$,且 $2P(X=0) = P(X=2)$,则 $\lambda = $＿＿＿＿＿.

　　(3) 设 X 的密度函数

$$f(x) = \begin{cases} A\cos x, & -\pi/2 \leqslant x \leqslant \pi/2 \\ 0, & \text{其他} \end{cases}$$

则 $A = $＿＿＿＿＿.

　　(4) 设 X 的密度函数为

$$f(x) = \begin{cases} 2x, & 0 < x < 1 \\ 0, & \text{其他} \end{cases}$$

以 Y 表示对 X 的三次独立观测中事件 $\{X \leqslant 1/2\}$ 出现的次数,则 $P(Y=2) = $＿＿＿＿＿.

　　(5) 设 $X \sim N(0,1)$,则 $Y = |X|$ 的密度函数 $f_Y(y) = $＿＿＿＿＿.

　　(6) 设 (X, Y) 的联合分布列为

X\Y	1	2	3
1	1/8	3/8	1/16
2	1/8	1/16	1/4

则 $P(X=1 \mid Y=2) = $ _____ .

3. 已知离散型随机变量 X, Y 的分布列分别为:

(1) $P(X=k) = a\left(\dfrac{2}{3}\right)^k$ $(k=1,2,3)$;

(2) $P(Y=k) = b\dfrac{4^k}{k!}$ $(k=1,2,\cdots)$.

试求常数 a 和 b.

4. 袋中有 5 只同样大小的球,编号分别为 1,2,3,4,5. 从中任取 3 只球,以 X 表示取出的球的最大号码,求 X 的分布列和分布函数.

5. 设自动生产线在调整以后出现不合格品的概率为 0.1,当生产过程中出现不合格品时立即进行调整,以 X 表示在两次调整之间生产的产品数,试求:

(1) X 的分布列;

(2) X 不小于 4 的概率.

6. 五名奥运志愿者被随机地分到 A,B,C,D 四个不同的岗位服务,每个岗位至少有一名志愿者.以 X 表示五名志愿者中参加 A 岗位服务的人数,求 X 的分布列和分布函数.

7. 一个口袋中装有 m 个白球、$n-m$ 个黑球,从中不放回地取球,直到取出黑球为止.以 X 表示取出的白球数,求 X 的分布列.

8. 两名篮球队员轮流投篮,直到某人投中时为止.若第一名队员投中的概率为 0.4,第二名队员投中的概率为 0.6,求每名队员投篮次数的分布列.

9. 一个汽车沿一街道行驶,需要通过三个设有红绿灯的路口,每个信号灯的显示结果相互独立,且红、绿两种信号显示时间相等,以 X 表示该汽车驶过这条街道途中所遇到红灯的个数,求 X 的分布列.

10. 一条自动生产线上产品的一级品率为 0.6,现检查了 10 件,求至少有 2 件一级品的概率.

11. 一张考卷上有 5 道选择题,每道题列出 4 个可能答案,其中有 1 个答案是正确的.求某学生靠猜题能答对至少 4 道题的概率是多少?

12. 某公司有 7 位顾问,每个顾问提供正确意见的概率为 0.7.现在为某事项是否可行征求顾问意见(只有是或否,没有中立),并按照多数人的意见作出决策,试求该公司作出正确决策的概率.

13. 某射手一次射击击中靶心的概率为 0.9,该射手向靶心射击 5 次,求:

(1) 命中靶心的概率;

(2) 命中靶心不少于 4 次的概率.

14. 某厂生产的每台仪器,以概率 0.70 可以直接出厂,以概率 0.30 需进一步调试,经调试后以概率 0.80 可以出厂,并以概率 0.20 定为不合格品而不能出厂.现该厂生产了 $n(n\geqslant2)$ 台仪器(假设各台仪器的生产过程相互独立),以 X 表示"生产的 n 台仪器能出厂的台数".

(1) 写出 X 的分布列;

(2) 当 $n=10$ 时,求至少有 2 台仪器不能出厂的概率.

15. 设某城市在一周内发生交通事故的次数服从参数为 0.3 的泊松分布,试问:

(1) 在一周内恰好发生 2 次交通事故的概率是多少?

(2) 在一周内至少发生 1 次交通事故的概率是多少?

16. 已知 X 的密度函数为 $f(x) = Ae^{-|x|}$ $(-\infty < x < +\infty)$,试求:

(1) 常数 A;

(2) $P(-1 < X < 1)$;

(3) X 的分布函数 $F(x)$.

17. 已知 X 的分布函数为

$$F(x) = \begin{cases} 0, & x < -a \\ A + B\arcsin(x/a), & -a \leqslant x < a \\ 1, & a \leqslant x \end{cases}$$

(1) 求常数 A, B;

(2) 求 X 的密度函数 $f(x)$;

(3) 计算概率 $P(X > a/2)$.

18. 某城市每天用电量不超过 100 万度,以 X 表示每天的耗电率(用电量除以 100 万),其密度函数为

$$f(x) = \begin{cases} 12x(1-x)^2, & 0 < x < 1 \\ 0, & \text{其他} \end{cases}$$

若该城市每天的供电量仅有 80 万度,求供电不足的概率是多少? 若每天供电量 90 万度,又怎样呢?

19. 公共汽车站每隔 5 分钟发一趟车,乘客在此时间间隔内任一时刻到达车站是等可能的.求乘客候车时间不超过 3 分钟的概率.

20. 设随机变量 $K \sim U(1,6)$，求方程 $x^2 + Kx + 1 = 0$ 有实根的概率.

21. 设 $X \sim N(3, 2^2)$.

(1) 求 $P(2 < X \leqslant 5)$，$P(-4 < X \leqslant 10)$，$P(|X| > 2)$；

(2) 确定 c，使 $P(X > c) = P(X \leqslant c)$.

22. 某台机器生产的螺栓长度 X（单位：cm）服从正态分布 $N(10.05, 0.06^2)$，规定合格品长度在 10.05 ± 0.12 范围内，求这种螺栓的不合格品率.

23. 某地区学生高考个人总分 X 服从正态分布 $N(400, 100^2)$，在 2 000 名考生中录取了 300 名，试问该地区考生被录取至少要考多少分？

24. 某种电池的寿命（单位：h）$X \sim N(\mu, \sigma^2)$，其中 $\mu = 300$，$\sigma = 35$.

(1) 求电池寿命在 250 h 以上的概率；

(2) 求 x，使寿命在 $\mu - x$ 与 $\mu + x$ 之间的概率不小于 0.9.

25. 某厂生产的电子管寿命 X(h)服从正态分布 $N(160, \sigma^2)$，若要求 $P(120 < X \leqslant 200) \geqslant 0.8$，则允许 σ 最大不超过多少？

26. 某大学非数学专业学生的"概率统计"考试成绩（百分制）服从正态分布 $N(\mu, \sigma^2)$，考试成绩 75 分以下者占 34%，90 分以上者占 14%，求参数 μ, σ.

27. 顾客在某银行窗口等待服务的时间 X（以 min 计）服从参数为 1/5 的指数分布. 某顾客在窗口等待服务，若等待时间超过 10 分钟，他就离开. 他一个月要去银行 5 次，以 Y 表示他一个月内未等到服务而离开窗口的次数，试写出 Y 的分布列，并计算 $P(Y \geqslant 1)$ 的概率.

28. 掷一枚均匀的硬币三次，以 X 表示出现正面的次数，Y 表示出现正面的次数与反面次数之差的绝对值，试求 (X, Y) 的联合分布列及边际分布列.

29. 设随机变量 X 在 $1, 2, 3, 4$ 四个整数中等可能地取值，另一个随机变量 Y 在 $1 \sim X$ 中等可能地取值，试求 (X, Y) 的联合分布列及边际分布列.

30. 盒子中装有 3 个黑球、2 个白球、2 个红球，从中任取 4 个，以 X 表示取到黑球的个数，以 Y 表示取到白球的个数.

(1) 求 (X, Y) 的联合分布列和边际分布列；

(2) 计算概率 $P(X = Y)$.

31. 设 (X, Y) 具有下列联合密度函数，试求 X 与 Y 的边际密度函数：

(1) $f(x, y) = \begin{cases} \mathrm{e}^{-y}, & 0 < x < y \\ 0, & \text{其他} \end{cases}$；

(2) $f(x, y) = \begin{cases} \dfrac{21}{4} x^2 y, & x^2 < y < 1 \\ 0, & \text{其他} \end{cases}$.

32. 设 (X, Y) 的联合密度函数为

$$f(x,y) = \begin{cases} Axy, & 0 \leqslant x \leqslant 1, 0 \leqslant y \leqslant 1 \\ 0, & \text{其他} \end{cases}$$

(1) 求常数 A；

(2) 计算概率 $P(X \leqslant 0.5, Y \leqslant 1)$.

33. 若 (X,Y) 为二维连续型随机变量，则 X 与 Y 相互独立的条件式 (2.5.1) 与式 (2.5.3) 等价.

34. 在上述 28～32 各题中，随机变量 X 与 Y 是否相互独立？

35. 设某仪器由两个部件构成，用 X，Y 分别表示两个部件的寿命 (单位：h)，若 (X,Y) 的联合分布函数为

$$F(x,y) = \begin{cases} 1 - e^{-0.5x} - e^{-0.5y} + e^{-0.5(x+y)}, & x > 0, y > 0 \\ 0, & \text{其他} \end{cases}$$

(1) 求 (X,Y) 的边际分布函数；

(2) 判断 X 与 Y 是否相互独立；

(3) 求两个部件的寿命都超过 100 h 的概率.

36. 设 (X,Y) 的联合分布列为

X \ Y	0	1	2	3	4	5	6
0	0.202	0.174	0.113	0.062	0.049	0.023	0.004
1	0	0.099	0.064	0.040	0.031	0.020	0.006
2	0	0	0.031	0.025	0.018	0.013	0.008
3	0	0	0	0.001	0.002	0.004	0.011

(1) 求边际分布列；

(2) 问 X 与 Y 是否相互独立？

37. 设 X 与 Y 的分布列分别如下所示，且 $P(XY = 0) = 1$.

X	-1	0	1
P	1/4	1/2	1/4

Y	0	1
P	1/2	1/2

(1) 求 (X,Y) 的联合分布列；

(2) 问 X 与 Y 是否相互独立？

38. 设随机变量 (X,Y) 的联合分布列为

X \ Y	1	2	3
1	1/6	1/9	1/18
2	1/3	a	b

试问 a,b 为何值时，X 与 Y 相互独立?

39. 设随机变量 X 与 Y 相互独立，$X\sim U(0,1)$，$Y\sim e(1/2)$.

(1) 求 X 与 Y 的联合密度函数;

(2) 设关于 a 的二次方程为 $a^2+2Xa+Y=0$，求 a 有实根的概率.

40. 设 X 与 Y 相互独立，且 $X\sim e(3)$，$Y\sim e(4)$，试求:

(1) (X,Y) 的联合密度函数;

(2) $P(X=Y)$;

(3) (X,Y) 在区域 D 中取值的概率，其中 $D=\{(x,y)\mid x>0,y>0,3x+4y<3\}$.

41. 已知随机变量 X 的分布列如下表所示，试求下列 Y 的分布列:

X	-1	0	1	2	3
P	0.2	0.1	0.1	0.3	0.3

(1) $Y=3X+1$;

(2) $Y=X^2-1$.

42. 设随机变量 $X\sim N(0,1)$，试求下列 Y 的密度函数:

(1) $Y=e^X$;

(2) $Y=2X^2+1$.

43. 对圆的直径进行测量，测量值 $X\sim U(5,6)$，求圆的面积 Y 的密度函数.

44. 设随机变量 (X,Y) 的联合分布列如下所示，试求以下随机变量的分布列:

Y \ X	0	1	2	3	4	5
0	0.00	0.01	0.03	0.05	0.07	0.09
1	0.01	0.02	0.04	0.05	0.06	0.08
2	0.01	0.03	0.05	0.05	0.05	0.06
3	0.01	0.02	0.04	0.06	0.06	0.05

（1）$U = \max\{X, Y\}$；

（2）$V = \min\{X, Y\}$；

（3）$W = X + Y$.

45. 设 X_1 与 X_2 相互独立且分别服从参数为 λ_1 和 λ_2 的泊松分布，证明：$Y = X_1 + X_2$ 服从参数为 $\lambda_1 + \lambda_2$ 的泊松分布.

第3章　随机变量的数字特征

在商品销售过程中,进货量是一个很重要的指标.商店进货过多,商品滞销,不但要占用大量资金,还要支付商品的保管费;进货过少,商品脱销,利润不高.对商店来说,确定好各种商品的进货量是至关重要的.我们来看一个具体例子.

例 3.0.1　国际市场上每年对我国某种商品的需求量 X(吨)是一个随机变量,它服从区间$(2\,000,4\,000)$上均匀分布,每售出一吨这种商品,可获得利润3万元;若销售不出而囤积在仓库里,则每吨需花费保管及其他费用1万元.试问应组织多少货源才能使国家期望的收益最大?

我们知道,随机变量的概率分布全面地描述了随机变量取值的统计规律.但在实际问题中,一方面,人们不易掌握随机变量的概率分布,全面描述较难做到;另一方面,有时并不需要知道随机变量的概率分布,而只需知道它的某些特征就够了.例如,在评价某一批棉花质量时,需要考察的棉花纤维长度是一个随机变量,我们只需知道棉花纤维的平均长度以及纤维长度与平均长度的偏离程度就够了,平均长度越大,偏离程度越小,这批棉花的质量就越好.这种反映随机变量某些特征的量称为随机变量的数字特征.

本章介绍随机变量的一些常用的数字特征:用来描述随机变量的平均值的数学期望以及反映随机变量与其平均值的偏离程度的方差,还有描述两个随机变量之间线性相关程度的相关系数等.在此基础上,本章还简要介绍大数定律和中心极限定理.通过本章的学习,不难解决例 3.0.1 提出的问题.

3.1　数 学 期 望

3.1.1　数学期望的概念

这个概念源于历史上著名的分赌本问题,下面我们看到的是一个简化的例子.

例 3.1.1(分赌本问题)　甲、乙两赌徒赌技相同,各出赌注 50 元,每局中无平局.他们约定:谁先胜三局,则得全部赌本 100 元.当甲胜两局,乙胜一局时,因故要中止赌博.问这 100 元如何分才算公平?

平均分对甲不公平,全部归甲对乙不公平.合理的分法是按一定的比例甲拿大头.于是,问题的焦点是按怎样的比例来分? 以下有两种分法:

(1) 按已赌局数来分赌本:甲得 $100 \times 2/3$,乙得 $100 \times 1/3$.

(2) 仔细分析,发现这不合理,道理如下:设想再赌下去,则甲最终所得 X 是一个随机变量,其取的可能值为 $0, 100$.再赌两局结束,其结果如下:

$$甲甲, 甲乙, 乙甲, 乙乙$$

这里"甲乙"表示第一局甲胜、第二局乙胜,其余类推.结合已赌过的三局,我们看出:对前三个结果都是甲先胜三局,因而得 100 元,只有最后一个结果可使甲得 0元.由于赌技相同,故 X 的分布列为

X	0	100
P	1/4	3/4

因此,在甲胜两局、乙胜一局的情况下,甲的"期望"所得应为

$$0 \times \frac{1}{4} + 100 \times \frac{3}{4} = 75(元) \tag{3.1.1}$$

即甲得 75 元,乙得 25 元.这种分法不仅考虑了已赌局数,而且还包括了对再赌下去的一种"期望",它比(1)的分法更为合理.

这就是期望这个名称的由来.由式(3.1.1)可见,甲的"期望"所得,即 X 的期望等于

$$X 可能取的值与其概率之积的累加$$

一般定义如下:

定义 3.1.1 设离散型随机变量 X 的分布列为

$$P(X = x_k) = p(x_k) \quad (k = 1, 2, \cdots)$$

若级数 $\sum\limits_{k=1}^{\infty} x_k p(x_k)$ 绝对收敛,则称之为 X 的**数学期望**,简称为**期望**,记为 $E(X)$,
即

$$E(X) = \sum_{k=1}^{\infty} x_k p(x_k) \tag{3.1.2}$$

否则,称 X 的期望不存在.

要求式(3.1.2)右端的级数绝对收敛是为了保证,当 X 取可列个值时,"期望值不因级数各项次序改排而改变".

期望也常称为"均值",就是"随机变量取值的平均值"的意思,当然这里的平均是指以概率为权重的加权平均.这可以解释如下:若对 X 进行 n 次重复试验,有 n_1 次取 x_1,n_2 次取 x_2……n_m 次取 x_m,则这 n 次试验 X 的取值的总和为 $\sum\limits_{k=1}^{m} x_k n_k$,而平均一次试验 X 的取值为

$$\frac{1}{n} \sum_{k=1}^{m} x_k n_k = \sum_{k=1}^{m} x_k \cdot \frac{n_k}{n}$$

上式右边是一个加权平均,而权重 n_k/n 就是事件 $\{X = x_k\}$ 发生的频率.理论上可以证明(见3.3.5节):当 n 很大时,频率 n_k/n 很接近概率 $p(x_k)$,于是上式右边很接近 $\sum\limits_{k=1}^{m} x_k p(x_k)$.由此可见,$X$ 的期望 $E(X)$ 就是在大量重复试验下 X 取值的平均值,因此将 $E(X)$ 称为均值更能反映这个概念的本质.

显然,随机变量 X 的期望完全由其分布唯一确定,因此,有时我们也将"随机变量 X 的期望"称为"相应的分布的期望".

例 3.1.2 设 $X \sim B(1, p)$,求 $E(X)$.

解 由于 X 的分布列为

X	0	1
P	$1-p$	p

所以 X 的期望

$$E(X) = 0 \times (1 - p) + 1 \times p = p$$

可见,两点分布的期望就是其中的参数 p.

例 3.1.3　设 $X \sim \pi(\lambda)$,求 $E(X)$.

解　由于 X 的分布列为

$$P(X = k) = \frac{\lambda^k}{k!}\mathrm{e}^{-\lambda} \quad (k = 0,1,2,\cdots;\lambda > 0)$$

所以 X 的期望为

$$E(X) = \sum_{k=0}^{\infty} k \cdot P(X = k) = \sum_{k=0}^{\infty} k \cdot \frac{\lambda^k}{k!}\mathrm{e}^{-\lambda}$$

$$= \lambda\mathrm{e}^{-\lambda} \sum_{k=1}^{\infty} \frac{\lambda^{k-1}}{(k-1)!} = \lambda$$

可见,泊松分布的期望就是其中的参数 λ.

若连续型随机变量 X 的密度函数为 $f(x)$,则 X 落在小区间 $(x, x + \mathrm{d}x]$ 内的概率近似地等于 $f(x)\mathrm{d}x$,因此连续型随机变量 X 的期望应当定义如下:

定义 3.1.2　设连续型随机变量 X 的密度函数为 $f(x)$,若积分 $\int_{-\infty}^{+\infty} xf(x)\mathrm{d}x$ 绝对收敛,则称之为 X 的**期望**,记为 $E(X)$,即

$$E(X) = \int_{-\infty}^{\infty} xf(x)\mathrm{d}x \tag{3.1.3}$$

否则,称 X 的期望不存在.

例 3.1.4　设 $X \sim U(a, b)$,求 $E(X)$.

解　由于 X 的密度函数为

$$f(x) = \begin{cases} \dfrac{1}{b-a}, & a < x < b \\ 0, & \text{其他} \end{cases}$$

所以 X 的期望为

$$E(X) = \int_a^b x \cdot \frac{1}{b-a}\mathrm{d}x = \frac{a+b}{2}$$

可见,区间 (a, b) 上的均匀分布的期望就是该区间的中点.这个结果与直观感觉是一致的.

例 3.1.5　设 $X \sim e(\lambda)$,求 $E(X)$.

解 由于 X 的密度函数为

$$f(x) = \begin{cases} \lambda e^{-\lambda x}, & x > 0 \\ 0, & x \leqslant 0 \end{cases}$$

所以 X 的期望为

$$E(X) = \int_0^\infty x \cdot \lambda e^{-\lambda x} dx = - x e^{-\lambda x} \Big|_0^\infty + \int_0^\infty e^{-\lambda x} dx$$

$$= 0 + \frac{1}{\lambda} \int_0^\infty \lambda e^{-\lambda x} dx = \frac{1}{\lambda}$$

我们知道,指数分布是最常用的"寿命分布"之一.例 3.1.5 表明,若一个电子元件的寿命服从参数为 λ 的指数分布,则其平均寿命为 $1/\lambda$.在电子工业中,某种电子元件的平均寿命为 $10^k (k = 1, 2, \cdots)$ 小时,相应的 $\lambda = 10^{-k}$,此时称该产品为 "k 级"产品.k 越大,产品的平均寿命就越长.

3.1.2 随机变量函数的期望

在理论研究和实际应用中常会遇到这样的问题:已知随机变量 X 的概率分布,如何求 X 的(分段连续)函数 $Y = g(X)$ 的期望?我们当然可以先求出 Y 的概率分布,然后再按定义求得 Y 的期望.但这一途径过于繁琐复杂,原因在于要求出 Y 的概率分布并非易事! 下面的定理给出了简便的方法.

定理 3.1.1 若 X 的概率分布用分布列 $P(X = x_k) = p(x_k)$ 或密度函数 $f(x)$ 表示,则 X 的(分段连续)函数 $Y = g(X)$ 的期望为

$$E(Y) = E[g(X)] = \begin{cases} \sum_{k=1}^\infty g(x_k) p(x_k) & (离散型) \\ \int_{-\infty}^{+\infty} g(x) f(x) dx & (连续型) \end{cases} \tag{3.1.4}$$

假定这里所涉及的期望都存在.

证明从略.但从期望的定义不难理解定理 3.1.1 的正确性.例如,对离散型情形,把 $g(X)$ 看成一个新的随机变量,当 X 以概率 $p(x_k)$ 取值 x_k 时,$g(X)$ 以概率 $p(x_k)$ 取值 $g(x_k)$,因此它的期望当然应为 $\sum_{k=1}^\infty g(x_k) p(x_k)$.对连续型情形也一样.

定理 3.1.1 的作用在于:在求随机变量 X 的函数 $Y=g(x)$ 的期望时,可以直接利用 X 的概率分布,而不必去求 $Y=g(x)$ 的概率分布,这就大大简化了随机变量函数的期望的计算.

对多维情形也有类似的结果,以二维为例,我们有:

定理 3.1.2 若 (X,Y) 的概率分布用分布列 $P(X=x_i,Y=y_j)=p_{ij}$ 或密度函数 $f(x,y)$ 表示,则 (X,Y) 的(分块连续)函数 $Z=g(X,Y)$ 的期望为

$$E(Z)=E[g(X,Y)]=\begin{cases}\displaystyle\sum_{i=1}^{\infty}\sum_{j=1}^{\infty}g(x_i,y_j)p_{ij} & (\text{离散型})\\[2mm]\displaystyle\int_{-\infty}^{+\infty}\int_{-\infty}^{+\infty}g(x,y)f(x,y)\mathrm{d}x\mathrm{d}y & (\text{连续型})\end{cases}$$

$$(3.1.5)$$

假定这里所涉及的期望都存在(证明从略).

例 3.1.6 设随机变量 $X\sim U(a,b)$,求 $E(X^2)$.

解 由定理 3.1.1 得

$$E(X^2)=\int_{-\infty}^{+\infty}x^2\cdot f(x)\mathrm{d}x=\int_{-\infty}^{+\infty}x^2\cdot\frac{1}{b-a}\mathrm{d}x=\frac{a^2+ab+b^2}{3}\quad\blacksquare$$

例 3.1.7(续例 3.0.1) 现在我们来解决本章开头提出的组织货源问题.

解 设要组织出口的商品量为 a(吨),它介于 2 000 与 4 000 之间,则收益 Y(万元)为需求量 X 的函数:

$$Y=g(X)=\begin{cases}3X-(a-X), & X<a\\3a, & X\geqslant a\end{cases}$$

由式(3.1.4)知,Y 的期望为

$$E(Y)=\int_{-\infty}^{+\infty}g(x)f(x)\mathrm{d}x=\int_{2000}^{a}\frac{3x-(a-x)}{2000}\mathrm{d}x+\int_{a}^{4000}\frac{3a}{2000}\mathrm{d}x$$

$$=\frac{1}{1000}(a^2-7000a+4\times10^6)$$

$$=-\frac{1}{1000}(a-3500)^2+8250$$

由上式知,当 $a=3500$ 时,$E(Y)$ 取得最大值,即组织这种商品 3 500 吨可使国家期望的收益最大. $\blacksquare$

例 3.1.8 设(X,Y)的联合分布列如下表所示,求 $Z = XY$ 期望.

X \ Y	-1	0	1
1	1/8	1/8	1/8
2	1/4	1/4	1/8

解 设 $g(X,Y) = XY$,则 $g(1,-1) = -1, g(1,0) = g(2,0) = 0, g(1,1) = 1,$
$g(2,-1) = -2, g(2,1) = 2$. 利用式(3.1.5)得

$$E(Z) = E(g(X,Y)) = -1 \times \frac{1}{8} + 1 \times \frac{1}{8} - 2 \times \frac{1}{4} + 2 \times \frac{1}{8} = -\frac{1}{4}$$

3.1.3　期望的性质

以下假定所涉及的期望均存在.

定理 3.1.3 期望具有下列性质:

(1) 对任意常数 a,b 有 $E(aX + b) = aE(X) + b$;

(2) $E(X \pm Y) = E(X) \pm E(Y)$;

(3) 若 X 与 Y 相互独立,则 $E(XY) = E(X)E(Y)$.

性质(2),(3)可以推广到 $n(n > 2)$ 个随机变量的情形.

证明 以下仅就连续型情形给出证明.

(1) 设 X 的密度函数为 $f(x)$.由定理 3.1.1 知

$$E(aX + b) = \int_{-\infty}^{+\infty} (ax + b)f(x)\mathrm{d}x = a\int_{-\infty}^{+\infty} xf(x)\mathrm{d}x + b\int_{-\infty}^{+\infty} f(x)\mathrm{d}x$$

$$= aE(X) + b$$

(2) 设(X,Y)的联合密度函数为 $f(x,y)$.由定理 3.1.2 知

$$E(X \pm Y) = \int_{-\infty}^{\infty} \int_{-\infty}^{\infty} (x \pm y)f(x,y)\mathrm{d}x\mathrm{d}y$$

$$= \int_{-\infty}^{\infty} \int_{-\infty}^{\infty} xf(x,y)\mathrm{d}x\mathrm{d}y \pm \int_{-\infty}^{\infty} \int_{-\infty}^{\infty} yf(x,y)\mathrm{d}x\mathrm{d}y$$

$$= E(X) \pm E(Y)$$

(3) 设 $f(x,y), f_X(x)$ 和 $f_Y(y)$ 分别为(X,Y)的联合密度函数和边际密度函数.由于 X 与 Y 相互独立,所以由定理 3.1.2 得

$$E(XY) = \int_{-\infty}^{+\infty} \int_{-\infty}^{+\infty} xyf(x,y)\mathrm{d}x\mathrm{d}y = \int_{-\infty}^{+\infty} \int_{-\infty}^{+\infty} xyf_X(x)f_Y(y)\mathrm{d}x\mathrm{d}y$$

$$= \int_{-\infty}^{+\infty} xf_X(x)\mathrm{d}x \int_{-\infty}^{+\infty} yf_Y(y)\mathrm{d}y = E(X)E(Y) \qquad ∎$$

例 3.1.9　在一个人数为 1 000 的单位中普查某种疾病. 为此,要对单位所有人员抽血化验. 现有两种方案:(1) 逐个化验,共需化验 1 000 次.(2) 分组化验,按 4 人一组进行分组,把同组 4 个人的血混合在一起化验,若混合血样呈阴性反应,则说明这 4 个人的血都呈阴性反应(无此疾病),因而这 4 个人只需化验一次;若混合血样呈阳性反应,则说明这 4 个人中至少有一人的血呈阳性反应(有此疾病),需再对这 4 个人的血逐个化验,于是对这 4 个人要化验 5 次.假定这种疾病的发病率为 10%,并且是否患这种疾病是相互独立的(这种疾病不是传染病或遗传病).试问哪一种方案较好(即化验次数较少)?

解　方案(1)化验 1 000 次.令 X 表示方案(2)的化验次数,以 X_k 表示第 k 组化验的次数($k = 1, 2, \cdots, 250$),则有

$$X = X_1 + X_2 + \cdots + X_{250}$$

其中 $X_1, X_2, \cdots, X_{250}$ 相互独立且具有相同的分布,X_k 的分布列为

X_k	1	5
P	$(1-0.1)^4$	$1-(1-0.1)^4$

第 k 组化验次数的期望为

$$E(X_k) = 1 \times (1-0.1)^4 + 5 \times [1 - (1-0.1)^4] = 2.375\,6$$

于是方案(2)所需的平均化验次数为

$$E(X) = E\left(\sum_{i=1}^{250} X_k\right) = \sum_{i=1}^{250} E(X_k) = 250 \times 2.375\,6 \approx 594$$

故方案(2)好于方案(1),平均来说大约减少了 40.6% 的工作量.　∎

在例 3.1.9 中,我们把一个比较复杂的随机变量 X 分解成若干个比较简单的随机变量的和,然后利用“随机变量和的期望等于期望的和”来求 X 的期望.这种处理方法具有一定的普遍意义.

3.2 方　　差

在许多实际问题中,仅仅知道随机变量的均值是不够的,还需要知道随机变量的取值与均值的偏离程度的大小.我们来看下面的例子.

例 3.2.1　甲、乙两射手射击命中的环数分别为 X 和 Y,各具有如下的分布列:

X	7	8	9
P	0.1	0.8	0.1

Y	6	7	8	9	10
P	0.1	0.2	0.4	0.2	0.1

试问哪一个射手的射击技术好一些? 显然

$$E(X) = E(Y) = 8$$

因此,仅从均值(即一次射击命中环数的平均值)是不能回答这个问题的.但仔细观察一下这两个分布列,我们不难发现:X 的取值更集中在其均值 8 附近,也就是说,甲射手命中的环数大部分接近于均值 8,所以甲射手的射击技术比较稳定;尽管乙射手一次射击命中环数的平均值也为 8,但 Y 的取值大部分更远离其均值 8,也就是说,乙射手的射击技术不够稳定.因此甲射手的射击技术要好一些. ∎

例 3.2.1 表明,对于一个随机变量 X,除要考虑它的均值之外,还要考虑它的取值与均值的偏离程度,用什么来描述这种偏离程度呢? 我们自然考虑用 $E[X - E(X)]$,但 $E[X - E(X)] = 0$,这是因为 $X - E(X)$ 有正有负,导致正负抵消,因此改用 $E[X - E(X)]^2$($E|X - E(X)|$ 数学上不好处理)来描述 X 的取值与其均值 $E(X)$ 的偏离程度,这个量就是方差.

定义 3.2.1　设 X 是一个随机变量,若 $E[X - E(X)]^2$ 存在,则称之为随机变量 X 的**方差**,记为 $\mathrm{Var}(X)$,即

$$\mathrm{Var}(X) = E[X - E(X)]^2 \tag{3.2.1}$$

称 $\sqrt{\mathrm{Var}(X)}$ 为随机变量 X 的**标准差**,简记为 $\sigma(X)$ 或 σ_X.

方差 $\mathrm{Var}(X)$ 反映了随机变量 X 的取值与期望 $E(X)$ 的偏离程度. 若方差 $\mathrm{Var}(X)$ 较小,则 X 的取值比较集中在期望 $E(X)$ 的周围;若方差 $\mathrm{Var}(X)$ 较大,则 X 的取值相对于期望 $E(X)$ 就比较分散.

方差其实就是随机变量 X 的函数 $[X-E(X)]^2$ 的期望. 于是由定理 3.1.1,可得方差的计算公式:

$$\mathrm{Var}(X) = \begin{cases} \sum_{k=1}^{\infty} [x_k - E(X)]^2 p(x_k) & （离散型） \\ \int_{-\infty}^{+\infty} [x - E(X)]^2 f(x)\mathrm{d}x & （连续型） \end{cases} \tag{3.2.2}$$

注意到

$$E[X - E(X)]^2 = E\{X^2 - 2X \cdot E(X) + [E(X)]^2\}$$
$$= E(X^2) - [E(X)]^2$$

我们有

$$\mathrm{Var}(X) = E(X^2) - [E(X)]^2 \tag{3.2.3}$$

在很多情况下,用公式(3.2.3)计算方差较方便.

例 3.2.2　计算例 3.2.1 中的方差 $\mathrm{Var}(X)$ 和 $\mathrm{Var}(Y)$.

解　注意到 $E(X) = E(Y) = 8$,利用式(3.2.2)可得

$$\mathrm{Var}(X) = (9-8)^2 \times 0.1 + (8-8)^2 \times 0.8 + (7-8)^2 \times 0.1 = 0.2$$
$$\mathrm{Var}(Y) = (10-8)^2 \times 0.1 + (9-8)^2 \times 0.2 + (8-8)^2 \times 0.4$$
$$+ (7-8)^2 \times 0.2 + (6-8)^2 \times 0.1$$
$$= 1.2$$

由于 $\mathrm{Var}(X) = 0.2 < 1.2 = \mathrm{Var}(Y)$,故甲射手比乙射手的射击技术要好一些. ∎

例 3.2.3　设 $X \sim B(1, p)$,求 $\mathrm{Var}(X)$.

解　由例 3.1.2,知 $E(X) = p$,又

$$E(X^2) = 0^2 \times (1-p) + 1^2 \times p = p$$

故由式(3.2.3)得

$$\mathrm{Var}(X) = p - p^2 = p(1-p)$$ ∎

例 3.2.4　设 $X \sim \pi(\lambda)$,求 $\mathrm{Var}(X)$.

解　由例 3.1.3, 知 $E(X) = \lambda$, 又

$$
\begin{aligned}
E(X^2) &= \sum_{k=0}^{\infty} k^2 \cdot \frac{\lambda^k}{k!} e^{-\lambda} = \sum_{k=1}^{\infty} k \cdot \frac{\lambda^k}{(k-1)!} e^{-\lambda} \\
&= \sum_{k=1}^{\infty} (k-1) \cdot \frac{\lambda^k}{(k-1)!} e^{-\lambda} + \sum_{k=1}^{\infty} \frac{\lambda^k}{(k-1)!} e^{-\lambda} \\
&= \lambda^2 \sum_{j=0}^{\infty} \frac{\lambda^j}{j!} e^{-\lambda} + \lambda \sum_{j=0}^{\infty} \frac{\lambda^j}{j!} e^{-\lambda} \\
&= \lambda^2 + \lambda
\end{aligned}
$$

故由式 (3.2.3) 得

$$
\mathrm{Var}(X) = \lambda^2 + \lambda - \lambda^2 = \lambda
$$

例 3.1.3 和例 3.2.4 表明, 泊松分布的期望和方差都是参数 λ. 这就是说, 泊松分布完全由它的期望或方差决定.

例 3.2.5　设 $X \sim U(a, b)$, 求 $\mathrm{Var}(X)$.

解　由例 3.1.4 和例 3.1.6 知

$$
E(X) = \frac{(a+b)}{2}, \quad E(X^2) = \frac{a^2 + ab + b^2}{3}
$$

故由式 (3.2.3) 得

$$
\mathrm{Var}(X) = \frac{a^2 + ab + b^2}{3} - \left(\frac{a+b}{2}\right)^2 = \frac{(b-a)^2}{12}
$$

例 3.2.6　设 $X \sim e(\lambda)$, 求 $\mathrm{Var}(X)$.

解　由例 3.1.5, 知 $E(X) = 1/\lambda$, 又

$$
E(X^2) = \int_0^{+\infty} x^2 \cdot \lambda e^{-\lambda x} \mathrm{d}x = -\int_0^{+\infty} x^2 \mathrm{d}e^{-\lambda x} = \frac{2}{\lambda} \int_0^{+\infty} x \cdot \lambda e^{-\lambda x} \mathrm{d}x = \frac{2}{\lambda^2}
$$

故由式 (3.2.3) 得

$$
\mathrm{Var}(X) = \frac{2}{\lambda^2} - \left(\frac{1}{\lambda}\right)^2 = \frac{1}{\lambda^2}
$$

定理 3.2.1　方差具有下列性质 (假定以下方差均存在):

(1) 对任意常数 a, b 有 $\mathrm{Var}(aX + b) = a^2 \mathrm{Var}(X)$;

(2) 若 X 与 Y 独立, 则 $\mathrm{Var}(X \pm Y) = \mathrm{Var}(X) + \mathrm{Var}(Y)$;

性质 (2) 可以推广到 n ($n > 2$) 个随机变量的情形.

证明　(1) 由方差的定义和期望的性质知

$$\text{Var}(aX + b) = E[aX + b - E(aX + b)]^2$$
$$= E\{a[X - E(X)]\}^2 = a^2\text{Var}(X)$$

（2）由方差的定义和期望性质知

$$\text{Var}(X \pm Y) = E[X \pm Y - E(X \pm Y)]^2$$
$$= E\{[X - E(X)] \pm [Y - E(Y)]\}^2$$
$$= \text{Var}(X) + \text{Var}(Y) \pm 2E[X - E(X)][Y - E(Y)] \quad (3.2.4)$$

由于 X 与 Y 独立，故 $X - E(X)$ 与 $Y - E(Y)$ 也独立，因此有

$$E\{[X - E(X)][Y - E(Y)]\} = E[X - E(X)] \cdot E[Y - E(Y)] = 0$$
$$(3.2.5)$$

综合式(3.2.4)与式(3.2.5)，(2)得证. ∎

利用方差的性质，可以简化某些随机变量方差的计算.

例 3.2.7　设 X 的期望与方差均存在，且 $\text{Var}(X) > 0$，称

$$X^* = \frac{X - E(X)}{\sigma_x} \quad (3.2.6)$$

为 X 的**标准化随机变量**，试求 $E(X^*)$ 和 $\text{Var}(X^*)$.

解　由期望与方差的性质知

$$E(X^*) = \frac{E[X - E(X)]}{\sigma_x} = 0$$

$$\text{Var}(X^*) = \frac{\text{Var}[X - E(X)]}{\text{Var}(X)} = \frac{\text{Var}(X)}{\text{Var}(X)} = 1$$

显然，对任何存在期望与方差（大于零）的随机变量均可以标准化.特别地，若 $X \sim N(\mu, \sigma^2)$，则由定理 2.3.1 知，X 的标准化随机变量

$$\frac{X - \mu}{\sigma} \sim N(0,1)$$

由于标准化的随机变量是无量纲的，故用它可把不同单位的量进行加减与比较.

例 3.2.8　设 $X \sim B(n, p)$，求 $E(X)$ 和 $\text{Var}(X)$.

解　可视 X 为 n 重伯努利试验中事件 A 发生的次数，且事件 A 在每次试验中发生的概率为 p.引入随机变量

$$X_k = \begin{cases} 1, & \text{在第 } k \text{ 次试验中 } A \text{ 发生} \\ 0, & \text{在第 } k \text{ 次试验中 } A \text{ 不发生} \end{cases} \quad (k = 1, 2, \cdots, n)$$

则

$$X = X_1 + X_2 + \cdots + X_n$$

且 $X_k \sim B(1, p)$，$E(X_k) = p$，$\mathrm{Var}(X_k) = p(1 - p)(k = 1, 2, \cdots, n)$，故由定理 3.1.3 和例 3.1.2 得

$$E(X) = \sum_{k=1}^{n} E(X_k) = np$$

注意到 $X_1, X_2, \cdots, X_n$ 的独立性，则由定理 3.2.1 和例 3.2.3 得

$$\mathrm{Var}(X) = \sum_{k=1}^{n} \mathrm{Var}(X_k) = np(1 - p)$$

例 3.2.9　设 $X \sim N(\mu, \sigma^2)$，求 $E(X)$ 和 $\mathrm{Var}(X)$．

解　由定理 2.3.1 知

$$Z = \frac{X - \mu}{\sigma} \sim N(0, 1)$$

Z 的密度函数为

$$\varphi(x) = \frac{1}{\sqrt{2\pi}} \mathrm{e}^{-x^2/2} \quad (-\infty < x < +\infty)$$

先求 Z 的期望和方差：

$$E(Z) = \int_{-\infty}^{+\infty} x \cdot \frac{1}{\sqrt{2\pi}} \mathrm{e}^{-x^2/2} \mathrm{d}x = 0$$

$$\mathrm{Var}(Z) = E(Z^2) = \int_{-\infty}^{+\infty} x^2 \cdot \frac{1}{\sqrt{2\pi}} \mathrm{e}^{-x^2/2} \mathrm{d}x$$

$$= -\frac{1}{\sqrt{2\pi}} \int_{-\infty}^{+\infty} x \mathrm{d}\mathrm{e}^{-x^2/2} \quad (\text{分部积分})$$

$$= 1$$

因为 $X = \sigma Z + \mu$，故由期望和方差的性质得

$$E(X) = E(\sigma Z + \mu) = \sigma E(z) + \mu = \mu$$

$$\mathrm{Var}(X) = \mathrm{Var}(\sigma Z + \mu) = \sigma^2 \mathrm{Var}(Z) = \sigma^2$$

例 3.2.9 表明，正态分布 $N(\mu, \sigma^2)$ 的密度函数

$$f(x) = \frac{1}{\sqrt{2\pi}\sigma} \mathrm{e}^{-(x-\mu)^2/(2\sigma^2)} \quad (-\infty < x < +\infty)$$

中的两个参数 μ 和 σ^2 分别是该分布的期望和方差．这就是说，正态分布完全由它

的期望和方差决定.

　　我们把常用随机变量的概率分布及其期望和方差列于表 3.2.1,以备查阅.

表 3.2.1　常用随机变量的概率分布及其期望和方差

分布	分布列或密度函数	期望	方差
两点分布 $B(1,p)$	$P(X=k)=p^k(1-p)^{1-k}\ (k=0,1)$	p	$p(1-p)$
二项分布 $B(n,p)$	$P(X=k)=C_n^k p^k(1-p)^{n-k}\ (k=0,1,\cdots,n)$	np	$np(1-p)$
泊松分布 $\pi(\lambda)$	$P(X=k)=\dfrac{\lambda^k e^{-\lambda}}{k!}\ (k=0,1,2,\cdots)$	λ	λ
均匀分布 $U(a,b)$	$f(x)=\begin{cases}\dfrac{1}{b-a}, & a<x<b\\0, & 其他\end{cases}$	$\dfrac{a+b}{2}$	$\dfrac{(b-a)^2}{12}$
指数分布 $e(\lambda)$	$f(x)=\begin{cases}\lambda e^{-\lambda x}, & x>0\\0, & 其他\end{cases}$	$\dfrac{1}{\lambda}$	$\dfrac{1}{\lambda^2}$
正态分布 $N(\mu,\sigma^2)$	$f(x)=\dfrac{1}{\sqrt{2\pi}\sigma}e^{-(x-\mu)^2/(2\sigma^2)}\ (-\infty<x<+\infty)$	μ	σ^2

　　最后我们介绍一个与方差有关的重要不等式.

　　定理 3.3.2(切比雪夫(Chebyshev)不等式)　设随机变量 X 具有期望 $E(X)$ 和方差 $\mathrm{Var}(X)$,则对任意给定的 $\varepsilon>0$,有

$$P(|X-E(X)|\geqslant\varepsilon)\leqslant\frac{\mathrm{Var}(X)}{\varepsilon^2} \tag{3.2.7}$$

或等价地有

$$P(|X-E(X)|<\varepsilon)\geqslant1-\frac{\mathrm{Var}(X)}{\varepsilon^2} \tag{3.2.8}$$

　　证明　仅对连续型情形给出证明.设 X 的密度函数为 $f(x)$,则

$$P(|X-E(X)|\geqslant\varepsilon)=\int_{|x-E(X)|\geqslant\varepsilon}f(x)\mathrm{d}x$$
$$\leqslant\int_{|x-E(X)|\geqslant\varepsilon}\frac{[x-E(X)]^2}{\varepsilon^2}f(x)\mathrm{d}x$$
$$\leqslant\frac{1}{\varepsilon^2}\int_{-\infty}^{+\infty}[x-E(X)]^2f(x)\mathrm{d}x=\frac{\mathrm{Var}(X)}{\varepsilon^2}$$

　　式(3.2.7)或(3.2.8)称为**切比雪夫不等式**.切比雪夫不等式表明,若方差 $\mathrm{Var}(X)$ 较小,则事件 $\{|X-E(X)|<\varepsilon\}$ 发生的概率就大,即 X 的取值较为集中

于其期望 $E(X)$ 的附近. 这进一步说明了方差的意义.

在不知道随机变量 X 的概率分布,只知道期望 $E(X)$ 与方差 $\mathrm{Var}(X)$ 的情况下,切比雪夫不等式可用来估计概率值的界. 例如,取 $\varepsilon = 3\sigma_X$,则有

$$P(|X - E(X)| < 3\sigma_X) \geqslant 1 - \frac{\mathrm{Var}(X)}{9\mathrm{Var}(X)} \approx 0.888\,9$$

当然这个估计还是比较粗糙的,例如,当 $X \sim N(\mu, \sigma^2)$ 时,在第 2 章里曾经算出:

$$P(|X - \mu| < 3\sigma) \approx 0.997\,3$$

由定理 3.2.1(1)知,常数的方差为零,现在我们来证明其逆命题也成立.

定理 3.2.3 若 $\mathrm{Var}(X) = 0$,则 $P(X = E(X)) = 1$.

证明 若 $\mathrm{Var}(X) = 0$,由比雪夫不等式(3.2.8)知

$$1 \geqslant P(|X - E(X)| < \varepsilon) \geqslant 1$$

对任意小的正数 ε 都成立. 由上式可得

$$P(X = E(X)) = 1$$

由定理 3.2.3 可见,当 $\mathrm{Var}(X) = 0$ 时,X 以概率 1 取期望值 $E(X)$. 这是随机变量取值高度集中的情形.

3.3 协方差与相关系数

3.3.1 协方差

对于二维随机向量 (X, Y),期望 $E(X)$ 和方差 $D(Y)$ 只提供了各分量的有关信息,没有涉及 X 与 Y 之间关联程度的信息,人们自然希望有一个数字特征能在一定程度上反映这种关联程度. 在定理 3.2.1(2)的证明中,我们看到:当 X 与 Y 独立时,$E\{[X - E(X)][Y - E(Y)]\} = 0$,这意味着当

$$E\{[X - E(X)][Y - E(Y)]\} \neq 0$$

时,X 与 Y 肯定不独立,而是存在着某种相互关联. 因此,我们可以用 $E\{[X - E(X)][Y - E(Y)]\}$ 来度量 X 与 Y 之间的关联程度,这就是协方差.

定义 3.3.1 设 (X, Y) 为二维随机向量,称 $E\{[X - E(X)][Y - E(Y)]\}$ 为

随机变量 X 与 Y 的**协方差**,记为 $\mathrm{Cov}(X, Y)$,即

$$\mathrm{Cov}(X, Y) = E\{[X - E(X)][Y - E(Y)]\} \qquad (3.3.1)$$

特别地,$\mathrm{Cov}(X, X) = \mathrm{Var}(X)$.

由定义 3.3.1 可见,协方差 $\mathrm{Cov}(X, Y)$ 是二维随机向量 (X, Y) 的函数 $[X - E(X)][Y - E(Y)]$ 的期望,因此可以按式(3.1.5)进行计算.

由式(3.3.1),可得计算协方差的常用公式:

$$\mathrm{Cov}(X, Y) = E(XY) - E(X)E(Y) \qquad (3.3.2)$$

利用式(3.3.1),可将式(3.2.4)写成

$$\mathrm{Var}(X \pm Y) = \mathrm{Var}(X) + \mathrm{Var}(Y) \pm 2\mathrm{Cov}(X, Y) \qquad (3.3.3)$$

由协方差的定义,容易验证下面定理.

定理 3.3.1　协方差具有下列性质(假定以下协方差均存在):

(1) $\mathrm{Cov}(X, Y) = \mathrm{Cov}(Y, X)$;

(2) $\mathrm{Cov}(aX, bY) = ab\mathrm{Cov}(X, Y)$($a, b$ 为常数);

(3) $\mathrm{Cov}(X_1 + X_2, Y) = \mathrm{Cov}(X_1, Y) + \mathrm{Cov}(X_2, Y)$.

3.3.2　相关系数

协方差 $\mathrm{Cov}(X, Y)$ 的大小与随机变量 X, Y 的量纲有关,为了清除量纲的影响,我们改用 X, Y 的标准化随机变量,即

$$X^* = \frac{X - E(X)}{\sigma_X}, \quad Y^* = \frac{Y - E(Y)}{\sigma_Y} \qquad (3.3.4)$$

定义 3.3.2　设 (X, Y) 为二维随机变量,称

$$\rho_{XY} = \mathrm{Cov}(X^*, Y^*) = E(X^* Y^*) = \frac{\mathrm{Cov}(X, Y)}{\sigma_X \sigma_Y} \qquad (3.3.5)$$

为随机变量 X 与 Y 的**相关系数**.

例 3.3.1　若 $(X, Y) \sim N(\mu_1, \mu_2, \sigma_1^2, \sigma_2^2, \rho)$,则 $\rho_{XY} = \rho$.

证明　由例 2.4.3 和例 3.2.9 知 $E(X) = \mu_1, E(Y) = \mu_2$;$\mathrm{Var}(X) = \sigma_1^2$,$\mathrm{Var}(Y) = \sigma_2^2$. 故

$$\rho_{XY} = \int_{-\infty}^{\infty} \int_{-\infty}^{\infty} \left(\frac{x - \mu_1}{\sigma_1}\right)\left(\frac{y - \mu_2}{\sigma_2}\right) f(x, y) \mathrm{d}x\mathrm{d}y$$

这里 $f(x, y)$ 是 (X, Y) 的联合密度函数. 先对 y 积分,令

$$v = \frac{1}{\sqrt{1-\rho^2}} \left(\frac{y-\mu_2}{\sigma_2} - \rho \frac{x-\mu_1}{\sigma_1} \right)$$

则由式(2.4.14)的前一个等式可得

$$\int_{-\infty}^{\infty} \left(\frac{y-\mu_2}{\sigma_2} \right) f(x,y) \mathrm{d}y = \frac{1}{2\pi\sigma_1} \mathrm{e}^{-(x-\mu_1)^2/(2\sigma_1^2)} \int_{-\infty}^{\infty} \left(\sqrt{1-\rho^2}\, v + \rho \frac{x-\mu_1}{\sigma_1} \right) \mathrm{e}^{-v^2/2} \mathrm{d}v$$

$$= \frac{\rho}{\sqrt{2\pi}\sigma_1} \frac{x-\mu_1}{\sigma_1} \mathrm{e}^{-(x-\mu_1)^2/(2\sigma_1^2)}$$

再对 x 积分,令 $u = \dfrac{x-\mu_1}{\sigma_1}$ 得到

$$\rho_{XY} = \frac{\rho}{\sqrt{2\pi}} \int_{-\infty}^{\infty} u^2 \mathrm{e}^{-u^2/2} \mathrm{d}u = \rho$$

相关系数具有以下重要性质:

定理 3.3.2　随机变量 X 与 Y 的相关系数 ρ_{XY} 满足:

(1) $|\rho_{XY}| \leqslant 1$;

(2) $|\rho_{XY}| = 1$ 的充要条件是 X 与 Y 几乎处处线性相关,即存在常数 $a(a \neq 0),b$,使得 $P(Y = aX + b) = 1$.

证明　(1) 注意到

$$\mathrm{Var}\left(\frac{X}{\sigma_X} \pm \frac{Y}{\sigma_Y} \right) = 2(1 \pm \rho_{XY}) \tag{3.3.6}$$

由于 $\mathrm{Var}(Z) \geqslant 0$,故在上式中,若取"+"号,则 $\rho_{XY} \geqslant -1$;若取"−"号,则 $\rho_{XY} \leqslant 1$. 因此 $|\rho_{XY}| \leqslant 1$.

(2) 由式(3.3.6)知,$\rho_{XY} = \pm 1 \Leftrightarrow \mathrm{Var}\left(\dfrac{X}{\sigma_X} \mp \dfrac{Y}{\sigma_Y} \right) = 0 \Leftrightarrow$ 存在常数 c,使得

$$P\left(\frac{X}{\sigma_X} \mp \frac{Y}{\sigma_Y} = c \right) = 1$$

因此,我们有

$$\rho_{XY} = +1 \Leftrightarrow P\left(\frac{X}{\sigma_X} - \frac{Y}{\sigma_Y} = c \right) = 1 \Leftrightarrow P(Y = aX + b) = 1$$

其中 $a = \dfrac{\sigma_Y}{\sigma_X} > 0, b = -c\sigma_Y$.

$$\rho_{XY} = -1 \Leftrightarrow P\left(\frac{X}{\sigma_X} + \frac{Y}{\sigma_Y} = c \right) = 1 \Leftrightarrow P(Y = aX + b) = 1$$

其中 $a = -\dfrac{\sigma_Y}{\sigma_X} < 0, b = c\sigma_Y$. ∎

定理 3.3.2 表明,相关系数 ρ_{XY} 是描述 X 与 Y 间的线性相关程度的数字特征. 当 $0 < |\rho_{XY}| < 1$ 时,若 $|\rho_{XY}|$ 较小,则 X 与 Y 间的线性相关程度较弱,反之较强. 作为相关系数的两个极端情况:① 当 $|\rho_{XY}| = 1$ 时,X 与 Y 几乎处处线性相关;② 当 $\rho_{XY} = 0$ 时,我们称 X 与 Y **不相关**.

定理 3.3.3 若 X 与 Y 独立,则 X 与 Y 不相关,但反之不真.

下面我们来看一个 X 与 Y 既不相关也不独立的例子.

例 3.3.2 考虑例 2.4.2 中二维随机变量 (X, Y),其联合密度函数为

$$f(x, y) = \begin{cases} \dfrac{1}{\pi}, & x^2 + y^2 \leqslant 1 \\ 0, & 其他, \end{cases}$$

由式(3.1.5)知

$$E(X) = \int_{-\infty}^{+\infty} \int_{-\infty}^{+\infty} xf(x, y)\mathrm{d}x\mathrm{d}y = \frac{1}{\pi} \int_{-1}^{1} \left(\int_{-\sqrt{1-y^2}}^{\sqrt{1-y^2}} x\mathrm{d}x \right)\mathrm{d}y = 0$$

同理 $E(Y) = 0$. 于是,由式(3.3.2)得

$$\mathrm{Cov}(X, Y) = E(XY) = \int_{-\infty}^{+\infty} \int_{-\infty}^{+\infty} xyf(x, y)\mathrm{d}x\mathrm{d}y$$

$$= \frac{1}{\pi} \int_{-1}^{1} \left(\int_{-\sqrt{1-y^2}}^{\sqrt{1-y^2}} x\mathrm{d}x \right)y\mathrm{d}y = 0$$

故 $\rho_{XY} = 0$,因此 X 与 Y 不相关. 但由例 2.4.2 知,X 与 Y 不独立. ∎

可见,"X 与 Y 不相关"和"X 与 Y 独立"是两个不同的概念,"不相关"只说明 X 与 Y 不存在线性关系,而"独立"说明 X 与 Y 既不存在线性关系,也不存在非线性关系. 因此"独立"必然导致"不相关";反之,"不相关"可能是"独立"的,也可能是"不独立"的.

对于二维正态变量 (X, Y),由例 3.3.1 知 $\rho_{XY} = \rho$,故 X 与 Y 不相关等价于 $\rho = 0$,而 $\rho = 0$ 是 X 与 Y 独立的充要条件(例 2.5.1). 因此有

定理 3.3.4 若 $(X, Y) \sim N(\mu_1, \mu_2, \sigma_1^2, \sigma_2^2, \rho)$,则 X 与 Y 独立的充要条件是 $\rho_{XY} = 0$.

定理 3.3.4 表明,对于二维正态分布,独立与不相关是等价的. 这个特性使判

断二维正态变量的独立性变得简单得多,我们只要验证其相关系数是否为零即可.

3.4　矩和分位数

3.4.1　矩

定义 3.4.1　设 X 是随机变量,若

$$\mu_k = E(X^k) \quad (k = 1,2,\cdots) \tag{3.4.1}$$

存在,则称之为 X 的 k 阶原点矩,简称 k 阶矩.若

$$\nu_k = E\{[X - E(X)]^k\} \quad (k = 2,3,\cdots) \tag{3.4.2}$$

存在,则称之为 X 的 k 阶中心矩.

显然,期望 $E(X)$ 是 X 的一阶矩,方差 $\mathrm{Var}(X)$ 是 X 的二阶中心矩.

例 3.4.1[*]　设 $X \sim N(0,\sigma^2)$,此时 $E(X)=0$,且

$$\mu_k = \nu_k = \frac{1}{\sqrt{2\pi}\sigma} \int_{-\infty}^{+\infty} x^k e^{-x^2/(2\sigma^2)} \mathrm{d}x$$

当 k 为奇数时,

$$\mu_k = \nu_k = 0 \quad (k = 1,3,5,\cdots)$$

当 k 为偶数时,令 $y = x^2/(2\sigma^2)$,得

$$\mu_k = \nu_k = \sqrt{\frac{2}{\pi}} \sigma^k 2^{(k-1)/2} \int_0^{+\infty} y^{(k-1)/2} e^{-y} \mathrm{d}y$$

$$= \frac{\sigma^k}{\sqrt{\pi}} 2^{k/2} \Gamma\left(\frac{k+1}{2}\right)$$

$$= \sigma^k (k-1)!! \quad (k = 2,4,6,\cdots)$$

特别地,$\mu_4 = \nu_4 = 3\sigma^4$.

3.4.2　分位数

定义 3.4.2　设连续型随机变量 X 的密度函数为 $f(x)$,若对给定的 $\alpha \in (0,1)$,存在 x_α 满足

$$P(X > x_\alpha) = \int_{x_\alpha}^{+\infty} f(x)\mathrm{d}x = \alpha \qquad (3.4.3)$$

则称 x_α 为此分布的 **α 上侧分位数**. 特别地,当 $\alpha = 0.5$ 时,称 $x_{0.5}$ 为此分布的**中位数**.

　　α 上侧分位数 x_α 把横轴之上、密度函数之下的面积分为两块,右侧面积恰好为 α,左侧面积则为 $1 - \alpha$(参见图 3.4.1). 中位数 $x_{0.5}$ 位于分布的中部,左右两侧面积各占一半,均为 0.5.

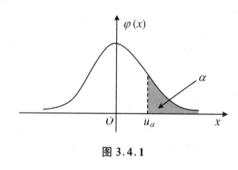

图 3.4.1

　　例 3.4.2(标准正态分布分位数)　对标准正态分布 $N(0,1)$,其 α 上侧分位数记为 u_α(见图 3.4.1),即 u_α 满足

$$P(X > u_\alpha) = \int_{u_\alpha}^{+\infty} \varphi(x)\mathrm{d}x = \alpha$$

利用 $\Phi(u_\alpha) = 1 - \alpha$ 和标准正态分布函数表(见附表 1),我们可由 α 查得 u_α. 例如,给定 $\alpha = 0.025$,$u_{0.025} = 1.96$. 由于标准正态分布的密度函数是偶函数,故其 α 上侧分位数有如下性质:

$$u_{1-\alpha} = -u_\alpha \qquad (3.4.4)$$

例如,$u_{0.975} = -u_{0.025} = -1.96$.

3.5　大数定律与中心极限定理

　　大数定律与中心极限定理在概率论与数理统计的理论研究和实际应用中都占有十分重要的地位,本节将介绍其中的几个最简单也是最重要的结果.

3.5.1　大数定律

　　我们知道,随机现象的统计规律性是在相同条件下进行大量重复试验时呈现出来的. 伯努利首先认识到研究大量重复试验的重要性,并建立了第一个大数定律——伯努利大数定律,说清楚了事件发生的频率的稳定性. 一般的大数定律讨论了 n 个随机变量的平均值的稳定性.

下面利用切比雪夫不等式证明大数定律.

定理 3.5.1(独立同分布大数定律)　设 $X_1, X_2, \cdots, X_n, \cdots$ 是独立同分布的随机变量序列,且具有期望 $E(X_k) = \mu$ 和方差 $\mathrm{Var}(X_k) = \sigma^2(k = 1, 2, \cdots)$,作前 n 个随机变量的平均值

$$\overline{X}_n = \frac{1}{n} \sum_{k=1}^{n} X_k \tag{3.5.1}$$

则对任意 $\varepsilon > 0$,有

$$\lim_{n \to \infty} P(|\overline{X}_n - \mu| < \varepsilon) = 1 \tag{3.5.2}$$

证明　由期望和方差的性质,得

$$E(\overline{X}_n) = \frac{1}{n} \sum_{k=1}^{n} E(X_k) = \frac{1}{n} \cdot n\mu = \mu$$

$$\mathrm{Var}(\overline{X}_n) = \frac{1}{n^2} \sum_{k=1}^{n} \mathrm{Var}(X_k) = \frac{1}{n^2} \cdot n\sigma^2 = \frac{\sigma^2}{n}$$

利用切比雪夫不等式,有

$$1 \geqslant P(|\overline{X}_n - \mu| < \varepsilon) \geqslant 1 - \frac{\sigma^2}{n\varepsilon^2}$$

在上式中令 $n \to \infty$,得到式(3.5.2). ▮

需要指出的是,式(3.5.2)的意义是概率上的,不同于微积分意义下的某一数列 μ_n 收敛于常数 μ.式(3.5.2)是说:不论你给定怎样小的 $\varepsilon > 0, \overline{X}_n$ 与 μ 的偏差有无可能达到 ε 或更大呢? 这是可能的,但当 n 很大时,出现这种较大偏差的可能性很小,以至当 n 很大时,我们有很大的把握(接近 100%)断言 $\overline{X}_n$ 很接近 μ.例如,对一所有万人以上学生的大学,考察学生的身高.若随意观察一个学生的身高 X_1,则 X_1 与全校学生的平均身高 μ 可能相差较大.若观察 10 个学生的身高而取其平均,则它有更大的机会与 μ 更接近些.若观察 100 个,则其平均又能更与 μ 接近些.但值得注意的是,即使你抽取 1 000 个学生,你也没有 100% 的把握说,这 1 000 个学生的平均身高一定很接近全校学生的平均身高 μ,这是因为理论上并不能排除这种可能性:你碰巧把全校中那 1 000 个最高的学生都抽出来了,此时你算出的 $\overline{X}_n$ 就会与 μ 有较大的偏差.但我们应能相信,若抽样是随机的,则随着抽样次数的增多,这样的可能性会愈来愈小.这就是式(3.5.2)的意思.像式(3.5.2)这样的收敛性,在概率论中称为"$\overline{X}_n$ 依概率收敛于 μ",记为

$$\overline{X}_n \xrightarrow{P} \mu \qquad\qquad (3.5.3)$$

定理 3.5.1 表明,当 $n \to \infty$ 时,算术平均值 $\overline{X}_n$ 依概率收敛于其期望值 μ,这就从理论上对"算术平均值的稳定性"给出了确切的解释,从而为实际应用提供了理论依据.例如,人们为了提高测量结果的精度,常用多次重复测量值的算术平均值来作为被测量值的近似值.这样做的理论依据就是定理 3.5.1.

作为定理 3.5.1 的一个重要特例,我们有以下结果.

定理 3.5.2(伯努利大数定律)　设 η_n 是 n 重伯努利试验中事件 A 发生的次数,且事件 A 在每次试验中发生的概率为 $p(0<p<1)$,则对任意 $\varepsilon>0$,有

$$\lim_{n\to\infty} P\left(\left| \frac{\eta_n}{n} - p \right| < \varepsilon \right) = 1 \qquad\qquad (3.5.4)$$

证明　引入随机变量

$$X_k = \begin{cases} 1, & 第\ k\ 次试验\ A\ 发生 \\ 0, & 第\ k\ 次试验\ A\ 不发生 \end{cases}$$

那么 $X_1, X_2, \cdots$ 相互独立且同服从 $B(1, p)$ 分布,并且

$$E(X_k) = p, \mathrm{Var}(X_k) = p(1 - p) \quad (k = 1, 2, \cdots)$$

而 $\overline{X}_n = \eta_n/n$,故由定理 3.5.1 可得式(3.5.4).

频率的稳定性从直观上告诉我们,"概率是频率的稳定值",伯努利大数定律说清楚了其中"稳定"一词的确切含义.即事件 A 发生的频率 η_n/n 依概率收敛于事件 A 的概率 p.在实际应用中,当试验次数很大时,我们可以用事件 A 发生的频率来代替事件 A 的概率,其理论根据就是伯努利大数定律.

独立同分布大数定律要求随机变量 X_k 的方差存在.其实,不要求 X_k 的方差存在,式(3.5.2)也成立.辛钦证明了(见文献[3])这一重要结果,称为辛钦大数定律,它是数理统计中参数矩估计的理论依据.

3.5.2　中心极限定理

历史上最早的中心极限定理是棣莫佛和拉普拉斯在 18 世纪首先给出的,至今内容已十分丰富,这些定理证明了,在很一般的情况下 n 个随机变量(不管它们服从什么分布)之和的极限分布是正态分布,下面的定理是其中之一.

定理 3.5.3(独立同分布中心极限定理)　设 $X_1, X_2, \cdots, X_n, \cdots$为独立同分布的随机变量序列,且具有期望 $E(X_k) = \mu$ 和方差 $\mathrm{Var}(X_k) = \sigma^2 > 0(k = 1, 2, \cdots)$,作前 n 个随机变量之和的标准化随机变量

$$Y_n = \frac{\sum_{k=1}^{n} X_k - n\mu}{\sqrt{n}\sigma}$$

则 Y_n 的极限分布是标准正态分布 $N(0,1)$,即对任意 $x \in \mathbf{R}$,有

$$\lim_{n \to \infty} P(Y_n \leqslant x) = \frac{1}{\sqrt{2\pi}} \int_{-\infty}^{x} \mathrm{e}^{-t^2/2} \mathrm{d}t \tag{3.5.5}$$

定理 3.5.3 是由林德伯格(Lindberg)和莱维(Levy)分别独立地在 1920 年证明(见文献[3])的,故称之为林德伯格-莱维中心极限定理. 由该定理知,当 n 充分大时,有

$$Y_n = \frac{\sum_{k=1}^{n} X_k - n\mu}{\sqrt{n}\sigma} \overset{\text{近似}}{\sim} N(0,1) \tag{3.5.6}$$

或等价地

$$\sum_{k=1}^{n} X_k \overset{\text{近似}}{\sim} N(n\mu, n\sigma^2) \tag{3.5.7}$$

由此可见,虽然在一般情况下我们很难求出 $\sum_{k=1}^{n} X_k$ 的分布的确切形式,但当 n 充分大时,不管各 X_k 的分布是什么,都能通过 $\Phi(x)$ 给出 $\sum_{k=1}^{n} X_k$ 的分布函数的近似值. 利用这个结论,许多随机变量的分布都可以用正态分布来近似,而正态分布又有许多完美的结果,从而在数理统计中可以得到既实用又简单的统计分析.

下面是林德伯格-莱维中心极限定理的一个应用例子.

例 3.5.1(正态随机数的产生)　在随机模拟中经常要产生正态分布 $N(\mu, \sigma^2)$ 的随机数,一般统计软件都有产生正态随机数的功能,它是如何产生的呢? 下面介绍一种常用的方法:设 $X_1, X_2, \cdots$独立同分布,且 $X_k(k = 1, 2, \cdots)$服从区间$(0,1)$上的均匀分布,则 $E(X_k) = 1/2, \mathrm{Var}(X_k) = 1/12$,由定理 3.5.3 知,当 n 充分大时,有

$$\frac{\sum\limits_{k=1}^{n} X_k - n/2}{\sqrt{n/12}} \overset{\text{近似}}{\sim} N(0,1)$$

为计算方便计,我们取 $n = 12$,并记上式左端为 Z,从计算机中产生 12 个区间 $(0,1)$ 上均匀分布随机数,则 $Z = \sum\limits_{k=1}^{12} X_k - 6$ 为近似于标准正态分布 $N(0,1)$ 的随机数. 由此可得近似于正态分布 $N(\mu,\sigma^2)$ 的随机数:$Y = \sigma Z + \mu$. ∎

下面的中心极限定理是由棣莫佛提出(讨论了 $p = \dfrac{1}{2}$ 的情形),拉普拉斯推广 的,它是定理 3.5.3 的重要特例.

定理 3.5.4(棣莫佛-拉普拉斯中心极限定理)　设 η_n 是 n 重伯努利试验中事 件 A 发生的次数,且事件 A 在每次试验中发生的概率为 $p(0 < p < 1)$,即 $\eta_n \sim B(n,p)$,则 η_n 的标准化随机变量

$$Y_n = \frac{\eta_n - np}{\sqrt{np(1-p)}}$$

的极限分布是标准正态分布 $N(0,1)$,即对任意 $x \in \mathbf{R}$,有

$$\lim_{n \to \infty} P(Y_n \leqslant x) = \frac{1}{\sqrt{2\pi}} \int_{-\infty}^{x} e^{-t^2/2} dt \tag{3.5.8}$$

证明　引入随机变量

$$X_k = \begin{cases} 1, & \text{第 } k \text{ 次试验 } A \text{ 发生} \\ 0, & \text{第 } k \text{ 次试验 } A \text{ 不发生} \end{cases} \quad (k = 1,2,\cdots)$$

则 $X_1, X_2, \cdots$ 相互独立且同服从两点分布 $B(1,p)$,且

$$E(X_k) = p, \quad \text{Var}(X_k) = p(1-p) \quad (k = 1,2,\cdots)$$

而 $\eta_n = \sum\limits_{k=1}^{n} X_k$,因此由林德伯格-莱维中心极限定理可得式 (3.5.8). ∎

由棣莫佛-拉普拉斯中心极限定理可知,当 n 充分大时,有

$$Y_n = \frac{\eta_n - np}{\sqrt{np(1-p)}} \overset{\text{近似}}{\sim} N(0,1) \tag{3.5.9}$$

或等价地

$$\eta_n \overset{\text{近似}}{\sim} N(np, np(1-p)) \tag{3.5.10}$$

这就是说,当 n 很大时,二项分布可以用正态分布来逼近.因此,有关二项分布的

概率的计算,当 n 很大时,可以通过 $\Phi(x)$ 给出近似值.

由棣莫佛-拉普拉斯中心极限定理知:当 n 充分大时,对任意实数 $a<b$,有

$$P(a < \eta_n \leqslant b) \approx \Phi\left(\frac{b-np}{\sqrt{np(1-p)}}\right) - \Phi\left(\frac{a-np}{\sqrt{np(1-p)}}\right) \quad (3.5.11)$$

注　式(3.5.11)称为二项分布的正态近似.在第 2 章曾提过二项分布的泊松近似,二者是没有矛盾的.泊松近似要求 p 很小且 $np = \lambda$ 适中(可设想成 p 随 n 变大趋于 0),而在正态近似中 p 是固定的.在实际应用中,当 n 很大时,若 p 大小适中,用正态近似精度会较高;若 p 接近 0(或 1),用泊松近似精度会更高.

例 3.5.2　某家人寿保险公司有 1 万个同龄同阶层的人参加人寿保险.由以往的统计资料知,在一年内这些人的死亡率为 0.007,每个参加保险的人在年初付保险费 1 200 元,而在死亡后家属可从保险公司领取 10 万元,试问在这项保险业务中,

(1) 保险公司亏本的概率是多少?

(2) 保险公司获得利润(不计管理费)不少于 400 万元的概率是多少?

解　设 X 为参加保险的这 1 万人在一年内死亡的人数,则 $X \sim B(10\ 000, 0.007)$.由题设知,保险公司在这项业务中,总共收入保险费 1 200 万(元),付给死亡人的家属 $10X$ 万(元),于是保险公司在这项业务中获得的利润为 $1\ 200 - 10X$ 万(元).因此,由棣莫佛-拉普拉斯中心极限定理可得

(1) 保险公司亏本的概率为

$$P(1\ 200 - 10X < 0) = P(X > 120) = P\left(\frac{X-70}{\sqrt{69.51}} > \frac{120-70}{\sqrt{69.51}}\right)$$

$$\approx 1 - \Phi(6.00) = 0$$

(2) 保险公司一年的利润不少于 400 万元的概率为

$$P(1\ 200 - 10X \geqslant 400) = P(X \leqslant 80) = P\left(\frac{X-70}{\sqrt{69.51}} \leqslant \frac{80-70}{\sqrt{69.51}}\right)$$

$$\approx \Phi(1.20) = 0.884\ 9$$

例 3.5.3　某车间有同型号的机床 400 部,在某段时间内每部机床开动的概率为 0.8,假定每个机床的运行状况是相互独立的,开动时每部机床要消耗电能 10 单位,问电站至少要供应这个车间多少单位电能,才能有 95% 以上的把握保证该车

间不因为供电不足而影响生产?

解　设 X = "400 部机床中同时开动的台数",则 $X \sim B(400, 0.8)$,且

$$E(X) = 320, \quad Var(X) = 64$$

由题设知,X 台机床同时开动需要消耗 $10X$ 单位电能. 设应供电 y 单位电能,则由棣莫佛-拉普拉斯中心极限定理得

$$95\% \leqslant P(0 \leqslant 10X \leqslant y) = P\left(0 \leqslant X \leqslant \frac{y}{10}\right)$$

$$\approx \Phi\left(\frac{y/10 - 320}{8}\right) - \Phi\left(\frac{0 - 320}{8}\right)$$

$$\approx \Phi\left(\frac{y/10 - 320}{8}\right)$$

所以

$$\frac{y/10 - 320}{8} \geqslant 1.645, \quad 即 \quad y \geqslant 3\,331.6$$

因此电站至少要供应这个车间 $3\,332$ 单位电能.

习　题　3

1. 单项选择题:

(1) 设随机变量 X 与 Y 具有期望和方差,则以下选项正确的是(　　).

　　A. $E(X + Y) = E(X) + E(Y)$　　　　B. $E(XY) = E(X)E(Y)$

　　C. $Var(X + Y) = Var(X) + Var(Y)$　　D. $Var(XY) = Var(X)Var(Y)$

(2) 设 X 与 Y 为随机变量,若 $E(XY) = E(X)E(Y)$,则(　　).

　　A. X 与 Y 独立　　　　　　　　　　B. X 与 Y 不独立

　　C. $Var(X - Y) = Var(X) + Var(Y)$　　D. $Var(XY) = Var(X)Var(Y)$

(3) 设随机变量 X 服从二项分布 $B(n, p)$,$E(X) = 2$,$Var(X) = 1.6$,则参数 n, p 的值是(　　).

　　A. $n = 10, p = 0.2$　　　　　　　　B. $n = 5, p = 0.4$

　　C. $n = 20, p = 0.1$　　　　　　　　D. $n = 4, p = 0.5$

(4) 设随机变量 X 的方差 $D(X)$ 存在,则 $P\left(\frac{|X - E(X)|}{a} \geqslant 1\right) \leqslant ($　　$)$.

A. $\mathrm{Var}(X)$ 　　　　B. a^2 　　　　C. $\mathrm{Var}(X)/a^2$ 　　　　D. $a^2\mathrm{Var}(X)$

（5）设 $X_1,X_2,\cdots$ 为独立同分布的随机变量序列，且 $X_i(i=1,2,\cdots)$ 服从参数为 2 的指数分布，则下面的结论正确的是（　　）.

A. $\lim\limits_{n\to\infty}P\left(\left(\sum\limits_{i=1}^{n}X_i-n\right)/\sqrt{n}\leqslant x\right)=\varPhi(x)$

B. $\lim\limits_{n\to\infty}P\left(\left(2\sum\limits_{i=1}^{n}X_i-n\right)/\sqrt{n}\leqslant x\right)=\varPhi(x)$

C. $\lim\limits_{n\to\infty}P\left(\left(\sum\limits_{i=1}^{n}X_i-2\right)/(2\sqrt{n})\leqslant x\right)=\varPhi(x)$

D. $\lim\limits_{n\to\infty}P\left(\left(\sum\limits_{i=1}^{n}X_i-2\right)/(\sqrt{2n})\leqslant x\right)=\varPhi(x)$

2. 填空题：

（1）设离散型随机变量 X 的分布列为

X	-2	0	2
P	0.4	0.3	0.3

则 $E(X)=$ _____ ，$E(X^2)=$ _____ ，$E(3X^2+5)=$ _____ .

（2）设 X 为 10 次独立重复试验中事件 A 发生的次数，若每次试验事件 A 发生的概率为 0.4，则 $E(X^2)=$ _____ .

（3）设随机变量 X,Y,Z 相互独立，其中 X 服从区间$(0,6)$上的均匀分布，Y 服从参数为 2 的指数分布，Z 服从参数为 3 的泊松分布，则 $E(X-2Y+3Z)=$ _____ ，$\mathrm{Var}(X-2Y+3Z)=$ _____ .

（4）设 X,Y 是两个相互独立的随机变量，其密度函数分别为

$$f_X(x)=\begin{cases}2x, & 0\leqslant x\leqslant 1\\ 0, & \text{其他}\end{cases}, \quad f_Y(y)=\frac{1}{\sqrt{\pi}}e^{-y^2+2y-1}\quad(-\infty<y<+\infty)$$

则 $E(4XY)=$ _____ ，$\mathrm{Var}(XY+4)=$ _____ .

（5）设随机变量(X,Y)的联合分布列为

X \ Y	0	1
0	0.3	0.2
1	0.4	0.1

则 $\rho_{XY}=$ _____ .

3. 甲、乙两工人每天生产相同数量同种类型的产品,用 X_1 和 X_2 分别表示甲、乙两人某天生产的次品数,统计数据如下表所示,试比较他们的技术水平的高低.

次品数 X_1	0	1	2	3
次品率 p	0.3	0.3	0.2	0.2

次品数 X_2	0	1	2	3
次品率 p	0.4	0.4	0.1	0.1

4. 把 4 个球随机放入 4 个盒子中去,设 X 表示空盒子的个数,求 $E(X)$.

5. 设 X 的密度函数为

$$f(x) = \begin{cases} kx^\alpha, & 0 < x < 1 \\ 0, & \text{其他} \end{cases}$$

其中 $k, \alpha > 0$. 又 $E(X) = 0.75$,求 k, α 的值.

6. 同时掷 n 颗骰子,记朝上的点数之和为 X,求 $E(X), \mathrm{Var}(X)$.

7. 一民航机场的送客车载有 20 位旅客从机场开出,沿途旅客有 10 个车站可以下车,如到达一个车站没有旅客下车就不停车.假设每位旅客在各个车站下车是等可能的,并设各旅客是否下车相互独立.以 X 表示停车的次数,求 $E(X)$.

8. 设随机变量 X 的密度函数为

$$f(x) = \begin{cases} x, & 0 \leqslant x < 1 \\ 2 - x, & 1 \leqslant x < 2 \\ 0, & \text{其他} \end{cases}$$

求 $E(X), \mathrm{Var}(X)$.

9. 设随机变量 X 的密度函数为

$$f(x) = \begin{cases} ax, & 0 < x < 2 \\ cx + b, & 2 \leqslant x \leqslant 4 \\ 0, & \text{其他} \end{cases}$$

若 $E(X) = 2, P(1 < X < 3) = 3/4$.试求常数 a, b, c.

10. 设随机变量 X 的密度函数为

$$f(x) = \begin{cases} \dfrac{1}{2} \cos \dfrac{x}{2}, & 0 \leqslant x \leqslant \pi \\ 0, & \text{其他} \end{cases}$$

对 X 进行 4 次独立的重复观测,用 Y 表示观测值大于 $\pi/3$ 的次数,求 Y^2 的期望.

11. 某品牌手机公司计划开发一种具有特殊功能的新型手机市场. 他们估计销售一部手机可获利 900 元,而积压一部手机会导致 1 500 元的损失. 他们通过调研后预测,这种手机的市场销售量 X(部)服从参数为 $1/1\,000$ 的指数分布,试问应生产多少部手机投入市场,才能使公司获得利润的期望值最大?

12. 设某种商品每周的需求量为 X(单位:件),且 $X \sim U(10,30)$,经销商店的进货量为 10~30 件,每销售 1 件可获利 500 元.若供大于求,则削价处理,每处理一件亏损 100 元.若供不应求,则要从其他店调剂供应,一件也可获利 300 元.为使商店所获利润的期望值不小于 9 280 元,试确定最少进货量.

13. 设 X 与 Y 相互独立,且同服从区间 $(0,1)$ 上的均匀分布,记 $Z = \min\{X, Y\}$,求 $E(Z)$,$\mathrm{Var}(Z)$.

14. 设二维随机变量 (X, Y) 的联合密度函数为

$$f(x,y) = \begin{cases} \dfrac{1}{4}x(1 + 3y^2), & 0 < x < 2, 0 < y < 1 \\ 0, & \text{其他} \end{cases}$$

试求 $E(X)$;$E(Y)$;$E(XY)$.

15. 证明:若常数 $c \neq E(X)$,则 $\mathrm{Var}(X) < E[(X - c)^2]$.

16. 设 (X, Y) 为二维随机变量,且 $\mathrm{Var}(X) = 25$,$\mathrm{Var}(Y) = 36$,$\rho_{XY} = 0.6$.求 $\mathrm{Var}(X - 2Y)$.

17. 设 (X, Y) 的联合密度函数为

$$f(x,y) = \begin{cases} x + y, & 0 \leqslant x \leqslant 1, 0 \leqslant y \leqslant 1 \\ 0, & \text{其他} \end{cases}$$

(1) 求边际密度函数 $f_X(x)$,$f_Y(y)$,并判断 X 与 Y 是否独立;

(2) 求期望和方差 $E(X)$,$\mathrm{Var}(X)$,$E(Y)$,$\mathrm{Var}(Y)$;

(3) 求协方差 $\mathrm{Cov}(X, Y)$ 和相关系数 ρ_{XY}.

18. 袋中装有 3 个红球、2 个白球、1 个黑球,从中任取 1 球,记

$$X = \begin{cases} 1, & \text{取到红球} \\ 0, & \text{其他} \end{cases}, \quad Y = \begin{cases} 1, & \text{取到白球} \\ 0, & \text{其他} \end{cases}$$

求相关系数 ρ_{XY}.

19. 设二维随机变量 (X, Y) 的联合密度函数为

$$f(x,y) = \begin{cases} 3x, & 0 < y < x < 1 \\ 0, & \text{其他} \end{cases}$$

求相关系数 ρ_{XY}.

20. 设 X,Y 相互独立且同服从正态分布 $N(\mu,\sigma^2)$,记 $U = aX + bY$,$V = aX - bY$,求 U 与 V 的相关系数.

21. 设 X,Y 相互独立,且都服从参数为 p 的两点分布,令

$$Z = \begin{cases} 0, & X + Y \text{ 为奇数} \\ 1, & X + Y \text{ 为偶数} \end{cases}$$

(1) 求 Z 的分布列.

(2) 求 (X,Z) 的联合分布列.

(3) p 取什么值时,X 与 Z 不相关? 此时,X 与 Z 是否相互独立?

22. 计算机在进行数学计算时,谭从四舍五入原则,现在对小数点后面第一位进行四舍五入运算,一般舍入误差 X 服从 $(-0.5,0.5)$ 上的均匀分布.若在一项计算中进行了 100 次数字计算,求平均误差落在区间 $(-\sqrt{3}/20, \sqrt{3}/20)$ 内的概率.

23. 一批元件的寿命(以 h 计)服从参数为 0.002 5 的指数分布,现有 30 只元件,一只在用,其余 29 只备用,当使用的一只损坏时,立即换上备用件,如此下去.试求 30 只元件至少能用一年的概率的近似值.

24. 某保险公司多年的统计资料表明,在索赔户中被盗索赔户占 20%,以 X 表示在随意抽查的 100 个索赔户中因被盗向保险公司索赔的户数.

(1) 写出 X 的分布列;

(2) 求被盗索赔户不少于 14 户且不多于 30 户的概率的近似值.

25. 某微机系统有 120 个终端,每个终端有 5% 的时间在使用.若各终端使用与否是相互独立的,试求有不少于 10 个终端在使用的概率.

26. 某电站供应一万户用电,根据以往资料,用电高峰时每户用电的概率为 0.9.

(1) 计算同时用电户数在 9 030 户以上的概率;

(2) 若每户用电 200 瓦,试问电站至少应具有多大发电量,才能以不小于 0.95 的概率保证用电?

27. 银行为支付某日即将到期的债券准备一笔现金. 设这批债券共发放了 500 张,每张债券到期之日需付本息 1 000 元. 若持券人(一人一券)于债券到期之日到银行领取本息的概率为 0.4,问银行于该日应准备多少现金才能以 99.9% 的把握满足持券人的兑换?

28. 某螺钉厂生产的一批螺丝的废品率为 0.01. 要保证一盒中至少含有 100 个合格品的概率不小于 0.95, 问每盒中至少装多少个螺丝?

29. 某一复杂的系统由 n 个相互独立的部件组成, 每个部件的可靠性(即正常工作的概率)为 0.90, 且至少有 80% 的部件正常工作才能使整个系统正常工作, 问 n 至少要多大才能使系统的可靠性不低于 0.95?

30. 重复抛掷一枚均匀的硬币 n 次, 试问 n 至少取多少时, 才能保证出现正面的频率在 0.4~0.6 之间的概率不小于 90%? 请你分别用切比雪夫不等式和棣莫佛-拉普拉斯中心极限定理来确定 n.

第4章 抽样分布

前三章的研究属于概率论的范畴,概率论的基本问题是,已知研究对象整体的信息(概率分布),需要推断出局部的信息,例如事件概率的计算、分布性质的推理等等.从本章开始转入数理统计的研究,数理统计的基本问题是,已知研究对象局部的信息(样本),需要推断出整体的信息,例如对研究对象的整体分布下断言,或对分布中的未知参数给出估计,等等.

先看一个具体的例子.

例 4.0.1 在加工制造机械零件中,零件的尺寸 X(单位:mm)是一个重要的质量特性,由于生产过程中各种随机因素的影响,所以 X 是一个随机变量.为了检验某厂生产的一批零件的质量,从中随机抽取 100 件,检测其尺寸,得到数据如下:

501,	503,	504,	507,	501,	505,	502,	501,	504,	501
504,	498,	502,	501,	504,	504,	499,	504,	504,	504
502,	501,	504,	503,	502,	510,	505,	498,	498,	504
492,	510,	504,	504,	507,	507,	501,	502,	501,	498
502,	504,	501,	497,	501,	504,	501,	504,	504,	501
504,	502,	498,	501,	498,	504,	504,	504,	510,	493
498,	504,	507,	504,	504,	501,	497,	501,	499,	505
498,	502,	507,	504,	507,	499,	507,	510,	507,	507
501,	507,	518,	513,	496,	505,	497,	507,	504,	505
502,	498,	501,	502,	510,	507,	510,	495,	510,	504

在数理统计中,就是通过分析这 100 个数据以对我们所关心的问题,例如:

(1) 零件的尺寸 X 是否服从正态分布 $N(\mu, \sigma^2)$?

(2) 如果 $X \sim N(\mu, \sigma^2)$,那么如何估计其中的参数 μ 与 σ^2?

作出尽可能正确的结论.为什么说"尽可能正确"呢? 这是因为数据总是带有随机

误差的.需要指出的是,这里所说的随机误差,主要并不是通常意义下因仪器和操作等原因而导致测量不准带来的误差,当然这种误差也是一个可能的来源. 主要指的是由于我们获取的数据一般只能是所研究对象的一部分,而究竟是哪一部分则是随机的.例如,在例 4.0.1 中,这批零件的数量可能有上万件甚至十万、百万件,逐一加以检测,这不仅是不经济的,而且有时也是无法实现的(例如检测是破坏性的).因此,我们只能从中抽取一部分,例如 100 件,抽取的结果(哪 100 件)不同,所得到的数据就不同,这完全凭机会而定.我们说的随机误差主要是指这个. 由于数据带有随机误差,通过分析这些数据而作出的推断,也就难免不出错. 分析方法的主要目的就是使出现错误的概率愈小愈好,这种伴随一定概率的推断称为**统计推断**.一般可以这样讲,数理统计是研究怎样有效地收集、分析带有随机误差的数据,并在此基础上,对所研究的问题作出统计推断.数理统计具有广泛的应用性.事实上,它几乎渗透到人类活动的所有领域. 把数理统计应用到不同领域就形成了特定领域的统计方法,如农业、生物和医学领域的"生物统计"、教育和心理学领域的"教育统计"、经济和商业领域的"计量经济"、金融领域的"保险统计"等等.

本章介绍总体、样本、统计量等数理统计的基本概念,并着重讨论几个常用的统计量及其分布,它们是以后我们进行统计推断的基础.

4.1　总体与样本、样本分布函数

4.1.1　总体

在数理统计中,把研究的问题所涉及的对象的全体称为**总体**,而把组成总体的每个成员称为**个体**.

例 4.1.1　要研究某大学学生的身高情况,该校的全体学生组成问题的总体,而每一个学生就是该总体中的一个个体.

例 4.1.2　要考察某厂生产的一批产品是否合格,这批产品的全体就是总体,而每一件产品则是该总体中的一个个体.

总体一般由一些实在的人或物组成,我们所关心的并不在于这些人或物本身,而在于它们的某项数量指标. 在例 4.1.1 中, 每个学生有身高、体重、月生活支出等等, 而我们关心的只是该校学生的身高这项数量指标, 这样, 每个学生对应一个数 (身高), 全体学生对应一堆数. 在例 4.1.2 中, 将产品分为合格品与不合格品. 若以 0 表示合格品, 以 1 表示不合格品, 则总体对应由 0 与 1 组成的一堆数. 如果撇开问题的实际背景, 那么总体就是一堆数, 这堆数中有大有小, 有的出现机会多, 有的出现机会少, 因此用一个概率分布 $F(x)$ 去描述总体是恰当的, 服从这个分布 $F(x)$ 的随机变量 X 就是相应的数量指标, 由此可见, 总体可以用一个分布 $F(x)$ 表示, 也可以用一个随机变量 X 表示 (以后说"从某总体中抽样"与"从某分布中抽样"是一回事). 例如, 在例 4.1.1 中, 若以 X 表示"学生的身高", 则可以认为总体 $X \sim N(\mu, \sigma^2)$; 在例 4.1.2 中, 从这批产品任取一件, 若以 X 表示"取得的不合格品数", 则总体 $X \sim B(1, p)$, 即

X	0	1
P	$1-p$	p

其中 p 表示"不合格品率" (总体中 1 所占的比例), 不同的 p 表示不同的总体之间的差别.

　　总体可分为有限总体和无限总体, 当一个有限总体所包含的个体数目较大时, 我们常把它视为无限总体来处理. 本书将以无限总体作为主要研究对象.

4.1.2　样本

　　为了了解总体 X 的分布或分布中的未知参数, 从总体 X 中随机抽出 n 个个体, 记为 $x_1, x_2, \cdots, x_n$, 称为取自总体 X 的一个**样本**, 样本中的个体称为**样品**, 样本中个体的数目 n 称为**样本容量**, 简称**样本量**.

　　应当指出的是, 样本具有双重性: 一方面, 由于抽样的随机性, 在抽样之前无法预知样本取什么数值, 因此, 样本是 n 维随机变量, 常用大写字母 $X_1, X_2, \cdots, X_n$ 或 $(X_1, X_2, \cdots, X_n)$ 表示; 另一方面, 在抽样之后经观测 (试验) 得到确定的样本观测 (试验) 值, 简称**样本值**, 因此, 样本又是一组数值, 常用小写字母 $x_1, x_2, \cdots, x_n$ 或 $(x_1, x_2, \cdots, x_n)$ 表示. 为简单起见, 无论是样本还是其观测值, 本书均用 $x_1, x_2, \cdots, x_n$ 或 $(x_1, x_2, \cdots, x_n)$ 表示, 读者应能从上下文中加以区别.

为了能由样本对总体作出可靠的推断,自然希望所抽取的样本能够很好地反映总体的信息,这就需要对抽样方法提出一些要求.最常用的抽样是"简单随机抽样",它有两个基本要求:

(1) 样本要有代表性 总体中的每个个体都有同等的机会被选入样本,这意味着每个样品 x_i 与总体 X 同分布;

(2) 样本具有独立性 样本中每个样品取什么值不受其他样品取值的影响,这就是说,$x_1, x_2, \cdots, x_n$ 相互独立.

通常的有放回抽样就是简单随机抽样.当总体所含个体很多(或无限总体)且抽出部分的数量相对较少时,不放回抽样可以近似地看成简单随机抽样.用简单随机抽样方法得到的样本称为**简单随机样本**,简称**样本**.今后如无特别说明,凡提及的样本都是指简单随机样本.于是,**样本 $x_1, x_2, \cdots, x_n$ 就是 n 个独立同分布的随机变量,其共同的分布就是总体分布**.

根据样本的特性,若总体 X 具有分布函数 $F(x)$(称为**总体分布函数**),$x_1, x_2, \cdots, x_n$ 为取自总体 X 的样本,则样本的联合分布函数为

$$F^*(x_1, x_2, \cdots, x_n) = \prod_{i=1}^{n} F(x_i)$$

当 X 为离散型总体时,即 X 具有分布列 $P(X = x) = p(x)$,若 $x_1, x_2, \cdots, x_n$ 为取自该总体的样本,则样本的联合分布列为

$$p^*(x_1, x_2, \cdots, x_n) = \prod_{i=1}^{n} p(x_i)$$

当 X 为连续型总体时,即 X 具有密度函数 $f(x)$,若 $x_1, x_2, \cdots, x_n$ 为取自该总体的样本,则样本的联合密度函数为

$$f^*(x_1, x_2, \cdots, x_n) = \prod_{i=1}^{n} f(x_i)$$

例 4.1.3 设总体 $X \sim B(1, p)$,即 X 的分布列为

$$p(x) = p^x(1-p)^{1-x} \quad (x = 0, 1)$$

若 $x_1, x_2, \cdots, x_n$ 为取自该总体的样本,则样本的联合分布列为

$$p^*(x_1, x_2, \cdots, x_n) = \prod_{i=1}^{n} p(x_i) = \prod_{i=1}^{n} p^{x_i}(1-p)^{1-x_i}$$

$$= p^{\sum_{i=1}^{n} x_i}(1-p)^{n-\sum_{i=1}^{n} x_i}$$

例 4.1.4 设总体 $X \sim N(\mu, \sigma^2)$,即 X 的密度函数为

$$f(x) = \frac{1}{\sqrt{2\pi}\sigma} e^{-(x-\mu)^2/(2\sigma^2)}$$

若 $x_1, x_2, \cdots, x_n$ 为取自该总体的样本,则样本的联合密度函数为

$$f^*(x_1, x_2, \cdots, x_n) = \prod_{i=1}^{n} f(x_i) = \prod_{i=1}^{n} \frac{1}{\sqrt{2\pi}\sigma} e^{-(x_i-\mu)^2/(2\sigma^2)}$$

$$= (2\pi\sigma^2)^{-n/2} e^{-\sum_{i=1}^{n}(x_i-\mu)^2/(2\sigma^2)}$$

4.1.3　样本分布函数

现在我们从取自于总体 X 的一组样本值 $x_1, x_2, \cdots, x_n$ 出发,来寻求总体分布函数 $F(x)$(未知)的一个近似的已知量 $F_n(x)$.为此,将 $x_1, x_2, \cdots, x_n$ 按由小到大的顺序排列成 $x_{(1)} \leqslant x_{(2)} \leqslant \cdots \leqslant x_{(n)}$,并定义

$$F_n(x) = \begin{cases} 0, & x < x_{(1)} \\ \dfrac{k}{n}, & x_{(k)} \leqslant x < x_{(k+1)} \quad (k = 1, 2, \cdots, n-1) \\ 1, & x \geqslant x_{(n)} \end{cases} \quad (4.1.1)$$

不难看出,对于给定的 n,$F_n(x)$ 是一个分布函数,称为**样本分布函数**.由式(4.1.1)可见,对于任一给定的 x,样本分布函数 $F_n(x)$ 是事件 $\{X \leqslant x\}$ 的频率,而总体分布函数 $F(x)$ 是事件 $\{X \leqslant x\}$ 的概率,故由伯努利大数定律可知,对于任意 $\varepsilon > 0$,有

$$\lim_{n \to \infty} P(|F_n(x) - F(x)| < \varepsilon) = 1$$

因此,当 n 很大时,样本分布函数 $F_n(x)$ 是总体分布函数 $F(x)$ 的一个良好的近似.我们在数理统计中可以用样本推断总体的理由就在于此.

例 4.1.5 某食品厂生产听装饮料,现从生产线上任取 5 听饮料,称得净重(单位:g)如下:351,348,345,354,351.将样本按由小到大的顺序排列成

$$345 < 348 < 351 = 351 < 354$$

其样本分布函数(如图 4.1.1 所示)为

$$F_5(x) = \begin{cases} 0, & x < 345 \\ 0.2, & 345 \leqslant x < 348 \\ 0.4, & 348 \leqslant x < 351 \\ 0.8, & 351 \leqslant x < 354 \\ 1, & x \geqslant 354 \end{cases}$$

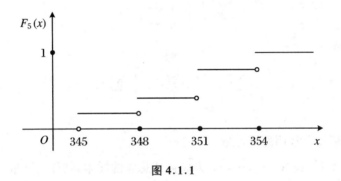

图 4.1.1

4.2 统计量与抽样分布

4.2.1 统计量

样本来自总体,自然就含有总体各方面的信息,但这些信息较为分散,为了使这些分散在样本中有关的信息集中起来以反映总体的某种特征,需要对样本进行加工.最常用的加工方法是构造样本的函数.比如,对总体 $X \sim B(1, p)$,为了估计未知参数 p,可以把来自总体 X 的样本 $x_1, x_2, \cdots, x_n$"加工"为函数 $\bar{x} = \dfrac{1}{n}\sum\limits_{i=1}^{n} x_i$,由大数定律知,它较好地"集中"了样本中关于 p(总体均值)的信息,用它估计 p 是合适的.如此看来,统计推断往往要借助于样本的函数,这就是统计量,一般定义如下:

定义 4.2.1 设 $x_1, x_2, \cdots, x_n$ 是取自某总体的样本.若样本的(分块连续)函数

$$T = T(x_1, x_2, \cdots, x_n)$$

中不包含任何未知参数,则称 T 为**统计量**.

定义中规定"不包含任何未知参数"是为了在取得样本值之后,即可算出统计量的值.

例 4.2.1　设总体 $X \sim N(\mu, \sigma^2)$, μ 与 σ^2 均未知, $x_1, x_2, \cdots, x_n$ 为取自该总体的样本,则

$$\bar{x} = \frac{1}{n} \sum_{i=1}^{n} x_i$$

是统计量,而

$$\sum_{i=1}^{n} (\bar{x} - \mu)^2, \quad \frac{1}{\sigma} \sum_{i=1}^{n} x_i$$

不是统计量.

下面介绍几个常用的统计量.

定义 4.2.2　设 $x_1, x_2, \cdots, x_n$ 为取自某总体的样本,则称统计量

$$\bar{x} = \frac{1}{n} \sum_{i=1}^{n} x_i \tag{4.2.1}$$

为**样本均值**. 称统计量

$$s^2 = \frac{1}{n-1} \sum_{i=1}^{n} (x_i - \bar{x})^2 \tag{4.2.2}$$

为**样本方差**,而称 $s = \sqrt{s^2}$ 为**样本标准差**.

通常把 $x_i - \bar{x}$ 称为样本偏差,而把 $\sum_{i=1}^{n} (x_i - \bar{x})^2$ 称为偏差平方和,它的计算常用到如下表达式:

$$\sum_{i=1}^{n} (x_i - \bar{x})^2 = \sum_{i=1}^{n} x_i^2 - n\bar{x}^2 \tag{4.2.3}$$

下面的定理给出了样本均值的期望和方差以及样本方差的期望,它们不依赖于总体的分布. 这些结果在后面的讨论中是有用的.

定理 4.2.1　设总体 X 具有期望 $E(X) = \mu$ 和方差 $\mathrm{Var}(X) = \sigma^2$, $x_1, x_2, \cdots, x_n$ 为取自该总体的样本, $\bar{x}$ 和 s^2 分别为样本均值和样本方差,则

$$E(\bar{x}) = \mu, \quad \mathrm{Var}(\bar{x}) = \frac{\sigma^2}{n} \tag{4.2.4}$$

$$E(s^2) = \sigma^2 \tag{4.2.5}$$

证明　式(4.2.4)的证明在独立同分布大数定律的证明中已经给出.下证式
(4.2.5).注意到式(4.2.3),即得

$$E(s^2) = \frac{1}{n-1} E\left[\sum_{i=1}^{n} (x_i - \bar{x})^2 \right] = \frac{1}{n-1} E\left(\sum_{i=1}^{n} x_i^2 - n\bar{x}^2 \right)$$

$$= \frac{1}{n-1} \left[\sum_{i=1}^{n} E(x_i^2) - nE(\bar{x}^2) \right]$$

$$= \frac{1}{n-1} \left[\sum_{i=1}^{n} (\sigma^2 + \mu^2) - n\left(\frac{\sigma^2}{n} + \mu^2 \right) \right]$$

$$= \sigma^2$$

例 4.2.2(续例 4.0.1)　由例 4.0.1 中 100 个样本数据,算得样本均值为

$$\bar{x} = \frac{1}{100}(492 + 495 + \cdots + 518) = 503$$

样本方差为

$$s^2 = \frac{1}{99} \left[(492 - 503)^2 + (495 - 503)^2 + \cdots + (518 - 503)^2 \right] = 17.13$$

由定理 4.2.1 知,我们可以用 $\bar{x}$ 和 s^2 分别作为 μ 和 σ^2 的近似值,于是有

$$\mu \approx 503, \quad \sigma^2 \approx 17.13$$

定义 4.2.3　设 $x_1, x_2, \cdots, x_n$ 为取自某总体的样本,则称统计量

$$a_k = \frac{1}{n} \sum_{i=1}^{n} x_i^k \quad (k = 1, 2, \cdots) \tag{4.2.6}$$

为**样本 k 阶(原点)矩**. 易见 $a_1 = \bar{x}$. 称统计量

$$b_k = \frac{1}{n} \sum_{i=1}^{n} (x_i - \bar{x})^k \quad (k = 2, 3, \cdots) \tag{4.2.7}$$

为**样本 k 阶中心矩**.

　　样本矩 a_k 和 b_k 其实就是样本分布函数 $F_n(x)$ 的矩. 事实上,由式(4.1.1)
知,样本分布函数 $F_n(x)$ 是一个离散型分布,在各 x_i 处的概率均为 $1/n(i=1,2,$
$\cdots, n)$. 于是,若按定义 3.4.1 计算 $F_n(x)$ 的 k 阶原点矩和 k 阶中心矩,则分别得
到的就是 a_k 和 b_k. 因此样本矩就是样本分布函数的矩. 特别地,样本一阶原点矩
a_1,即样本均值就是样本分布函数的均值,而样本二阶中心矩 b_2 就是样本分布函
数的方差. 在一些统计著作中,也有把 b_2 定义为样本方差,这种定义的缺陷是,

b_2 不具有所谓的无偏性,而 s^2 具有无偏性(其含义见第 5 章). 二者之间的关系如下:

$$b_2 = \frac{n-1}{n}s^2$$

4.2.2　三大抽样分布

统计量的分布称为**抽样分布**.在使用统计量进行统计推断时常常需要知道它的分布.从理论上讲,当总体的分布表达式已知时,统计量的精确分布是可以求出来的.但在实际过程中,要求出统计量的精确分布是一件很困难的事.好在当总体分布为正态分布(简称该总体为**正态总体**)时,经过统计学家们富有成效的研究,求出了一些重要统计量的精确分布.这些精确分布为正态总体参数的估计和检验提供了理论依据.

为了后面的讨论需要,我们先介绍在数理统计中占重要地位的三大抽样分布: χ^2 分布、t 分布、F 分布.

1. χ^2 分布

定义 4.2.4　设 $x_1, x_2, \cdots, x_n$ 为取自总体 $N(0,1)$ 的样本,则统计量

$$\chi^2 = x_1^2 + x_2^2 + \cdots + x_n^2 \tag{4.2.8}$$

所服从的分布称为自由度为 n 的 **χ^2 分布**,记为 $\chi^2 \sim \chi^2(n)$.这里的自由度 n 是指式(4.2.8)右端中包含的独立变量的个数.

根据定义 4.2.4 可以证明,$\chi^2(n)$ 分布的密度函数为

$$f_{\chi^2}(x) = \begin{cases} \dfrac{1}{2^{n/2}\Gamma(n/2)}\mathrm{e}^{-x/2}x^{n/2-1}, & x > 0 \\ 0, & x \leqslant 0 \end{cases} \tag{4.2.9}$$

它的图像如图 4.2.1 所示.

为了使读者相信式(4.2.9)的正确性,我们给出 $n=1$ 和 $n=2$ 这两个特殊情形的证明. 事实上,我们在例 2.6.4 中已经证明了 $n=1$ 的情形. 当 $n=2$ 时,根据定义,

$$\chi^2 = x_1^2 + x_2^2$$

其中 x_1 与 x_2 独立且均服从 $N(0,1)$,下面求密度函数 $f_{\chi^2}(x)$,先求分布函数.

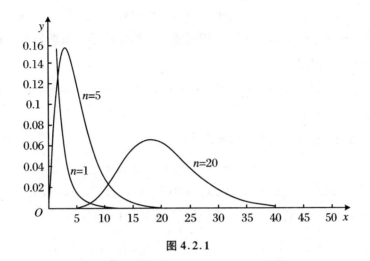

图 4.2.1

当 $x < 0$ 时，$F_{\chi^2}(x) = P(\chi^2 \leqslant x) = 0$；当 $x \geqslant 0$ 时，

$$F_{\chi^2}(x) = P(\chi^2 \leqslant x) = P(x_1^2 + x_2^2 \leqslant x)$$

$$= \iint\limits_{x_1^2 + x_2^2 \leqslant x} \frac{1}{2\pi} e^{-(x_1^2 + x_2^2)/2} \mathrm{d}x_1 \mathrm{d}x_2$$

$$= \frac{1}{2\pi} \int_0^{2\pi} \mathrm{d}\theta \int_0^{\sqrt{x}} e^{-r^2/2} r \mathrm{d}r$$

$$= 1 - e^{-x/2}$$

于是，有

$$f_{\chi^2}(x) = F'_{\chi^2}(x) = \begin{cases} \dfrac{1}{2} e^{-x/2}, & x > 0 \\[2mm] 0, & x \leqslant 0 \end{cases} \tag{4.2.10}$$

上式即式 (4.2.9) 在 $n = 2$ 时的情形.

顺便指出，由式 (4.2.10) 可见，参数为 $1/2$ 的指数分布是 $\chi^2(n)$ 分布当 $n = 2$ 时的特殊情形.

定理 4.2.2　设 $\chi_i^2 \sim \chi^2(n_i)$ $(i = 1, 2)$，且 χ_1^2, χ_2^2 相互独立，则有

$$\chi_1^2 + \chi_2^2 \sim \chi^2(n_1 + n_2)$$

这个性质称为 **χ^2 分布的可加性**.

证明　由 χ^2 分布的定义知，我们可以把 χ_1^2 和 χ_2^2 分别写成

$$\chi_1^2 = x_1^2 + x_2^2 + \cdots + x_{n_1}^2$$

$$\chi_2^2 = y_1^2 + y_2^2 + \cdots + y_{n_2}^2$$

其中 $x_1, x_2, \cdots, x_{n_1}$ 和 $y_1, y_2, \cdots, y_{n_2}$ 相互独立且均服从标准正态分布. 于是,根据 χ^2 分布的定义,我们有

$$\chi_1^2 + \chi_2^2 = x_1^2 + x_2^2 + \cdots + x_{n_1}^2 + y_1^2 + y_2^2 + \cdots + y_{n_2}^2 \sim \chi^2(n_1 + n_2)$$

定理证毕.

定理 4.2.3　设 $\chi^2 \sim \chi^2(n)$,则有

$$E(\chi^2) = n, \quad \mathrm{Var}(\chi^2) = 2n$$

证明　χ^2 如式(4.2.8)所示. 因 $x_i \sim N(0,1)(i=1,2,\cdots,n)$,故

$$E(x_i^2) = \mathrm{Var}(x_i) + [E(x_i)]^2 = 1 + 0 = 1$$

$$E(x_i^4) = \frac{1}{\sqrt{2\pi}} \int_{-\infty}^{\infty} x^4 \mathrm{e}^{-x^2/2} \mathrm{d}x = \frac{3}{\sqrt{2\pi}} \int_{-\infty}^{+\infty} x^2 \mathrm{e}^{-x^2/2} \mathrm{d}x = 3$$

于是

$$\mathrm{Var}(x_i^2) = E(x_i^4) - [E(x_i^2)]^2 = 3 - 1 = 2$$

利用独立性即得

$$E(\chi^2) = E(x_1^2) + E(x_2^2) + \cdots + E(x_n^2) = n$$

$$\mathrm{Var}(\chi^2) = \mathrm{Var}(x_1^2) + \mathrm{Var}(x_2^2) + \cdots + \mathrm{Var}(x_n^2) = 2n$$

例 4.2.3　设 x_1, x_2, x_3, x_4 是取自总体 $N(0,4)$ 的样本,若 $a(x_1 - 2x_2)^2 + b(3x_3 - 4x_4)^2 \sim \chi^2(2)$,求 a 和 b 的值.

解　由题设知 $x_1 - 2x_2 \sim N(0,20)$,$3x_3 - 4x_4 \sim N(0,100)$,且 $x_1 - 2x_2$ 与 $3x_3 - 4x_4$ 相互独立,故

$$\frac{1}{20}(x_1 - 2x_2)^2 \sim \chi^2(1)$$

$$\frac{1}{100}(3x_3 - 4x_4)^2 \sim \chi^2(1)$$

由 χ^2 分布的可加性知

$$\frac{1}{20}(x_1 - 2x_2)^2 + \frac{1}{100}(3x_3 - 4x_4)^2 \sim \chi^2(2)$$

通过比较可得 $a = 1/20, b = 1/100$.

当 $\chi^2 \sim \chi^2(n)$ 时,对给定的 $\alpha(0 < \alpha < 1)$,满足 $P(\chi^2 > \chi_\alpha^2(n)) = \alpha$ 的 $\chi_\alpha^2(n)$ 就是 $\chi^2(n)$ 分布的 α 上侧分位数. α 上侧分位数 $\chi_\alpha^2(n)$ 可通过附表 2 查得. 例如

$\chi^2_{0.05}(10) = 18.31.$

2. t 分布

定义 4.2.5　设 $X \sim N(0,1)$，$Y \sim \chi^2(n)$，且 X,Y 相互独立，则统计量

$$t = \frac{X}{\sqrt{Y/n}} \tag{4.2.11}$$

所服从的分布称为自由度为 n 的 t 分布，记为 $t \sim t(n)$.

根据定义 4.2.5 可以证明，$t(n)$ 分布的密度函数为

$$f_t(x) = \frac{\Gamma((n+1)/2)}{\sqrt{n\pi}\,\Gamma(n/2)} \left(1 + \frac{x^2}{n}\right)^{-(n+1)/2} \quad (-\infty < x < \infty) \tag{4.2.12}$$

$f_t(x)$ 是偶函数，它的图像关于纵轴对称，如图 4.2.2 所示.

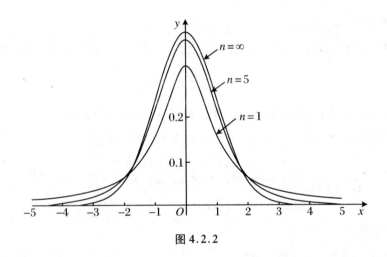

图 4.2.2

由 Γ 函数的性质知

$$\lim_{n \to \infty} f_t(x) = \frac{1}{\sqrt{2\pi}} e^{-x^2/2} \quad (-\infty < x < \infty)$$

即当 n 充分大（一般 $n \geqslant 45$）时，可以用 $N(0,1)$ 去近似 t 分布. t 分布的密度函数的图像虽然与标准正态分布的密度函数的图像类似，但它的峰要比标准正态分布低一些，尾部的概率要比标准正态分布的大一些.

当 $t \sim t(n)$ 时，对给定的 $\alpha(0 < \alpha < 1)$，满足 $P(t > t_\alpha(n)) = \alpha$ 的 $t_\alpha(n)$ 就是 $t(n)$ 分布的 α 上侧分位数，$t_\alpha(n)$ 可以通过附表 3 查得.

由 t 分布的密度函数 $f_t(x)$ 的图像的对称性，我们有

$$t_{1-\alpha}(n) = -t_\alpha(n) \qquad (4.2.13)$$

例 4.2.4　设 $x_1, x_2, \cdots, x_n$ 为取自总体 $N(0,4)$ 的样本，问统计量
$\sqrt{n-1}\, x_1 \Big/ \sqrt{\sum\limits_{i=2}^{n} x_i^2}$ 服从什么分布？

解　因 $x_i \sim N(0,4)(i=1,2,\cdots,n)$，故 $x_1/2 \sim N(0,1)$，$\sum\limits_{i=2}^{n} x_i^2 \big/ 4 \sim \chi^2(n-1)$，且它们相互独立. 根据 t 分布的定义，有

$$\frac{\sqrt{n-1}\, x_1}{\sqrt{\sum\limits_{i=2}^{n} x_i^2}} = \frac{x_1/2}{\sqrt{\dfrac{\sum\limits_{i=2}^{n} x_i^2}{4} \Big/ (n-1)}} \sim t(n-1)$$

3. F 分布

定义 4.2.6　设 $U \sim \chi^2(m)$，$V \sim \chi^2(n)$，且 U, V 相互独立，则统计量

$$F = \frac{U/m}{V/n} \qquad (4.2.14)$$

所服从的分布称为自由度为 (m,n) 的 **F 分布**，记为 $F \sim F(m,n)$.

根据定义 4.2.6 可以证明，$F(m,n)$ 分布的密度函数为

$$f_F(x) = \begin{cases} \dfrac{\Gamma((m+n)/2)\,(m/n)^{m/2}\, x^{m/2-1}}{\Gamma(m/2)\,\Gamma(n/2)\,(1+mx/n)^{(m+n)/2}}, & x > 0 \\ 0, & x \leqslant 0 \end{cases} \qquad (4.2.15)$$

它的图像如图 4.2.3 所示.

由 F 分布的定义，立得下述结论：

定理 4.2.4　若 $F \sim F(m,n)$，则

$$\frac{1}{F} \sim F(n,m)$$

当 $F \sim F(m,n)$ 时，对给定的 $\alpha(0 < \alpha < 1)$，满足 $P(F > F_\alpha(m,n)) = \alpha$ 的 $F_\alpha(m,n)$ 就是 $F(m,n)$ 分布的 α 上侧分位数.

$F(m,n)$ 分布的 α 上侧分位数 $F_\alpha(m,n)$ 具有下述性质：

$$F_{1-\alpha}(m,n) = \frac{1}{F_\alpha(n,m)} \qquad (4.2.16)$$

事实上，因 $F \sim F(m,n)$，故有

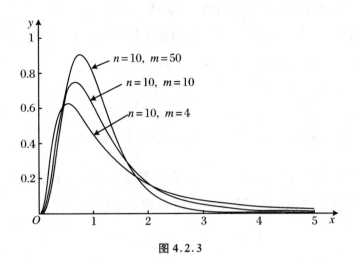

图 4.2.3

$$1 - \alpha = P(F > F_{1-\alpha}(m,n)) = P\left(\frac{1}{F} < \frac{1}{F_{1-\alpha}(m,n)}\right)$$

$$= 1 - P\left(\frac{1}{F} > \frac{1}{F_{1-\alpha}(m,n)}\right)$$

于是有

$$P\left(\frac{1}{F} > \frac{1}{F_{1-\alpha}(m,n)}\right) = \alpha$$

由定理 4.2.4 知 $1/F \sim F(n,m)$,故有

$$F_\alpha(n,m) = \frac{1}{F_{1-\alpha}(m,n)}$$

此即式(4.2.16).

在通常的 F 分布表中,只对较小的 α,如 $\alpha = 0.05, 0.025, 0.01$ 等列出了 α 上侧分位数,对 α 值较大的上侧分位数可以利用关系式(4.2.16)把它们算出来. 例如,在 F 分布表中查不到 $F_{0.975}(15,24)$,但由式(4.2.16)可算得

$$F_{0.975}(15,24) = \frac{1}{F_{0.025}(24,15)} = \frac{1}{2.70} \approx 0.37$$

4.2.3 正态总体的抽样分布

对于正态总体,像样本均值和样本方差及其相关的一些常用统计量的抽样分布已经具有非常完美的结果,它们为以后讨论正态总体的参数估计和假设检验奠

定了理论基础. 我们将这些内容归纳成下面两个定理.

定理 4.2.5　设 $x_1, x_2, \cdots, x_n$ 是取自正态总体 $N(\mu, \sigma^2)$ 的样本,其样本均值 $\bar{x}$ 和样本方差 s^2 分别如式(4.2.1)和式(4.2.2)所示,则

(1) $\bar{x} \sim N\left(\mu, \dfrac{\sigma^2}{n}\right)$;　　　　　　　(2) $\dfrac{(n-1)s^2}{\sigma^2} \sim \chi^2(n-1)$;

(3) $\bar{x}$ 与 s^2 相互独立;　　　　　(4) $\dfrac{\sqrt{n}(\bar{x}-\mu)}{s} \sim t(n-1)$.

证明　(1) 由于 $x_1, x_2, \cdots, x_n$ 是取自正态总体 $N(\mu, \sigma^2)$ 的样本,故 $x_1, x_2, \cdots, x_n$ 的线性组合 $\bar{x}$ 也服从正态分布. 又由定理 4.2.1 知

$$E(\bar{x}) = \mu, \quad \mathrm{Var}(\bar{x}) = \frac{\sigma^2}{n}$$

故

$$\bar{x} \sim N\left(\mu, \frac{\sigma^2}{n}\right)$$

(2)和(3)的证明从略. 我们仅对(2)中的自由度作一些说明:注意到偏差平方和 $(n-1)s^2$ 虽然是 n 个偏差 $x_1 - \bar{x}, x_2 - \bar{x}, \cdots, x_n - \bar{x}$ 的平方和,但它有一个约束条件,即

$$\sum_{i=1}^{n} (x_i - \bar{x}) = 0$$

故 $(n-1)s^2$ 的自由度为 $n-1$,因此 $(n-1)s^2/\sigma^2$ 的自由度也为 $n-1$.

(4) 由(1),(2),(3)知

$$\frac{\bar{x}-\mu}{\sigma/\sqrt{n}} \sim N(0,1), \quad \frac{(n-1)s^2}{\sigma^2} \sim \chi^2(n-1)$$

且它们相互独立,于是由 t 分布的定义,有

$$\frac{\dfrac{\bar{x}-\mu}{\sigma/\sqrt{n}}}{\sqrt{\dfrac{(n-1)s^2}{\sigma^2}\bigg/(n-1)}} \sim t(n-1)$$

化简上式的左端,即证得(4).　　　　　　　　　　　　　　　　　　■

定理 4.2.6　设 $x_1, x_2, \cdots, x_m$ 与 $y_1, y_2, \cdots, y_n$ 分别是来自正态总体 $N(\mu_1, \sigma_1^2)$ 和 $N(\mu_2, \sigma_2^2)$ 的样本,且两样本相互独立,则

(1) $\dfrac{s_1^2/\sigma_1^2}{s_2^2/\sigma_2^2} \sim F(m-1,n-1)$；

(2) 当 $\sigma_1^2 = \sigma_2^2 = \sigma^2$ 时，$\dfrac{\bar{x}-\bar{y}-(\mu_1-\mu_2)}{s_w\sqrt{1/m+1/n}} \sim t(m+n-2)$.

其中

$$\bar{x} = \frac{1}{m}\sum_{i=1}^{m} x_i, \quad \bar{y} = \frac{1}{n}\sum_{j=1}^{n} y_j$$

$$s_1^2 = \frac{1}{m-1}\sum_{i=1}^{m}(x_i-\bar{x})^2, \quad s_2^2 = \frac{1}{n-1}\sum_{j=1}^{n}(y_j-\bar{y})^2$$

$$s_w^2 = \frac{(m-1)s_1^2 + (n-1)s_2^2}{n+m-2}$$

$$= \frac{1}{n+m-2}\left[\sum_{i=1}^{m}(x_i-\bar{x})^2 + \sum_{j=1}^{n}(y_j-\bar{y})^2\right]$$

证明　(1) 由定理 4.2.5 知

$$\frac{(m-1)s_1^2}{\sigma_1^2} \sim \chi^2(m-1), \quad \frac{(n-1)s_2^2}{\sigma_2^2} \sim \chi^2(n-1)$$

且它们相互独立，于是，由 F 分布的定义知

$$\frac{\dfrac{(m-1)s_1^2}{\sigma_1^2}\Big/(m-1)}{\dfrac{(n-1)s_2^2}{\sigma_2^2}\Big/(n-1)} = \frac{s_1^2/\sigma_1^2}{s_2^2/\sigma_2^2} \sim F(m-1,n-1)$$

(2) 由定理 4.2.5 知 $\bar{x}-\bar{y} \sim N\left(\mu_1-\mu_2, \dfrac{\sigma^2}{m}+\dfrac{\sigma^2}{n}\right)$，所以

$$U = \frac{(\bar{x}-\bar{y})-(\mu_1-\mu_2)}{\sigma\sqrt{1/m+1/n}} \sim N(0,1)$$

注意到(1)的证明及 χ^2 分布的可加性知

$$V = \frac{(m-1)s_1^2}{\sigma^2} + \frac{(n-1)s_2^2}{\sigma^2} = \frac{(m+n-2)s_w^2}{\sigma^2}$$

$$\sim \chi^2(m+n-2)$$

注意到两样本相互独立，由定理 4.2.5 知 U 与 V 独立，从而由 t 分布的定义得

$$\frac{U}{\sqrt{V/(m+n-2)}} = \frac{(\bar{x}-\bar{y})-(\mu_1-\mu_2)}{s_w\sqrt{1/m+1/n}}$$

$$\sim t(m+n-2)$$

最后,我们来看一个实际应用的例子.

例 4.2.5(质量控制)　在正常情况下,产品质量只受生产过程中的随机因素的影响而波动,这种质量特性形成的波动是正常的.当生产过程出现了非随机因素的影响,质量特性形成的波动就不正常了.此时应当采取措施,排除非随机因素的干扰,以保证生产过程正常进行.

考虑流水线生产的某种机械轴的直径,由于影响生产线上的机械轴的直径的随机因素很多,但它们所起的作用都不大,故在生产线正常时,机械轴的直径服从正态分布 $N(\mu, \sigma^2)$. 我们关心的是在一段时间内如何判断该生产线是否正常. 为此,可在每段时间(比如 1 小时)内从生产线上随机抽取 n 个机械轴,检测其直径分别为 $x_1, x_2, \cdots, x_n$,算得样本均值 $\bar{x}$. 由定理 4.2.5 知,当生产线正常时,$\bar{x} \sim N(\mu, \sigma^2/n)$,故可用 $\bar{x}$ 近似作为这段时间内流水线生产的机械轴的直径.

在实际应用中,通常用质量控制图来控制生产质量.具体做法是:将产品质量的特征绘制到控制图上,然后观察这些数值随时间变动的情况.对上述问题,可把不同时间段的样本直径的均值 $\bar{x}$ 绘制在图 4.2.4 中,图中上、下控制线与过程均值 μ 都相距 $3\sigma/\sqrt{n}$.若 $\bar{x}$ 落在上、下控制线的外面,则我们就有充分的理由认为目前生产线工作不正常,即生产过程失控,要立即停产检修.这是因为,若生产线工作正常,则

$$P\left(|\bar{x} - \mu| > \frac{3\sigma}{\sqrt{n}}\right) = P\left(\left|\frac{\bar{x} - \mu}{\sigma/\sqrt{n}}\right| > 3\right)$$
$$= 2[1 - \Phi(3)]$$
$$= 0.002\,7$$

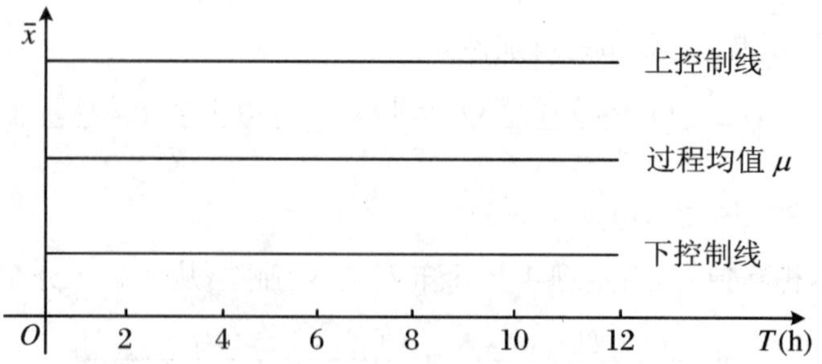

图 4.2.4

即在生产线工作正常的情况下,$\bar{x}$ 落在上、下控制限之外的概率为 0.002 7,这是一个小概率事件,由小概率原理,若 $\bar{x}$ 落在上、下控制限之外,我们就有充分的理由认为生产线工作不正常(推断出错的概率仅为 0.002 7),必须对生产线进行检修.

习 题 4

1. 单项选择题:

(1) 设 x_1,x_2,x_3,x_4 为取自总体 $N(\mu,\sigma^2)$ 的样本,其中 μ 未知,σ^2 已知,则下列样本函数中不是统计量的是( ).

    A. $x_1+2x_2+3x_3+4x_4$ B. $\min\{x_1,x_2,x_3,x_4\}$

    C. $\dfrac{1}{4}\sum\limits_{i=1}^{4}(x_i-\mu)^2$ D. $\dfrac{1}{\sigma^2}\sum\limits_{i=1}^{4}x_i^2$

(2) 设 $x_1,x_2,\cdots,x_n$ 为取自总体 $N(\mu,\sigma^2)$ 的样本,记 $Y=\dfrac{1}{\sigma^2}\sum\limits_{i=1}^{n}(x_i-\mu)^2$,则 $Y\sim($ $)$.

    A. $\chi^2(n)$ B. $N(\mu,\sigma^2)$ C. $\chi^2(n-1)$ D. $N\left(\mu,\dfrac{\sigma^2}{n}\right)$

(3) 设 $x_1,x_2,\cdots,x_n$ 为取自总体 $N(\mu,\sigma^2)$ 的样本,$\bar{x}$ 为样本均值,记

$$s_1^2=\frac{1}{n}\sum_{i=1}^{n}(x_i-\bar{x})^2,\quad s_2^2=\frac{1}{n-1}\sum_{i=1}^{n}(x_i-\bar{x})^2$$

$$s_3^2=\frac{1}{n}\sum_{i=1}^{n}(x_i-\mu)^2,\quad s_4^2=\frac{1}{n-1}\sum_{i=1}^{n}(x_i-\mu)^2$$

则( )服从自由度为 $n-1$ 的 t 分布.

    A. $T=\dfrac{\bar{x}-\mu}{s_1/\sqrt{n}}$ B. $T=\dfrac{\bar{x}-\mu}{s_2/\sqrt{n}}$ C. $T=\dfrac{\bar{x}-\mu}{s_3/\sqrt{n}}$ D. $T=\dfrac{\bar{x}-\mu}{s_4/\sqrt{n}}$

(4) 设随机变量 $t\sim t(n)$,则 $t^2\sim($ $)$.

    A. $\chi^2(n-1)$ B. $\chi^2(n)$ C. $F(1,n-1)$ D. $F(1,n)$

(5) 对给定正数 $\alpha(0<\alpha<1)$,设 $z_\alpha,\chi_\alpha^2(n),t_\alpha(n),F_\alpha(m,n)$ 分别是 $N(0,1),\chi^2(n)$,$t(n),F(m,n)$ 分布的 α 上侧分位数,则下列结论不正确的是( ).

    A. $z_{1-\alpha}=-z_\alpha$ B. $t_{1-\alpha}(n)=-t_\alpha(n)$

    C. $\chi_{1-\alpha}^2(n)=-\chi_\alpha^2(n)$ D. $F_{1-\alpha}(m,n)=1/F_\alpha(n,m)$

2. 填空题:

(1) 若 $x_1, x_2, \cdots, x_n$ 是来自总体 X 的样本,则它满足 _____.

(2) 由取自总体 X 的样本值 $x_1, x_2, \cdots, x_8$ 算得: $\sum\limits_{i=1}^{8} x_i = 36$, $\sum\limits_{i=1}^{8} x_i^2 = 288$, 则

$\bar{x} = $ _____, $s^2 = $ _____.

(3) 设 $t_\alpha(n)$ 为 $t(n)$ 分布的 α 的上侧分位数,则 $P(t < t_\alpha(n)) = $ _____; $P(t < - t_\alpha(n)) = $ _____; (3) $P(|t| > t_\alpha(n)) = $ _____.

(4) 设 $x_1, x_2, \cdots, x_n$ 为取自总体 $N(\mu, \sigma^2)$ 的样本,$\bar{x}$ 为样本均值,s^2 为样本方差,则 $U = n\left(\dfrac{\bar{x} - \mu}{\sigma}\right)^2 \sim$ _____, $V = n\left(\dfrac{\bar{x} - \mu}{s}\right)^2 \sim$ _____.

(5) 设 $x_1, x_2, \cdots, x_m$ 是来自总体 $X \sim N(\mu_1, \sigma^2)$ 的一个样本,$y_1, y_2, \cdots, y_n$ 是来自总体 $Y \sim N(\mu_2, \sigma^2)$ 的一个样本,且 X 与 Y 相互独立,$\bar{x}, \bar{y}, s_1^2, s_2^2$ 分别为对应的样本均值与样本方差,则 $\bar{x} - \bar{y} \sim$ _____, $\dfrac{1}{\sigma^2}\lfloor (m-1)s_1^2 + (n-1)s_2^2 \rfloor \sim$ _____.

3. 某厂生产大批某种产品,次品率 p 未知.产品每 m 件一盒.为了检查产品质量,从中任意抽取 n 盒,检查其中的次品数.试说明该统计问题中什么是总体,什么是样本,并给出样本的分布列.

4. 设 $x_1, x_2, \cdots, x_n$ 为来自总体 X 的样本,其样本均值为 $\bar{x}$. 证明:

(1) 所有样本偏差之和为 0,即 $\sum\limits_{i=1}^{n} (x_i - \bar{x}) = 0$;

(2) 在关于 c 的函数 $\sum\limits_{i=1}^{n} (x_i - c)^2$ 中,当 $c = \bar{x}$ 时,偏差平方和 $\sum\limits_{i=1}^{n} (x_i - \bar{x})^2$ 最小.

5. 设一商店 100 天内销售电视机的情况如下表,试求样本均值、样本方差及样本分布函数.

题 5 表

日售出台数	2	3	4	5	6
天数	20	30	10	25	15

6. 设 $x_1, x_2, \cdots, x_n$ 为来自总体 X 的样本,若:(1) $X \sim B(1, p)$;(2) $X \sim e(\lambda)$,试分别求 $E(\bar{x})$ 和 $D(\bar{x})$.

7. 从总体 $N(52, 6^2)$ 中抽取容量为 25 的样本,样本均值 $\bar{x}$ 落在区间 $(50.8, 53.8)$ 内的概率是多少?

8. 设 $x_1, x_2, \cdots, x_n$ 为来自总体 $N(\mu, 0.25)$ 的样本,$\bar{x}$ 是样本均值.

(1) 若要以 99% 以上概率保证 $|\bar{x} - \mu| < 0.1$,试问样本量至少应取多大?

(2) 若要以 95% 以上概率保证 $|\bar{x} - \mu| < 0.1$,试问样本量至少应取多大?

(3) 从(1)和(2)的计算结果你有什么看法?

9. 某大型罐头厂出口的蘑菇罐头的净重(单位:g)服从正态分布 $N(184, 2.5^2)$,今从中随机抽取 25 个罐头.若要以 0.9713 的概率保证样本均值 $\bar{x}$ 不低于某一额定质量 a,试求 a 的值.

10. 某大型电子商场从甲、乙两个电子元件厂各购进一大批同型号的电子元件.已知甲、乙两厂产品的寿命均服从正态分布,其中甲厂产品的平均寿命为 4900 小时,标准差为 100 小时,乙厂产品的平均寿命为 4800 小时,标准差为 100 小时,今从甲、乙两厂来货中各抽 100 件,试求抽自甲厂元件的平均寿命比抽自乙厂的多 100 小时以上的概率.

11. 在设计导弹发射装置时,要研究弹着点偏离目标中心的距离的方差.对某导弹发射装置,弹着点偏离目标中心的距离服从正态分布 $N(\mu, \sigma^2)$,这里 $\sigma^2 = 100 \text{ m}^2$,现进行 17 次发射试验,用 s^2 表示这 17 次试验中弹着点偏离目标中心的距离的样本方差. 试求 s^2 超过 50 m^2 的概率.

12. 设 $x_1, x_2, \cdots, x_{25}$ 是取自总体 $N(3, 100)$ 的样本,$\bar{x}, s^2$ 分别为样本均值和样本方差,求 $P(0 < \bar{x} < 6, 57.7 < s^2 < 151.73)$.

13. 设 $x_1, x_2, \cdots, x_9$ 是来自总体 $X \sim N(0, 4)$ 的样本,求系数 a, b, c,使

$$Q = a(x_1 + x_2)^2 + b(x_3 + x_4 + x_5)^2 + c(x_6 + x_7 + x_8 + x_9)^2$$

服从 χ^2 分布,并求其自由度.

14. 设 x_1, x_2 为取自总体 $N(0, \sigma^2)$ 的一个样本,且 $x_1 + x_2$ 与 $x_1 - x_2$ 服从二维正态分布.

(1) 证明:$x_1 + x_2$ 与 $x_1 - x_2$ 相互独立;

(2) 记 $Y = \dfrac{(x_1 + x_2)^2}{(x_1 - x_2)^2}$,求 Y 的分布,并计算 $P(Y < 40)$.

15. 设 $x_1, x_2, \cdots, x_n, x_{n+1}$ 为取自总体 $N(\mu, \sigma^2)$ 的样本,记

$$\bar{x} = \frac{1}{n} \sum_{i=1}^{n} x_i, \quad s^2 = \frac{1}{n-1} \sum_{i=1}^{n} (x_i - \bar{x})^2, \quad s = \sqrt{s^2}$$

求证:

$$\sqrt{\frac{n}{n+1}} \frac{x_{n+1} - \bar{x}}{s} \sim t(n-1)$$

第 5 章　参　数　估　计

　　在实际问题中,我们常常根据问题本身的专业知识或以往的经验或适当的统计方法,可以判断出总体分布的类型,但是总体分布中的参数,如期望、方差等是未知的,需要用样本对未知参数作出估计. 这类问题称为参数估计.下面先通过一个例子来介绍参数估计问题.

　　例 5.0.1　人口老龄化是目前我国面临的一个焦点问题之一,解决老龄化问题的方法之一是建养老院.某社区计划建一所养老院,服务对象为满足一定条件的 65 岁以上的老人.在预算和规划时,需要知道一个关键参数就是"当地居民的平均寿命".为此从该地居民的死者资料中任取 40 例,查得死亡年龄(岁)如下:

$$97,\quad 59,\quad 28,\quad 67,\quad 84,\quad 77,\quad 75,\quad 83,\quad 65,\quad 42$$
$$88,\quad 78,\quad 66,\quad 62,\quad 78,\quad 62,\quad 80,\quad 56,\quad 48,\quad 98$$
$$57,\quad 102,\quad 67,\quad 72,\quad 85,\quad 48,\quad 79,\quad 84,\quad 93,\quad 76$$
$$69,\quad 60,\quad 53,\quad 58,\quad 73,\quad 75,\quad 82,\quad 38,\quad 89,\quad 91$$

利用以上数据,对我们所关心的参数"当地居民的平均寿命"作出估计,比如:

　　(1) 当地居民的平均寿命是多少?

　　(2) 当地居民的平均寿命在什么范围之内?

　　以 X 表示当地居民的死亡年龄,我们所关心的"当地居民的平均寿命"就是总体 X 中的一个未知参数,记为 μ,且有 $E(X)=\mu$.我们需要通过样本对参数 μ 作出估计,这就是本章所要讨论的参数估计问题.估计的方式有两种,一种是给出参数的一个近似值,另一种是给出参数的一个近似范围.前者称为点估计,后者称为区间估计.在例 5.0.1 中,若根据上述样本数据对当地居民的平均寿命给出以下两种说法:一种是"当地居民的平均寿命为 71 岁";另一种是"当地居民的平均寿命在 68～74 岁之间".则第一种说法中的 71 岁就是参数 μ 的点估计,而第二种说法中的 68～74 岁就是参数 μ 的区间估计.

本章先介绍参数的点估计和估计量的评价标准,然后再介绍区间估计.

5.1　参数的点估计

点估计的一般提法如下:已知总体分布 $F(x,\theta_1,\cdots,\theta_k)$ 的类型,其中 $\theta_1,\theta_2,$ $\cdots,\theta_k$ 为总体的 k 个未知参数.若 $x_1,x_2,\cdots,x_n$ 是取自该总体的样本,以 θ_1 的估计为例,为了估计 θ_1,需要构造一个适当的统计量 $\hat{\theta}_1 = \hat{\theta}_1(x_1,x_2,\cdots,x_n)$,称为 θ_1 的**估计量**,一旦取得样本值,我们就可以算出估计量 $\hat{\theta}_1 = \hat{\theta}_1(x_1,x_2,\cdots,x_n)$ 的值,称为 θ_1 的**估计值**.在不致混淆的情况下,θ_1 的估计量与估计值统称为 θ_1 的**估计**,均记为 $\hat{\theta}_1$.值得注意的是,估计量是随机变量,而估计值是一个具体的数值,对不同的样本值,估计值一般是不同的.由于未知参数 θ_1 与其估计 $\hat{\theta}_1$ 都是实数轴上的点,所以这样的估计称为**点估计**.下面介绍两种常用的构造估计量的方法:矩估计法和最大似然估计法.

5.1.1　矩估计法

设总体 $X \sim F(x,\theta_1,\cdots,\theta_k)$,其中 $\theta_1,\theta_2,\cdots,\theta_k$ 是未知参数,$x_1,x_2,\cdots,x_n$ 是取自 X 的样本.当总体 j 阶矩 $\mu_j = E(X^j)$ 存在时,由大数定律知,样本 j 阶矩 $a_j = \frac{1}{n}\sum_{i=1}^{n} x_i^j$ 依概率收敛于总体 j 阶矩 μ_j.从而,当样容量 n 很大时,样本 j 阶矩是总体 j 阶矩的一个很好的近似,在实际问题中,很多总体参数都是总体矩的函数.因此,1900 年英国统计学家 K・皮尔逊提出了一个**替换原理**:用样本矩替换总体矩.由此得到总体未知参数的估计.这种方法称为**矩估计法**.下面介绍用矩估计法构造未知参数估计量的步骤:

(1) 计算总体 j 阶矩 $E(X^j)=\mu_j$,它是 $\theta_1,\theta_2,\cdots,\theta_k$ 的函数,记为

$$\mu_j = \mu_j(\theta_1,\theta_2,\cdots,\theta_k) \quad (j=1,2,\cdots,k) \tag{5.1.1}$$

(2) 求解方程组(5.1.1)(若能求解的话),得

$$\theta_j = \theta_j(\mu_1,\mu_2,\cdots,\mu_k) \quad (j=1,2,\cdots,k) \tag{5.1.2}$$

(3) 在式(5.1.2)中,用样本矩 a_j 替换总体矩 μ_j 得

$$\hat{\theta}_j = \hat{\theta}_j(a_1, a_2, \cdots, a_k) \quad (j = 1, 2, \cdots, k) \tag{5.1.3}$$

称为 $\theta_j(j = 1, 2, \cdots, k)$ 的**矩估计**.

进一步,若 $\hat{\theta}_1, \hat{\theta}_2, \cdots, \hat{\theta}_k$ 是 $\theta_1, \theta_2, \cdots, \theta_k$ 的矩估计,则 $\theta_1, \theta_2, \cdots, \theta_k$ 的(分块连续)函数 $\eta = g(\theta_1, \theta_2, \cdots, \theta_k)$ 的矩估计为

$$\hat{\eta} = g(\hat{\theta}_1, \hat{\theta}_2, \cdots, \hat{\theta}_k) \tag{5.1.4}$$

例 5.1.1 设总体 X 的均值 μ 及方差 σ^2 均未知,$x_1, x_2, \cdots, x_n$ 是取自 X 的样本,试求总体参数 μ 与 σ^2 的矩估计.

解 由

$$\begin{cases} \mu_1 = E(X) = \mu \\ \mu_2 = E(X^2) = \text{Var}(X) + [E(X)]^2 = \sigma^2 + \mu^2 \end{cases}$$

得到

$$\begin{cases} \mu = \mu_1 \\ \sigma^2 = \mu_2 - \mu_1^2 \end{cases}$$

在上式中,用样本矩 a_j 替换总体矩 $\mu_j(j = 1, 2)$,并注意到式(4.2.3),可得 μ 和 σ^2 的矩估计为

$$\begin{cases} \hat{\mu} = a_1 = \dfrac{1}{n} \sum_{i=1}^{n} x_i = \bar{x} \\ \hat{\sigma}^2 = a_2 - a_1^2 = \dfrac{1}{n} \sum_{i=1}^{n} x_i^2 - \bar{x}^2 = b_2 \end{cases} \quad \blacksquare$$

注 5.1.1 (1) 例 5.1.1 结果表明,不论总体分布是什么,总体均值(总体一阶原点矩)μ 的矩估计都是样本均值(样本一阶原点矩)$\bar{x}$;总体方差(总体二阶中心矩)σ^2 的矩估计都是样本二阶中心矩 b_2(而不是样本方差 s^2). 由此可见,替换原理所说的"用样本矩替换总体矩",这里的矩既可以是原点矩也可以是中心矩.

(2) 例 5.1.1 表明,在总体分布未知的情况下,也能求出总体参数的矩估计,因而矩估计获得了广泛的应用. 例如,在例 5.0.1 中,虽然我们不知道当地居民的死亡年龄 X 服从什么分布,利用例 5.1.1,也能求出当地居民的平均寿命 μ 的矩估计为 $\hat{\mu} = \bar{x} = 71.1$,这就解决了例 5.0.1 中提出的第一个问题.

例 5.1.2　由临床经验知,某地区 3~5 岁孩子在一年内患感冒的次数 $X \sim$ $\pi(\lambda)$.在一次随机抽查中,得到该地区 20 个 3~5 岁孩子在一年内患感冒的次数分别如下:

　　2,4,1,2,3,0,3,4,3,2,4,1,1,2,5,1,2,6,7,3

求该地区 3~5 岁孩子在一年内患感冒的平均次数的矩估计.

解　因 $E(X) = \lambda$,故该地区 3~5 岁孩子在一年内所患感冒的平均次数为 λ,因此 λ 的矩估计为

$$\hat{\lambda} = \frac{1}{n} \sum_{i=1}^{n} x_i = \bar{x}$$

由样本数据可算得 λ 的矩估计 $\hat{\lambda} = 2.8$,即该地区 3~5 岁孩子在一年内患感冒的平均次数为 2.8.

另一方面,由于 $\mathrm{Var}(X) = \lambda$,用样本二阶中心矩去替换总体二阶中心矩,故 λ 的矩估计也可以取为

$$\hat{\lambda} = \frac{1}{n} \sum_{i=1}^{n} (x_i - \bar{x})^2 = b_2$$

将样本数据代入上式,可算得 λ 的矩估计为 $\hat{\lambda} = 3.06$. 因此,也可认为该地区 3~5 岁孩子在一年内患感冒的平均次数为 3.06. ∎

例 5.1.2 说明矩估计可能不唯一,这是矩估计法的一个缺点.一般情况下,总是采用如下原则:能用低阶矩处理的就不用高阶矩.

例 5.1.3　某种商品一周的需求量 X(单位:吨)服从区间 (θ_1, θ_2) 上的均匀分布,$x_1, x_2, \cdots, x_n$ 是来自总体 X 的样本,试求未知参数 θ_1 与 θ_2 的矩估计.

解　由于总体 $X \sim U(\theta_1, \theta_2)$,故有

$$\mu_1 = E(X) = \frac{\theta_1 + \theta_2}{2}, \quad \nu_2 = \mathrm{Var}(X) = \frac{(\theta_2 - \theta_1)^2}{12}$$

从中解出 θ_1 与 θ_2

$$\begin{cases} \theta_1 = \mu_1 - \sqrt{3\nu_2} \\ \theta_2 = \mu_1 + \sqrt{3\nu_2} \end{cases}$$

用样本矩替换总体矩,得到 θ_1 与 θ_2 的矩估计量分别为

$$\begin{cases} \hat{\theta}_1 = \bar{x} - \sqrt{3b_2} \\ \hat{\theta}_2 = \bar{x} + \sqrt{3b_2} \end{cases}$$

若从总体 X 获得一个样本量为 5 的样本：

$$4.5, \quad 5.0, \quad 4.7, \quad 4.0, \quad 4.2$$

经计算，有 $\bar{x} = 4.48, b_2 = 0.125\,6$. 于是可得 θ_1 与 θ_2 的矩估计值分别为

$$\begin{cases} \hat{\theta}_1 = 4.48 - \sqrt{3 \times 0.125\,6} = 3.866 \\ \hat{\theta}_2 = 4.48 + \sqrt{3 \times 0.125\,6} = 5.094 \end{cases}$$

5.1.2　最大似然估计法

最大似然估计法最早是由高斯(Gauss)于 1821 年提出的，但一般归功于费希尔(Fisher)，因为费希尔于 1922 年再次提出这种方法时，证明了它的一些良好性质，从而使得最大似然估计得到了广泛的应用.

最大似然估计法是建立在最大似然原理基础上的一个点估计方法. 最大似然原理的直观想法是：设一个随机现象有几个可能结果：$A, B, C, \cdots$，若在一次试验中结果 A 出现了，则一般认为 A 出现的概率最大. 简言之，"在一次试验中发生了的事件的概率最大"（这与小概率原理是一致的！）. 下面我们来看一个具体例子.

例 5.1.4　一袋中装有黑球和白球，其数目之比为 $1:9$，但不知道是黑球多还是白球多. 若以 p 表示从袋中任取一球为黑球的概率，则 p 可能是 0.1，也可能是 0.9. 现从袋中有放回地取 2 个球，结果全是黑球，问 p 的估计值 $\hat{p}$ 应取 0.1 还是 0.9?

解　以 X 表示从袋中任取一球为黑球的个数，即

$$X = \begin{cases} 1, & 取得黑球 \\ 0, & 取得白球 \end{cases}$$

则 $X \sim B(1, p)$，即

$$P(X = x) = p^x (1-p)^{1-x} \quad (x = 0, 1)$$

由题设知，在一次抽样中，从总体 $B(1, p)$ 中取到了样本值 $(x_1, x_2) = (1, 1)$，该样本值出现的概率为

$$P(X_1 = x_1, X_2 = x_2) = p^{x_1 + x_2} (1-p)^{2 - (x_1 + x_2)} = p^2$$

它依赖于未知参数 p，记为 $L(p)$，即

$$L(p) = p^2$$

由最大似然原理知,选取 p 的估计值 $\hat{p}$,应使得 $L(p)$ 达到最大值.现将 p 的两个可能值 0.1 和 0.9 代入 $L(p)$,得

$$L(0.9) = 0.81 > 0.01 = L(0.1)$$

故取 $\hat{p} = 0.9$. ▌

在例 5.1.4 中,选取 p 的估计值 $\hat{p}$ 的原则是:在取得样本值之后,选取 $\hat{p}$ 使得该样本值出现的概率 $L(p)$ 最大. 这种选取使得 $L(p)$ 达到最大值的那个 $\hat{p}$ 作为参数 p 的估计的方法,称为**最大似然估计法**.其基本思想是利用"在一次试验(抽样)中发生了的事件的概率最大"这一直观想法,即最大似然原理.

一般地,设总体 X 的分布列或密度函数为 $p(x;\theta)$,其中 θ 是一个未知参数,它的取值范围记为 Θ.若 $x_1, x_2, \cdots, x_n$ 是取自该总体的样本,则其联合分布列或联合密度函数为

$$L(x_1, x_2, \cdots, x_n; \theta) = \prod_{i=1}^{n} p(x_i; \theta) \quad (\theta \in \Theta) \tag{5.1.5}$$

在取得样本值 $x_1, x_2, \cdots, x_n$ 之后,$L(x_1, x_2, \cdots, x_n; \theta)$ 是 θ 的函数,称为**似然函数**.由于似然函数 $L(x_1, x_2, \cdots, x_n; \theta)$ 值的大小,反映了该样本出现的可能性大小,所以在取得样本值 $x_1, x_2, \cdots, x_n$ 之后,按最大似然原理,应在 Θ 内选取使得似然函数 $L(x_1, x_2, \cdots, x_n; \theta)$ 达到最大值的那个 $\hat{\theta}$,即满足条件

$$L(x_1, x_2, \cdots, x_n; \hat{\theta}) = \max_{\theta \in \Theta} L(x_1, x_2, \cdots, x_n; \theta) \tag{5.1.6}$$

的 $\hat{\theta}$ 来作为未知参数 θ 的估计值,由于 $\hat{\theta}$ 与样本值 $x_1, x_2, \cdots, x_n$ 有关,记为 $\hat{\theta} = \hat{\theta}(x_1, x_2, \cdots, x_n)$,称为未知参数 θ 的**最大似然估计**.

综上所述,可见求未知参数 θ 的最大似然估计问题,可以归结为求似然函数 $L(x_1, x_2, \cdots, x_n; \theta)$ 的最大值点问题. 把似然函数 $L(x_1, x_2, \cdots, x_n; \theta)$ 简记为 $L(\theta)$. 由于 $L(\theta)$ 与 $\ln L(\theta)$ 有相同的极大值点,一般求 $\ln L(\theta)$ 的最大值点较为方便.

求最大似然估计的步骤如下:

(1) 根据总体 X 的分布列或密度函数 $p(x;\theta)$(已知),写出似然函数

$$L(\theta) = \prod_{i=1}^{n} p(x_i; \theta)$$

（2）对似然函数取对数：$\ln L(\theta) = \sum\limits_{i=1}^{n} \ln p(x_i;\theta)$

（3）当 $L(\theta)$ 关于 θ 可微时，写出方程

$$\frac{\mathrm{d}}{\mathrm{d}\theta} \ln L(\theta) = 0$$

称为**似然方程**. 若似然方程有解，则求出 $\ln L(\theta)$ 的最大值点 $\hat{\theta} = \hat{\theta}(x_1, x_2, \cdots, x_n)$，它就是 θ 的最大似然估计.

注 5.1.2　（1）当总体分布中含 $k(k \geqslant 2)$ 个未知参数 $\theta_1, \theta_2, \cdots, \theta_k$ 时，此时似然函数记为 $L(\theta_1, \theta_2, \cdots, \theta_k)$. 若 L 关于 $\theta_1, \theta_2, \cdots, \theta_k$ 存在连续偏导数，则 $\theta_1, \theta_2, \cdots, \theta_k$ 的最大似然估计 $\hat{\theta}_1, \hat{\theta}_2, \cdots, \hat{\theta}_k$ 可以通过求解下面方程组（称为**似然方程组**）得到（若似然方程组有解）：

$$\frac{\partial}{\partial \theta_j} \ln L(\theta_1, \theta_2, \cdots, \theta_k) = 0 \quad (j = 1, \cdots, k)$$

（2）若似然方程（组）无解，即似然函数无驻点，此时一般在边界点上达到最大值，可由定义通过对边界点的分析直接推求.

例 5.1.5　在一大批产品中，随机地取 75 件，发现有 10 件次品，试求这批产品的次品率 p 的最大似然估计值.

解　从这批产品中随机地取一件产品，观测其是否为次品. 引入随机变量

$$X = \begin{cases} 1, & \text{若取到的一件是次品} \\ 0, & \text{若取到的一件不是次品} \end{cases}$$

则总体 $X \sim B(1, p)$. 先求 p 的最大似然估计量.

由于从"一大批产品"中只取了 75 件（相对较少），故无放回抽样可近似地视为有放回抽样. 注意到总体 X 的分布列为

$$P(X = x) = p^x (1-p)^{1-x} \quad (x = 0,1; 0 < p < 1)$$

于是得到似然函数

$$L(p) = \prod_{i=1}^{n} p^{x_i}(1-p)^{1-x_i} = p^{\sum\limits_{i=1}^{n} x_i}(1-p)^{n-\sum\limits_{i=1}^{n} x_i}$$

两边取对数，得

$$\ln L(p) = \left(\sum_{i=1}^{n} x_i\right)\ln p + \left(n - \sum_{i=1}^{n} x_i\right)\ln(1-p)$$

似然方程为

$$\frac{\mathrm{d}}{\mathrm{d}p}\ln L(p) = \frac{\sum\limits_{i=1}^{n} x_i}{p} - \frac{n - \sum\limits_{i=1}^{n} x_i}{1-p} = 0$$

解得

$$\hat{p} = \frac{1}{n}\sum_{i=1}^{n} x_i = \bar{x}$$

容易验证 $\hat{p} = \bar{x}$ 是 $\ln L(p)$ 的最大值点,因此 p 的最大似然估计量为 $\hat{p} = \bar{x}$.本题中,$n = 75,\sum\limits_{i=1}^{n} x_i = 10$,故次品率 p 的最大似然估计值为

$$\hat{p} = \frac{10}{75} = \frac{2}{15}$$

■

例 5.1.6(续例 5.1.2)　求例 5.1.2 所述地区 3~5 岁孩子在一年内所患感冒的平均次数的最大似然估计.

解　由题设知,3~5 岁孩子在一年内患感冒的次数 $X \sim \pi(\lambda)$,因 $E(X) = \lambda$,故我们要求的是参数 λ 的最大似然估计.

设 $x_1, x_2, \cdots, x_n$ 为来自总体 $\pi(\lambda)$ 的样本,则似然函数为

$$L(\lambda) = \prod_{i=1}^{n} \frac{\lambda^{x_i} \mathrm{e}^{-\lambda}}{x_i!} = \frac{\mathrm{e}^{-n\lambda} \lambda^{\sum\limits_{i=1}^{n} x_i}}{\prod\limits_{i=1}^{n} x_i!}$$

两边取对数,得

$$\ln L(\lambda) = -n\lambda + \left(\sum_{i=1}^{n} x_i\right)\ln\lambda - \sum_{i=1}^{n}\ln(x_i!)$$

似然方程为

$$\frac{\mathrm{d}\ln L}{\mathrm{d}\lambda} = -n + \frac{1}{\lambda}\sum_{i=1}^{n} x_i = 0$$

解得 λ 的最大似然估计为 $\hat{\lambda} = \bar{x}$.此与矩估计相同(见例 5.1.2).　　■

例 5.1.7　设 $x_1, x_2, \cdots, x_n$ 是取自总体 $N(\mu, \sigma^2)$ 的样本,其中 μ 与 σ^2 均为未知参数,求 μ 与 σ^2 的最大似然估计.

解　由题设知,似然函数为

$$L(\mu, \sigma^2) = \prod_{i=1}^{n} \frac{1}{\sqrt{2\pi}\sigma} e^{-(x_i-\mu)^2/(2\sigma^2)} = \left(\frac{1}{\sqrt{2\pi}\sigma}\right)^n e^{-\sum_{i=1}^{n}\frac{(x_i-\mu)^2}{2\sigma^2}}$$

取对数,得

$$\ln L(\mu, \sigma^2) = -\frac{n}{2}\ln(2\pi) - \frac{n}{2}\ln\sigma^2 - \frac{1}{2\sigma^2}\sum_{i=1}^{n}(x_i-\mu)^2$$

似然方程组为

$$\begin{cases} \dfrac{\partial \ln L(\mu, \sigma^2)}{\partial \mu} = \dfrac{1}{\sigma^2}\sum_{i=1}^{n}(x_i-\mu) = 0 \\[3mm] \dfrac{\partial \ln L(\mu, \sigma^2)}{\partial \sigma^2} = -\dfrac{n}{2\sigma^2} + \dfrac{1}{2\sigma^4}\sum_{i=1}^{n}(x_i-\mu)^2 = 0 \end{cases}$$

解得 μ 与 σ^2 的最大似然估计分别为

$$\hat{\mu} = \frac{1}{n}\sum_{i=1}^{n}x_i = \bar{x} \tag{5.1.7}$$

$$\hat{\sigma}^2 = \frac{1}{n}\sum_{i=1}^{n}(x_i-\bar{x})^2 = b_2 \tag{5.1.8}$$

这与 μ 及 σ^2 的矩估计相同. ∎

　　当 μ 已知时,σ^2 的最大似然估计为

$$\hat{\sigma}_{\mu}^2 = \frac{1}{n}\sum_{i=1}^{n}(x_i-\mu)^2$$

可见 σ^2 的最大似然估计 $\hat{\sigma}_{\mu}^2$ 与矩估计 $\hat{\sigma}^2 = b_2$ 是不相同的.此时最大似然估计要比矩估计好,这是因为矩估计没有吸取 μ 已知的信息,仍然用 μ 的估计 $\bar{x}$ 近似 μ.一般来说,当总体分布形式已知时,参数的最大似然估计要优于矩估计.

　　由似然方程(组)来求最大似然估计并不是总能行得通的,有时只能直接用定义式(5.1.6)求解.

　　下面我们来看一个这样的例子.

　　例 5.1.8　设 $x_1, x_2, \cdots, x_n$ 是来自总体 $X \sim U(\theta_1, \theta_2)$ 的样本,求未知参数 θ_1 与 θ_2 的最大似然估计.

　　解　X 的密度函数为

$$f(x; \theta_1, \theta_2) = \begin{cases} \dfrac{1}{\theta_2 - \theta_1}, & \theta_1 \leqslant x \leqslant \theta_2 \\[3mm] 0, & \text{其他} \end{cases}$$

似然函数为

$$L(\theta_1,\theta_2) = \begin{cases} \dfrac{1}{(\theta_2 - \theta_1)^n}, & \theta_1 \leqslant x_i \leqslant \theta_2 (i = 1,2,\cdots,n) \\ 0, & \text{其他} \end{cases}$$

由似然函数的表达式不难看出,似然方程组无解. 此时只能直接按定义求解. 使 $L(\theta_1,\theta_2)$ 达到最大值的 θ_1 与 θ_2 满足:

(1) $\theta_2 - \theta_1$ 达到最小,这既要 θ_1 达到最大,又要 θ_2 达到最小;

(2) $\theta_1 \leqslant \min\{x_1,x_2,\cdots,x_n\} \leqslant x_i \leqslant \max\{x_1,x_2,\cdots,x_n\} \leqslant \theta_2$.

易见 $L(\theta_1,\theta_2)$ 在边界点上达到最大值,因此 θ_1 与 θ_2 的最大似然估计为

$$\hat{\theta}_1 = \min\{x_1,x_2,\cdots,x_n\}, \quad \hat{\theta}_2 = \max\{x_1,x_2,\cdots,x_n\}$$

比较此例与例 5.1.3,又一次看到参数的最大似然估计与矩估计可能不同.

最大似然估计有一个简单而有用的性质:设函数 $g(\theta)$ 具有单值反函数,若 $\hat{\theta}$ 是 θ 的最大似然估计,则 $g(\hat{\theta})$ 是 $g(\theta)$ 的最大似然估计.该性质称为**最大似然估计的不变性**.利用这一性质可使一些复杂结构的参数的最大似然估计的求解变得简单容易.例如,利用例 5.1.7 的结论及最大似然估计的不变性,可得正态总体 $N(\mu,\sigma^2)$ 中标准差 σ 的最大似然估计(这里 μ,σ^2 均未知)为

$$\hat{\sigma} = \sqrt{\frac{1}{n}\sum_{i=1}^{n}(x_i - \bar{x})^2}$$

5.2　估计量的评价标准

在上一节我们已经看到,对同一参数,用不同的估计方法,得到的估计量有可能不同.这就产生了估计量优劣的评价问题.要评价估计量的优劣,就必须给出估计量优劣的评价标准.下面我们介绍三个最基本的估计量的评价标准:无偏性、有效性和相合性,它们都是从估计量与未知参数在某种意义下的接近程度来考虑的.

5.2.1　无偏性

设总体 X 的分布中含有未知参数 θ,其可能的取值范围为 Θ,$x_1,x_2,\cdots,x_n$ 是

来自总体 X 的样本, $\hat{\theta} = \hat{\theta}(x_1, x_2, \cdots, x_n)$ 是未知参数 θ 的估计量. 由于估计量是一个随机变量, 所以由不同的样本值得到的估计值一般是不同的. 我们自然希望这些估计值在 θ 的真值周围, 并且平均起来其值能够等于 θ 的真值, 即 $E(\hat{\theta}) = \theta$, 这就是无偏性的要求.

定义 5.2.1　设 $\hat{\theta} = \hat{\theta}(x_1, x_2, \cdots, x_n)$ 是 θ 的一个估计量, 若对任意 $\theta \in \Theta$, 有

$$E(\hat{\theta}) = \theta \tag{5.2.1}$$

则称 $\hat{\theta}$ 为 θ 的**无偏估计量**, 否则称 $\hat{\theta}$ 为 θ 的**有偏估计量**; 若

$$\lim_{n \to \infty} E(\hat{\theta}) = \theta \tag{5.2.2}$$

则称 $\hat{\theta}$ 为 θ 的**渐近无偏估计量**.

在实际应用中, 常把 $E(\hat{\theta}) - \theta$ 称为用 $\hat{\theta}$ 估计 θ 而产生的系统误差. 无偏性是对估计量的一个最基本要求, 其实际意义就是指估计量没有系统误差只有随机误差. 我们也常把式(5.2.1)改写为 $E(\hat{\theta} - \theta) = 0$.

例 5.2.1　设总体 X 的期望为 μ, 方差为 σ^2, $x_1, x_2, \cdots, x_n$ 是取自总体 X 的样本, 由定理 4.2.1 知, 样本均值 $\bar{x}$ 是总体均值 μ 的无偏估计量; 样本方差 s^2 是总体方差 σ^2 的无偏估计量, 但样本二阶中心矩 b_2 不是 σ^2 的无偏估计量, 这是因为

$$E(b_2) = E\left(\frac{n-1}{n}s^2\right) = \frac{n-1}{n}\sigma^2 \neq \sigma^2 \quad (n \geqslant 2)$$

但是, b_2 是 σ^2 的渐近无偏估计量.

例 5.2.2　设 $x_1, x_2, \cdots, x_n$ 是取自总体 X 的样本, $E(X) = \mu$ 为未知参数, 若常数 $a_1, a_2, \cdots, a_n$ 满足 $\sum\limits_{i=1}^{n} a_i = 1$, 则 $\sum\limits_{i=1}^{n} a_i x_i$ 是 μ 的无偏估计量. 这是因为

$$E\left(\sum_{i=1}^{n} a_i x_i\right) = \sum_{i=1}^{n} a_i E(x_i) = \left(\sum_{i=1}^{n} a_i\right) E(X) = \mu$$

由例 5.2.2 可见, 总体均值 μ 的无偏估计量不唯一, 这是因为满足 $\sum\limits_{i=1}^{n} a_i = 1$ 的 $a_1, a_2, \cdots, a_n$ 的选择有许多个. 样本均值 $\bar{x}$ 是 $\sum\limits_{i=1}^{n} a_i x_i$ 当 $a_1 = \cdots = a_n = \dfrac{1}{n}$ 时的特例.

5.2.2　有效性

由例 5.2.2 可知, 同一个未知参数的无偏估计量可以有许多个, 那么取哪一个

好呢? 无偏性只能说明估计量的取值在未知参数的真值周围波动的平均偏差为零,并未反映出波动的大小,直观上自然希望这种波动越小越好.波动大小可用方差来衡量,因此常用方差的大小来作为衡量无偏估计量优劣的评价标准,这就是有效性.

定义 5.2.2　设 $\hat{\theta}_1 = \hat{\theta}_1(x_1, x_2, \cdots, x_n)$ 和 $\hat{\theta}_2 = \hat{\theta}_2(x_1, x_2, \cdots, x_n)$ 都是未知参数 θ 的无偏估计量,若对任意 $\theta \in \Theta$,有

$$\mathrm{Var}(\hat{\theta}_1) \leqslant \mathrm{Var}(\hat{\theta}_2) \tag{5.2.3}$$

且至少对某一个 $\theta_0 \in \Theta$,上式中的不等号严格成立,则称 $\hat{\theta}_1$ **比** $\hat{\theta}_2$ **有效**.

例 5.2.3　设 $x_1, x_2, \cdots, x_n$ 为取自总体 X 的样本,且 $E(X) = \mu$, $\mathrm{Var}(X) = \sigma^2$,则

$$\hat{\mu}_1 = \bar{x}, \quad \hat{\mu}_2 = x_1$$

都是 μ 的无偏估计,但

$$\mathrm{Var}(\hat{\mu}_1) = \frac{\sigma^2}{n}, \quad \mathrm{Var}(\hat{\mu}_2) = \sigma^2$$

故当 $n \geqslant 2$ 时,$\mathrm{Var}(\hat{\mu}_1) < \mathrm{Var}(\hat{\mu}_2)$,因此 $\hat{\mu}_1$ 比 $\hat{\mu}_2$ 有效.

实际上,样本均值 $\bar{x}$ 在总体均值 μ 的所有形如 $\sum\limits_{i=1}^{n} a_i x_i \left(\sum\limits_{i=1}^{n} a_i = 1 \right)$ 的无偏估计量中是最优的,即

$$\mathrm{Var}(\bar{x}) \leqslant \mathrm{Var}\left(\sum_{i=1}^{n} a_i x_i \right) \tag{5.2.4}$$

事实上,由

$$\begin{aligned}
1 &= (a_1 + a_2 + \cdots + a_n)^2 \\
&= a_1^2 + a_2^2 + \cdots + a_n^2 + 2a_1 a_2 + \cdots + 2a_1 a_n + 2a_2 a_3 + \cdots + 2a_{n-1} a_n \\
&\leqslant a_1^2 + a_2^2 + \cdots + a_n^2 + (a_1^2 + a_2^2) + \cdots + (a_{n-1}^2 + a_n^2) \\
&= n(a_1^2 + a_2^2 + \cdots + a_n^2)
\end{aligned}$$

可得

$$\frac{1}{n} \leqslant a_1^2 + a_2^2 + \cdots + a_n^2$$

由上式立得式(5.2.4).

5.2.3　相合性

估计量的无偏性和有效性这两个评价标准都是在样本量 n 固定的前提下提出的. 随着样本量 n 的不断增大, 一个好的估计 $\hat{\theta} = \hat{\theta}(x_1, x_2, \cdots, x_n)$ 应当越来越接近未知参数 θ 的真值. 这就是相合性的要求.

定义 5.2.3　设 $\hat{\theta}_n = \hat{\theta}(x_1, x_2, \cdots, x_n)$ 是未知参数 θ 的一个估计量, 若 $\hat{\theta}_n$ 依概率收敛于 θ, 即对任意 $\varepsilon > 0$, 有

$$\lim_{n \to \infty} P(|\hat{\theta}_n - \theta| < \varepsilon) = 1 \tag{5.2.5}$$

则称 $\hat{\theta}_n$ 是 θ 的**相合估计量**.

由大数定律知, 若总体 k 阶矩 $\mu_k = E(X^k)$ 存在, 则样本 k 阶矩 $a_k = \dfrac{1}{n} \sum_{i=1}^{n} x_i^k$ 依概率收敛于总体 k 阶矩 μ_k, 可见样本 k 阶矩 a_k 是总体 k 阶矩 μ_k 的相合估计量. 特别地, 样本均值 $\bar{x}$ 是总体均值 $E(X)$ 的一个相合估计量. 一般地, 矩估计量都具有相合性, 这是矩估计量的一个优点.

无偏性、有效性和相合性是评价估计量优劣的三个基本标准, 在实际问题中难以同时兼顾. 估计量的相合性, 只有当样本容量很大时, 才能显示其优越性, 这在实际问题中往往难以办到, 且证明相合性也并非易事. 相对来说, 验证估计量是否具有无偏性和有效性要比较容易些. 因此在实际问题中, 估计量的无偏性和有效性这两个评价标准应用的场合比较多.

最后需要说明的是, 除了上述三个估计量的评价标准外, 还有许多其他评价标准. 例如, 均方误差 $E(\hat{\theta} - \theta)^2$ 就是估计量 $\hat{\theta}$ 的一个很好的评价标准. 这是因为, 用 $\hat{\theta}$ 去估计 θ, 其误差 $\hat{\theta} - \theta$ 是随机变量, 为了防止求均值时正负误差相互抵消, 应当先将其平方再求均值, 此即 $E(\hat{\theta} - \theta)^2$. 其值越小, 表示用 $\hat{\theta}$ 去估计 θ 时平均误差越小, 因而也就越优. 在现代统计学的研究中, 均方误差

$$E(\hat{\theta} - \theta)^2 = \mathrm{Var}(\hat{\theta}) + [E(\hat{\theta}) - \theta]^2$$

是评价估计量 $\hat{\theta}$ 的最常用的也是最全面的标准. 由此提出了在均方误差意义下许多好的有偏估计, 诸如岭估计、主成分估计等等.

5.3 参数的区间估计

5.3.1 区间估计的概念

点估计是用一个点(即一个数)去估计未知参数.顾名思义,区间估计是用一个区间去估计未知参数.区间的长度度量了区间估计的精度.区间的长度越长,估计的精度也就越低.例如,估计某男人的身高(单位:cm).甲估计他在 170～180 之间,而乙估计他在 160～190 之间.显然,甲的区间估计较乙短,因而精度较高.但是,该区间短,包含此人真正身高的概率就小.我们把这个概率称为区间估计的可信度.那么乙的区间估计的长度长,精度低,但可信度比甲的大.由此可见,在区间估计中,精度(即区间的长度)和可信度(即区间包含未知参数的概率)是相互矛盾的.在实际问题中,一般按照统计学家奈曼(Neyman)1934 年提出并为现今所广泛接受的原则:在保证可信度的前提下,尽可能提高精度.

定义 5.3.1 设 θ 是总体分布中的一个未知参数,Θ 为 θ 的可能取值范围,$x_1, x_2, \cdots, x_n$ 为取自该总体的样本,若对给定的 α $(0 < \alpha < 1)$,能构造出两个统计量 $\underline{\theta} = \underline{\theta}(x_1, x_2, \cdots, x_n)$ 与 $\bar{\theta} = \bar{\theta}(x_1, x_2, \cdots, x_n)$,使得对任意 $\theta \in \Theta$,有

$$P(\underline{\theta} < \theta < \bar{\theta}) \geqslant 1 - \alpha \tag{5.3.1}$$

则称随机区间 $(\underline{\theta}, \bar{\theta})$ 为参数 θ 的**置信度为 1 - α 的双侧置信区间**,简称 $(\underline{\theta}, \bar{\theta})$ 是 θ 的 **1 - α 置信区间**,$\underline{\theta}$ 和 $\bar{\theta}$ 分别称为**置信下限**和**置信上限**,$1 - \alpha$ 称为**置信度**.

需要强调的是,置信区间 $(\underline{\theta}, \bar{\theta})$ 是一个随机区间,在取得样本值 $x_1, x_2, \cdots, x_n$ 之后,得到的是一个数字区间 $(\underline{\theta}, \bar{\theta})$.这个区间可能包含未知参数 θ,也可能不包含.但式(5.3.1)表明,置信度为 $1 - \alpha$ 的置信区间包含未知参数的概率不少于 $1 - \alpha$.在实际应用中,常取 $\alpha = 0.05$,此时置信度 $1 - \alpha = 0.95$,置信区间包含未知参数的概率就是 95%.当然也可取 $\alpha = 0.01, 0.10$ 等等.

按照奈曼的这个原则,就是要在保证置信度 $1 - \alpha$ 的前提下,去寻求具有优良精度的区间估计,这里的"优良"可以有许多原则,已有不少结果,这已超出了本书

的范围.下面我们将从直观出发,去构造看来较为合理的区间估计.

5.3.2　单个正态总体参数的置信区间

设 $x_1, x_2, \cdots, x_n$ 为取自总体 $N(\mu, \sigma^2)$ 的样本,$\bar{x}, s^2$ 分别是样本均值和样本方差.下面我们来寻求参数 μ 和 σ^2 的 $1-\alpha$ 置信区间.

1. 均值 μ 的置信区间

由于总体标准差 σ 是否已知对均值 μ 的置信区间有影响,下面我们分 σ 已知和未知两种情况来讨论 μ 的置信区间.

（1）σ 已知时 μ 的置信区间

由于样本均值 $\bar{x}$ 是总体均值 μ 的一个好的估计,我们自然考虑从 $\bar{x}$ 入手去估计 μ.由定理 4.2.5 知,$\bar{x} \sim N(\mu, \sigma^2/n)$,对其标准化得

$$u = \frac{\bar{x} - \mu}{\sigma/\sqrt{n}} \sim N(0, 1) \tag{5.3.2}$$

对给定的置信度 $1-\alpha (0 < \alpha < 1)$,我们有(图 5.3.1)

$$P(-u_{\alpha/2} < u < u_{\alpha/2}) = 1 - \alpha \tag{5.3.3}$$

即

$$P\left(\bar{x} - \frac{\sigma}{\sqrt{n}}u_{\alpha/2} < \mu < \bar{x} + \frac{\sigma}{\sqrt{n}}u_{\alpha/2}\right) = 1 - \alpha \tag{5.3.4}$$

这样,我们就得到了 μ 的置信度为 $1-\alpha$ 的置信区间

$$\left(\bar{x} - \frac{\sigma}{\sqrt{n}}u_{\alpha/2}, \bar{x} + \frac{\sigma}{\sqrt{n}}u_{\alpha/2}\right) \tag{5.3.5}$$

注 5.3.1　区间估计(5.3.5)的长度为

$$d = \frac{2\sigma}{\sqrt{n}}u_{\alpha/2} \tag{5.3.6}$$

它刻画了此区间估计的精度. 由式(5.3.6)可见:

（1）在样本容量 n 固定的情况下,置信度 $1-\alpha$ 越大,α 越小,从而 $u_{\alpha/2}$ 越大,因

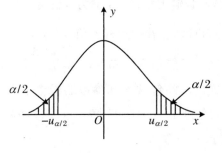

图 5.3.1

而 d 就越大,即精度就越低. 反之,置信度越小,精度越高.

(2) 对给定的置信度 $1-\alpha$,样本容量 n 越大,d 就越小,因而精度也就越高. 这是在情理中的事,样本个数增加,就意味着从样本获得的关于 μ 的信息增加了, 自然应当构造出较高精度的区间估计.

例 5.3.1 某公司对员工的英语水平要求相对较高,为了估计该公司员工的 英语平均水平,从员工中随机抽出 16 人参加难度相当于英语六级水平的考试,得 分(百分制)如下:$80,81,72,60,78,65,56,79,77,87,76,75,68,82,59,73$. 由以往 资料知,考试成绩 X 服从正态分布 $N(\mu,\sigma^2)$,其中 $\sigma=9,\mu$ 未知. 试求该公司员工 的英语平均成绩 μ 的 95% 置信区间.

解 $\alpha=0.05$,查表得 $u_{0.025}=1.96$. 又 $n=16,\sigma=9$,由样本值算得 $\bar{x}=73$. 将 它们代入式(5.3.5),算得 μ 的 95% 置信区间为

$$\left(73-\frac{9}{4}\times1.96,73+\frac{9}{4}\times1.96\right)=(68.6,77.4)$$

现在我们对"区间 $(68.6,77.4)$ 包含 μ 的置信度为 95%"这句话作一些解释. 由于现在的区间 $(68.6,77.4)$ 是固定的,不再是随机区间,它要么包含 μ,要么不包 含 μ,二者必居其一. 因此,从字面上看置信度已无实际意义. 这里的置信度 95% 是指,若我们把上述抽样重复多次,得到多个这样的区间,它们包含 μ 的频率为 95%. 由此可见,置信度实际上是对构造置信区间这种方法的可信度的整体评价.

通过上面讨论,我们可以将构造未知参数 θ 的 $1-\alpha$ 置信区间的步骤归纳 如下:

(1) 寻求待估参数 θ 的一个好的估计量 $\hat{\theta}$,构造 $\hat{\theta}$ 和 θ 的函数 $G=G(\hat{\theta},\theta)$,此 函数仅含待估参数 θ,其分布已知且与 θ 无关(如在式(5.3.2)中,$G(\bar{x},\mu)=\dfrac{\bar{x}-\mu}{\sigma/\sqrt{n}}$ 就是这样的函数),通常称函数 $G=G(\hat{\theta},\theta)$ 为**枢轴量**.

(2) 对给定的置信度 $1-\alpha$,利用 G 的分布确定常数 a 与 b,使得

$$P(a<G<b)=1-\alpha$$

在离散型场合,上式中的等号"="改为不等号"$\geqslant$".

(3) 若能将不等式 $a<G<b$ 等价变形为 $\underline{\theta}<\theta<\bar{\theta}$,则 $(\underline{\theta},\bar{\theta})$ 就是 θ 的 $1-\alpha$ 置信区间.

注5.3.2 （1）在上述三步中，关键是第一步，即构造枢轴量 $G = G(\hat{\theta}, \theta)$，故把这种方法称为**枢轴量法**.

（2）当 G 的分布为单峰连续型时，常取 a 和 b，使得

$$P(G \leqslant a) = P(G \geqslant b) = \frac{\alpha}{2} \tag{5.3.7}$$

因此，a 是 G 的分布的 $1 - \alpha/2$ 上侧分位数，b 是 G 的分布的 $\alpha/2$ 上侧分位数. 这样得到的置信区间称为**等尾置信区间**，实用中的置信区间大都是等尾置信区间. 若 G 的分布还是对称的（如标准正态分布、t 分布），则 $a = -b$. 此时所求的置信区间关于峰点对称，并且长度最短. 也就是说，在奈曼原则下，所求的置信区间是最优的区间估计. 例如，对正态总体 $N(\mu, \sigma^2)$，σ 已知时 μ 的 $1 - \alpha$ 置信区间（式(5.3.5)）就是一个在奈曼原则下最优的区间估计.

现在我们按照上述步骤来构造 σ 未知时 μ 的置信区间.

（2）σ 未知时 μ 的置信区间

此时，因式(5.3.2)中的 $\dfrac{\bar{x} - \mu}{\sigma/\sqrt{n}}$ 含有除待估参数 μ 之外的未知参数 σ，故不能作

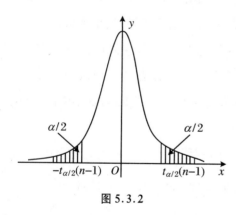

图 5.3.2

为枢轴量，注意到样本方差 s^2 是总体方差 σ^2 的无偏估计，一个自然的想法就是用 s 代替 σ. 由定理 4.2.5 知

$$t = \frac{\bar{x} - \mu}{s/\sqrt{n}} \sim t(n-1)$$

故取 t 为枢轴量. 于是对给定的置信度 $1 - \alpha$，有（图 5.3.2）

$$P(|t| < t_{\alpha/2}(n-1)) = 1 - \alpha$$

即

$$P\left(\bar{x} - \frac{s}{\sqrt{n}} t_{\alpha/2}(n-1) < \mu < \bar{x} + \frac{s}{\sqrt{n}} t_{\alpha/2}(n-1)\right) = 1 - \alpha$$

因此，当 σ 未知时，均值 μ 的 $1 - \alpha$ 置信区间为

$$\left(\bar{x} - \frac{s}{\sqrt{n}} t_{\alpha/2}(n-1), \bar{x} + \frac{s}{\sqrt{n}} t_{\alpha/2}(n-1)\right) \tag{5.3.8}$$

由注 5.3.2(2)可知，置信区间（式(5.3.8)）是一个在奈曼原则下最优的区间估计.

例 5.3.2(续例 5.0.1)　在例 5.0.1 中,假设当地居民的寿命 X 服从正态分布,求当地居民的平均寿命的 95% 置信区间.

解　由例 5.0.1 中的样本数据,算得 $\bar{x} = 71.1, s = 17$. 又 $\alpha = 0.05$,查表得 $t_{0.025}(39) = 2.022\,7$. 由式 (5.3.8),可得当地居民的平均寿命 μ 的 95% 置信区间为

$$\left(71.1 - \frac{17}{\sqrt{40}} \times 2.022\,7, 71.1 + \frac{17}{\sqrt{40}} \times 2.022\,7\right) = (65.66, 76.54)　\blacksquare$$

这样,我们就回答了例 5.0.1 中提出的第二个问题.

2. 方差 σ^2 的置信区间

在实际问题中,σ^2 未知而 μ 已知的情况很少见,下面只就 μ 未知对 σ^2 的置信区间进行讨论. 由于样本方差 s^2 是总体方差 σ^2 的无偏估计,由定理 4.2.5 知

$$\chi^2 = \frac{(n-1)s^2}{\sigma^2} \sim \chi^2(n-1)$$

故取 χ^2 为枢轴量,于是对给定的置信度 $1-\alpha$,有(图 5.3.3)

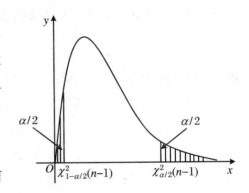

图 5.3.3

$$P\left(\chi^2_{1-\alpha/2}(n-1) < \frac{(n-1)s^2}{\sigma^2} < \chi^2_{\alpha/2}(n-1)\right) = 1 - \alpha$$

即

$$P\left(\frac{(n-1)s^2}{\chi^2_{\alpha/2}(n-1)} < \sigma^2 < \frac{(n-1)s^2}{\chi^2_{1-\alpha/2}(n-1)}\right) = 1 - \alpha \tag{5.3.9}$$

因此 σ^2 的 $1-\alpha$ 置信区间为

$$\left(\frac{(n-1)s^2}{\chi^2_{\alpha/2}(n-1)}, \frac{(n-1)s^2}{\chi^2_{1-\alpha/2}(n-1)}\right) \tag{5.3.10}$$

标准差 σ 的 $1-\alpha$ 置信区间为

$$\left(\sqrt{\frac{(n-1)s^2}{\chi^2_{\alpha/2}(n-1)}}, \sqrt{\frac{(n-1)s^2}{\chi^2_{1-\alpha/2}(n-1)}}\right) \tag{5.3.11}$$

例 5.3.3　一客户在某银行购买了一定金额的理财产品. 有关资料显示该产品某段时间的收益率(%)如下:

$$4.52, 5.20, 4.71, 4.76, 4.53, 5.19, 3.96, 4.56, 4.54, 5.35$$

假设产品收益率服从正态分布 $N(\mu,\sigma^2)$，且 μ 未知，试求 σ 的 95% 置信区间.

解　由题知 $n=10,\alpha=0.05$，查表得 $\chi^2_{0.975}(9)=2.70,\chi^2_{0.025}(9)=19.02$. 根据样本数据可算得 $s^2=0.416\,4^2$. 故由式(5.3.10)可得 σ^2 的 95% 置信区间为

$$\left(\frac{9\times0.416\,4^2}{19.02},\frac{9\times0.416\,4^2}{2.70}\right)=(0.082\,0,0.578\,0)$$

由式(5.3.11)可得标准差 σ 的 95% 置信区间为 $(0.286\,4,0.760\,3)$. ∎

标准差 σ 在一定程度上反映收益的波动情况，σ 的区间估计可以作为收益稳定性的参考.

5.3.3　两个正态总体参数的置信区间

在许多实际问题中，经常要对两个对象的同一数量指标进行比较. 例如，两个地区居民的消费支出的比较，城市中心和郊区的房价的差异，实施新技术前后产品某项指标的变化等等. 我们需要对指标变化的范围和波动的幅度进行估计. 此类问题往往可以抽象为两个正态总体均值差或方差比的区间估计问题.

设 $x_1,x_2,\cdots,x_m$ 是来自总体 $N(\mu_1,\sigma_1^2)$ 的样本，$y_1,y_2,\cdots,y_n$ 是来自总体 $N(\mu_2,\sigma_2^2)$ 的样本，且两样本相互独立，记

$$\bar{x}=\frac{1}{m}\sum_{i=1}^{m}x_i,\quad \bar{y}=\frac{1}{n}\sum_{i=1}^{n}y_i$$

$$s_1^2=\frac{1}{m-1}\sum_{i=1}^{m}(x_i-\bar{x})^2,\quad s_2^2=\frac{1}{n-1}\sum_{i=1}^{n}(y_i-\bar{y})^2$$

分别是它们的样本均值和样本方差. 下面讨论两总体均值差和方差比的置信区间.

1. 均值差 $\mu_1-\mu_2$ 的置信区间

这类问题的几种特殊情况已经获得圆满解决，下面只讨论其中常用的两种情况.

(1) σ_1^2,σ_2^2 已知

自然考虑用 $\bar{x}-\bar{y}$ 去估计 $\mu_1-\mu_2$. 由于 $\bar{x}-\bar{y}\sim N(\mu_1-\mu_2,\sigma_1^2/m+\sigma_2^2/n)$，故有

$$u=\frac{(\bar{x}-\bar{y})-(\mu_1-\mu_2)}{\sqrt{\sigma_1^2/m+\sigma_2^2/n}}\sim N(0,1) \tag{5.3.12}$$

因此取 u 为枢轴量，沿用前面类似的方法，可得 $\mu_1-\mu_2$ 的 $1-\alpha$ 置信区间为

$$\left(\bar{x} - \bar{y} - u_{\alpha/2} \sqrt{\frac{\sigma_1^2}{m} + \frac{\sigma_2^2}{n}}, \bar{x} - \bar{y} + u_{\alpha/2} \sqrt{\frac{\sigma_1^2}{m} + \frac{\sigma_2^2}{n}} \right) \tag{5.3.13}$$

(2) σ_1^2, σ_2^2 未知但相等

记 $\sigma_1^2 = \sigma_2^2 = \sigma^2$,此时式(5.3.12)等号右端可写成 $\dfrac{(\bar{x} - \bar{y}) - (\mu_1 - \mu_2)}{\sigma \sqrt{1/m + 1/n}}$,但 σ 未

知. 而 $s_w^2 = \dfrac{(m-1)s_1^2 + (n-1)s_2^2}{m+n-2}$ 是 σ^2 的无偏估计量(见习题 5 第 12 题),故自然

想到用 $s_w = \sqrt{s_w^2}$ 代替 σ. 由定理 4.2.6 知

$$t = \frac{(\bar{x} - \bar{y}) - (\mu_1 - \mu_2)}{s_w \sqrt{1/m + 1/n}} \sim t(m + n - 2)$$

故取 t 为枢轴量. 于是可得 $\mu_1 - \mu_2$ 的 $1 - \alpha$ 置信区间为

$$\left(\bar{x} - \bar{y} - t_{\alpha/2}(m+n-2)s_w \sqrt{\frac{1}{m} + \frac{1}{n}}, \bar{x} - \bar{y} + t_{\alpha/2}(m+n-2)s_w \sqrt{\frac{1}{m} + \frac{1}{n}} \right)$$

$$\tag{5.3.14}$$

例 5.3.4　一银行负责人想知道储户在 A 和 B 两家银行的存款(单位:元)情况. 他从 A 和 B 两家银行各抽取了 25 个储户,算出平均存款分别为 $\bar{x}_A = 4\,500$ 和 $\bar{x}_B = 3\,250$. 假定储户在 A 和 B 两家银行的存款分别服从正态分布 $N(\mu_A, 2\,500)$ 和 $N(\mu_B, 3\,600)$. 试求均值差 $\mu_A - \mu_B$ 的 99% 的置信区间.

解　由题意知 $\bar{x}_A = 4\,500, \bar{x}_B = 3\,250, \sigma_A^2 = 2\,500, \sigma_B^2 = 3\,600, n_A = n_B = 25$;查表得 $u_{0.005} = 2.58$. 故由式(5.3.13)可得均值差 $\mu_A - \mu_B$ 的 99% 置信区间为

$$\left(4\,500 - 3\,250 - 2.58 \times \sqrt{\frac{2\,500}{25} + \frac{3\,600}{25}}, 4\,500 - 3\,250 + 2.58 \times \sqrt{\frac{2\,500}{25} + \frac{3\,600}{25}} \right)$$

即 $(1\,209.7, 1\,290.3)$. ∎

注 5.3.3　对两正态总体均值差 $\mu_1 - \mu_2$ 的置信区间,若置信下限大于 0,则认为 $\mu_1 > \mu_2$;若置信上限小于 0,则认为 $\mu_1 < \mu_2$;若置信区间包含 0,则认为 μ_1 与 μ_2 没有显著性差异. 例 5.3.4 表明,A 银行储户存款的平均存款比 B 银行要高一些.

例 5.3.5　某农场在 20 块大小相同、肥力均匀的试验田上种植花生,其中 10 块施钾肥,另外 10 块未施钾肥,耕种措施相同,产量如下:

施钾肥的产量 X:62,57,65,60,63,58,57,60,60,58;

未施钾肥的产量 Y:56,59,56,57,58,57,60,55,57,55.

假设花生产量服从正态分布且两总体方差相等,求两总体均值差的 95% 置信区间.

解 由样本数据可算得

$$\bar{x} = 60, \ \bar{y} = 57, \ s_1 = 2.666, \ s_2 = 1.633, \ s_w = 2.211$$

查表得 $t_{0.025}(18) = 2.101$,故由式(5.3.14),可得两总体均值差的 95% 置信区间为

$$\left(60 - 57 - 2.101 \times 2.211 \times \sqrt{\frac{1}{10} + \frac{1}{10}}, 60 - 57 + 2.101 \times 2.211 \times \sqrt{\frac{1}{10} + \frac{1}{10}}\right)$$

即 $(1.017, 4.983)$.因置信下限大于零,故认为 $\mu_1 > \mu_2$,即认为施钾肥的花生产量比未施钾肥的花生产量要高.

2. 方差比 σ_1^2 / σ_2^2 的置信区间

这里仅讨论总体均值 μ_1, μ_2 均未知的情况,由定理 4.2.6 知

$$F = \frac{s_1^2 / \sigma_1^2}{s_2^2 / \sigma_2^2} \sim F(m - 1, n - 1)$$

故取 F 为枢轴量.于是对给定的置信度 $1 - \alpha$,有(图 5.3.4)

$$P\left(F_{1-\alpha/2}(m - 1, n - 1) < \frac{s_1^2 / \sigma_1^2}{s_2^2 / \sigma_2^2} < F_{\alpha/2}(m - 1, n - 1)\right) = 1 - \alpha$$

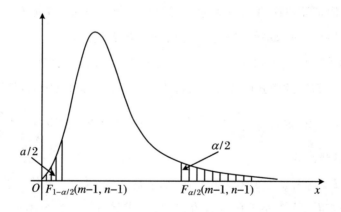

图 5.3.4

即

$$P\left(\frac{s_1^2}{s_2^2} \cdot \frac{1}{F_{\alpha/2}(m - 1, n - 1)} < \frac{\sigma_1^2}{\sigma_2^2} < \frac{s_1^2}{s_2^2} \cdot \frac{1}{F_{1-\alpha/2}(m - 1, n - 1)}\right) = 1 - \alpha$$

$$(5.3.15)$$

故方差比 σ_1^2/σ_2^2 的 $1-\alpha$ 置信区间为

$$\left(\frac{s_1^2}{s_2^2}\cdot\frac{1}{F_{\alpha/2}(m-1,n-1)},\frac{s_1^2}{s_2^2}\cdot\frac{1}{F_{1-\alpha/2}(m-1,n-1)}\right) \quad (5.3.16)$$

例 5.3.6 例 5.3.5 是在"两正态总体的方差相等"的假设下,对 $\mu_1-\mu_2$ 进行区间估计的.为了探讨"两总体的方差相等"这一假设是否合理,试求两总体方差比的置信度为 90% 的置信区间.

解 由题设知 $\alpha=0.10$,查表得 $F_{0.05}(9,9)=3.18$,故

$$F_{0.95}(9,9)=\frac{1}{F_{0.05}(9,9)}=0.314$$

于是按式(5.3.16),可得两总体方差比的 90% 置信区间为

$$\left(\frac{7.11}{2.67}\times\frac{1}{3.18},\frac{7.11}{2.67}\times\frac{1}{0.314}\right)$$

即(0.84,8.47).由于置信区间包含 1,故认为两总体方差没有明显差异.因此例 5.3.5 中"两总体的方差相等"的假设是合理的. ■

注 5.3.4 对于两正态总体方差比 σ_1^2/σ_2^2 的置信区间,若置信下限大于 1,则认为 $\sigma_1^2>\sigma_2^2$;若置信上限小于 1,则认为 $\sigma_1^2<\sigma_2^2$;若置信区间包含 1,则认为 σ_1^2 与 σ_2^2 没有显著性差异.

5.3.4 单侧置信区间

在某些问题中,我们只对未知参数的下限或上限感兴趣.例如,对某种家用电器的寿命来说,人们总希望其寿命越长越好,这时我们所关心的是平均寿命的"下限".而对某种药物的毒性来说,人们总希望其毒性越小越好,这时我们所关心的是平均毒性的"上限".这些都可以归结为寻求未知参数的单侧置信区间问题.

定义 5.3.2 设 θ 是总体分布中的一个未知参数,Θ 为 θ 的可能取值范围,$x_1,x_2,\cdots,x_n$ 为取自该总体的样本,对给定的 $\alpha(0<\alpha<1)$,若对任意 $\theta\in\Theta$,有统计量 $\underline{\theta}=\underline{\theta}(x_1,x_2,\cdots,x_n)$ 满足

$$P(\underline{\theta}<\theta)\geqslant 1-\alpha \quad (5.3.17)$$

或有统计量 $\bar{\theta}=\bar{\theta}(x_1,x_2,\cdots,x_n)$ 满足

$$P(\theta<\bar{\theta})\geqslant 1-\alpha \quad (5.3.18)$$

则称随机区间 $(\underline{\theta}, +\infty)$ 或 $(-\infty, \bar{\theta})$ 为参数 θ 的 $1 - \alpha$ 单侧置信区间,并称满足式 (5.3.17)的 $\underline{\theta}$ 为单侧置信下限,满足式(5.3.18)的 $\bar{\theta}$ 为单侧置信上限.

我们可以完全类似于运用求正态总体参数的双侧置信区间的方法来求出正态总体参数的单侧置信区间,下面我们来看一个具体例子.

例 5.3.7 从某厂生产的一批电视机显像管中随机抽取 6 个,测试其使用寿命(单位:kh),得到样本值如下:15.6,14.9,16.0,14.8,15.3,15.5. 假设显像管的使用寿命服从正态分布 $N(\mu, \sigma^2)$,其中 μ 和 σ^2 均未知,试求:

(1) 显像管寿命均值 μ 的置信度为 95% 的单侧置信下限;

(2) 显像管寿命方差 σ^2 的置信度为 90% 的单侧置信上限.

解 (1) 这是未知方差 σ^2 求均值 μ 的单侧置信区间问题,相应的枢轴量

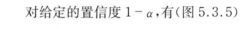

$$t - \frac{\sqrt{n}(\bar{x} - \mu)}{s} \sim t(n-1)$$

对给定的置信度 $1 - \alpha$,有(图 5.3.5)

$$P\left(\frac{\sqrt{n}(\bar{x} - \mu)}{s} < t_\alpha(n-1)\right) = 1 - \alpha$$

即

$$P\left(\bar{x} - \frac{s}{\sqrt{n}} t_\alpha(n-1) < \mu\right) = 1 - \alpha$$

$$(5.3.19)$$

因此,μ 的置信度为 $1 - \alpha$ 的单侧置信下限为

图 5.3.5

$$\underline{\mu} = \bar{x} - \frac{s}{\sqrt{n}} t_\alpha(n-1)$$

$$(5.3.20)$$

由样本值算得 $\bar{x} = 15.35, s^2 = 0.203, n = 6$. 又 $\alpha = 0.05$,查表得 $t_{0.05}(5) = 2.015$,按式(5.3.20)可得显像管寿命均值 μ 的置信度为 95% 单侧置信下限为

$$\underline{\mu} = 15.35 - \sqrt{\frac{0.203}{6}} \times 2.015 \approx 14.979$$

(2) 这是未知均值 μ 求方差 σ^2 的单侧置信区间问题,相应的枢轴量

$$\chi^2 = \frac{(n-1)s^2}{\sigma^2} \sim \chi^2(n-1)$$

对给定的置信度 $1-\alpha$,有(图 5.3.6)

$$P\Big(\frac{(n-1)s^2}{\sigma^2} > \chi^2_{1-\alpha}(n-1)\Big) = 1-\alpha$$

即

$$P\Big(\sigma^2 < \frac{(n-1)s^2}{\chi^2_{1-\alpha}(n-1)}\Big) = 1-\alpha$$

$$(5.3.21)$$

因此,σ^2 的置信度为 $1-\alpha$ 的单侧置信上限为

$$\overline{\sigma^2} = \frac{(n-1)s^2}{\chi^2_{1-\alpha}(n-1)} \quad (5.3.22)$$

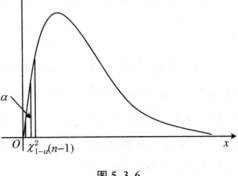

图 5.3.6

对 $\alpha = 0.10$,查表得 $\chi^2_{0.90}(5) = 1.61$,按式(5.3.22)可得显像管寿命方差 σ^2 的置信度为 95% 单侧置信上限为

$$\overline{\sigma^2} = \frac{5 \times 0.203}{1.61} \approx 0.630$$

5.3.5 非正态总体均值的区间估计

对于非正态总体,由于其精确的抽样分布往往难以求得,所以也就难以对其参数进行区间估计了. 但是,只要样本量 n 充分大,总体均值 μ 的置信区间仍可用正态总体情形的公式(5.3.5),所不同的是此时的置信区间是近似的. 这是求一般总体均值的区间估计的一种简单有效的方法,其理论依据是中心极限定理.

设总体均值为 μ,方差为 σ^2,$x_1, x_2, \cdots, x_n$ 为取自该总体的样本. 由中心极限定理知,当 n 充分大时,有

$$\frac{\bar{x} - \mu}{\sigma/\sqrt{n}} \overset{\text{近似}}{\sim} N(0,1) \qquad (5.3.23)$$

从而近似地有

$$P\Big(\Big|\frac{\bar{x} - \mu}{\sigma/\sqrt{n}}\Big| < u_{\alpha/2}\Big) = 1-\alpha$$

于是得到 μ 的 $1-\alpha$ 置信区间

$$\left(\bar{x} - \frac{\sigma}{\sqrt{n}} u_{\alpha/2}, \bar{x} + \frac{\sigma}{\sqrt{n}} u_{\alpha/2} \right) \tag{5.3.24}$$

形式上,此置信区间与公式(5.3.5)完全一样,所不同的是这里的置信度是近似的. 若总体标准差 σ 未知,用样本标准差 s 代替,即

$$\left(\bar{x} - \frac{s}{\sqrt{n}} u_{\alpha/2}, \bar{x} + \frac{s}{\sqrt{n}} u_{\alpha/2} \right) \tag{5.3.25}$$

当 n 充分大时,形如式(5.3.25)的置信区间在应用上还是令人满意的. 许多实际应用表明,当 $n \geqslant 30$ 时,近似程度还是可以接受的.

例 5.3.9 某公司为了估计自产的电池寿命,随机抽取 50 只电池进行寿命试验,从这些电池的寿命试验数据算得 $\bar{x} = 226.6$(单位:h),$s = 193.5$.试求该公司生产的电池平均寿命的 95% 置信区间.

解 $\alpha = 0.05$,查表得 $u_{\alpha/2} = u_{0.025} = 1.96$,由式(5.3.25)得到

$$\left(226.6 - \frac{193.5}{\sqrt{50}} \times 1.96, 226.6 + \frac{193.5}{\sqrt{50}} \times 1.96 \right) = (173.0, 280.2)$$

因此该公司电池的平均寿命的置信度约为 95% 的置信区间为(173.0, 280.2). ∎

在实际应用中,我们经常遇到比率 p 的估计问题,如某批产品的次品率、某一电视节目的收视率、对某项政策的支持率等等. 比率 p 的估计问题,其实就是两点分布总体均值 p 的估计问题. 以产品的次品率为例,若某批产品的次品率为 p,用 X 表示"抽查一件产品的次品数",即

$$X = \begin{cases} 1, & \text{抽到次品} \\ 0, & \text{不然} \end{cases}$$

则 $X \sim B(1, p)$,且总体均值 $\mu = E(X) = p$,而总体方差 $\sigma^2 = \mathrm{Var}(X) = p(1-p)$. 为了估计两点分布总体均值 p,从 X 中抽取容量为 n 的样本 $x_1, x_2, \cdots, x_n$,取样本均值 $\bar{x}$ 作为 p 的点估计,即 $\hat{p} = \bar{x}$. 于是式(5.3.23)变为

$$\frac{\hat{p} - p}{\sqrt{p(1-p)/n}} \overset{\text{近似}}{\sim} N(0, 1)$$

此时,式(5.3.25)变为

$$\left[\hat{p} - \sqrt{\frac{\hat{p}(1-\hat{p})}{n}} u_{\alpha/2}, \hat{p} + \sqrt{\frac{\hat{p}(1-\hat{p})}{n}} u_{\alpha/2} \right] \tag{5.3.26}$$

这就是未知参数 p 的置信度约为 $1 - \alpha$ 置信区间.

例 5.3.10 在一批产品中随机抽取 100 件产品进行质量检验,其中 4 件次品,试求该批产品次品率 p 的置信度为 95% 的置信区间.

解 沿用上面的记号,$n = 100$,$\hat{p} = \bar{x}$,$\alpha = 0.05$,查表得 $u_{\alpha/2} = u_{0.025} = 1.96$.代入式(5.3.26),即

$$\left(0.04 - \sqrt{\frac{0.04 \times 0.96}{100}} \times 1.96, 0.04 + \sqrt{\frac{0.04 \times 0.96}{100}} \times 1.96\right)$$

经简单计算上式化为 $(0.001\ 6, 0.078\ 4)$,此即该批产品次品率 p 的置信度约为 95% 的置信区间. ∎

习 题 5

1. 单项选择题:

(1) 设 $x_1, x_2, \cdots, x_n$ 为取自总体 X 的样本,且具有期望 $E(X) = \mu$ 和方差 $D(X) = \sigma^2$,$\bar{x}$ 是样本均值,则总体方差的无偏估计量为( ).

    A. $\dfrac{1}{n} \sum\limits_{i=1}^{n} (x_i - \bar{x})^2$ B. $\dfrac{1}{n-1} \sum\limits_{i=1}^{n} (x_i - \bar{x})^2$

    C. $\dfrac{1}{n} \sum\limits_{i=1}^{n} (x_i - \mu)^2$ D. $\dfrac{1}{n-1} \sum\limits_{i=1}^{n} (x_i - \mu)^2$

(2) 设 x_1, x_2 是取自总体 X 的样本,$E(X) = \mu$,则在下列 μ 的无偏估计中,( )是最优的.

    A. $\hat{\mu}_1 = \dfrac{2}{5} x_1 + \dfrac{3}{5} x_2$ B. $\hat{\mu}_2 = \dfrac{1}{4} x_1 + \dfrac{3}{4} x_2$

    C. $\hat{\mu}_3 = \dfrac{1}{3} x_1 + \dfrac{2}{3} x_2$ D. $\hat{\mu}_4 = \dfrac{1}{2} x_1 + \dfrac{1}{2} x_2$

(3) "总体均值 μ 的置信度为 95% 的置信区间为 $(\underline{\theta}, \bar{\theta})$" 的含义是( ).

    A. 总体均值 μ 的真值以 95% 的概率落入区间 $(\underline{\theta}, \bar{\theta})$

    B. 样本均值 $\bar{x}$ 以 95% 的概率落入区间 $(\underline{\theta}, \bar{\theta})$

    C. 区间 $(\underline{\theta}, \bar{\theta})$ 包含总体均值 μ 的真值的概率为 95%

    D. 区间 $(\underline{\theta}, \bar{\theta})$ 包含样本均值 $\bar{x}$ 的真值的概率为 95%

(4) 设总体 $X \sim N(\mu, 1)$,取自该总体的样本量为 25 的样本,求得参数 μ 的置信度为 95% 的置信区间 $(\underline{\mu}, \bar{\mu})$,则 $\bar{\mu} - \underline{\mu}$ 等于( ).

A. 0.329 0   B. 0.392 0   C. 0.693 6   D. 0.784 0

(5) 当求未知参数的置信度为 $1-\alpha$ 的置信区间时,对于同一样本值,置信区间的长度一般随着( ).

     A. α 增大而增大   B. α 增大而减小

     C. α 减小而减小   D. 长度与 α 无关

2. 填空题:

(1) 总体未知参数 θ 的最大似然估计 $\hat{\theta}$ 是_____函数最大值点.

(2) 设 $0,2,2,3,3$ 为来自总体 $U[0,\theta]$ 的样本值,则 θ 的矩估计值为_____,θ 的最大似然估计值为_____.

(3) 设 $x_1,x_2,\cdots,x_n(n\geqslant 2)$ 为来自总体 $N(\mu,\sigma^2)$ 的样本,若统计量

$$T = c\sum_{i=1}^{n-1}(x_{i+1}-x_i)^2$$

是 σ^2 的无偏估计,则 $c=$_____.

(4) 设从总体 $N(\mu,\sigma^2)$ 中抽取 25 个样品,算得样本均值 $\bar{x}=20$,样本方差 $s^2=100$,则 μ 的 95% 的置信区间为_____,σ^2 的 95% 的置信区间为_____.

(5) 设总体 $X\sim N(\mu,10^2)$,要使 μ 的置信度为 95% 的置信区间的长度不超过 5,则样本量 n 至少应为_____.

3. 设 $x_1,x_2,\cdots,x_n$ 是来自以下总体 X 的一个样本,求其中未知参数的矩估计:

(1) X 的密度函数为 $f(x,\theta)=\begin{cases} \dfrac{1}{\theta^2}x\mathrm{e}^{-x/\theta}, & x>0 \\ 0, & \text{其他} \end{cases}$,$\theta$ 未知;

(2) X 的密度函数为 $f(x,\theta)=\begin{cases} \mathrm{e}^{-(x-\theta)}, & x>\theta \\ 0, & x\leqslant\theta \end{cases}$,$\theta$ 未知;

(3) 设 $X\sim B(m,p)$,m 已知,p 未知;

(4) 设 $X\sim N(\mu,\sigma^2)$,σ^2 已知,μ 未知;

(5) 设 $X\sim N(\mu,\sigma^2)$,μ 已知,σ^2 未知.

4. 设总体 X 的密度函数为

$$f(x,\mu,\theta)=\begin{cases} \dfrac{1}{\theta}\mathrm{e}^{-(x-\mu)/\theta}, & x>\mu \\ 0, & \text{其他} \end{cases}$$

其中 $\mu,\theta>0$ 均为未知参数,若 $x_1,x_2,\cdots,x_n$ 是来自该总体的一个样本,求 μ,θ 的矩估计.

5. 设 $x_1,x_2,\cdots,x_n$ 是来自总体 $X\sim B(m,p)$ 的一个样本,m,p 均为未知参数,试求 m,p 的矩估计 $\hat{m},\hat{p}$(对于具体的样本值,若算出的 $\hat{m}$ 不是整数,则取与 $\hat{m}$ 最接近的整数作为 m 的估计值).

6. 求第 3 题中各参数的最大似然估计.

7. 设总体 X 的密度函数为 $f(x,\beta)=(\beta+1)x^\beta(0<x<1,\beta>-1)$,$x_1,x_2,\cdots,x_n$ 是来自总体 X 的样本,求参数 β 的矩估计和最大似然估计.

8. 设某试验有三个可能结果,其发生的概率分别为:$p_1=\theta^2$,$p_2=2\theta(1-\theta)$,$p_3=(1-\theta)^2$,其中 $\theta\in(0,1)$ 为未知参数.现对该试验独立重复地做了三次,得到三种结果出现的次数分别为 $2,1,0$.试求 θ 的最大似然估计值.

9. 从一批灯泡中随机地抽取 10 只,测得它们的寿命(单位:h)如下:

$$1\,067,\ 919,\ 1\,196,\ 785,\ 1\,126,\ 936,\ 918,\ 1\,156,\ 920,\ 948$$

设灯泡的寿命 $T\sim N(\mu,\sigma^2)$,试求 $P(T\geq1\,300)$ 的最大似然估计值.

10. 已知某路口车辆经过的时间间隔服从指数分布 $e(\lambda)(\lambda>0)$,现观测到车辆经过该路口的六个时间间隔数据(单位:s)如下:$1.8,3.2,4,8,4.5,2.5$.求该路口车辆经过的平均时间间隔的矩估计值和最大似然估计值.

11. 设 $x_1,x_2,\cdots,x_n$ 为来自总体 $N(0,\sigma^2)$ 的样本,$\bar{x}$ 为样本均值,如果统计量 $T_i=c(x_i-\bar{x})^2$ 是 σ^2 的无偏估计量,试求常数 c.

12. 设 $x_1,x_2,\cdots,x_m$ 是来自总体 $N(\mu_1,\sigma^2)$ 的样本;$y_1,y_2,\cdots,y_n$ 是来自总体 $N(\mu_2,\sigma^2)$ 的样本,且两样本相互独立.记相应的样本均值和样本方差分别为 $\bar{x},\bar{y}$ 和 s_1^2,s_2^2,证明:统计量

$$s_w^2=\frac{(m-1)s_1^2+(n-1)s_2^2}{m+n-2}$$

是 σ^2 的无偏估计.

13. 设某种小型计算机一个星期中的故障次数 $X\sim\pi(\lambda)$,$x_1,x_2,\cdots,x_n$ 是来自总体 X 的一个样本,若一星期中故障修理费用为 $Y=3X+X^2$,试求 $E(Y)$,并验证 $U=3\bar{x}+\frac{1}{n}\sum_{i=1}^n x_i^2$ 是 $E(Y)$ 的无偏估计.

14. 设从均值为 μ、方差为 σ^2 的总体中,分别抽取容量为 $m,n(m>n)$ 的两个独立样本,$\bar{x},\bar{y}$ 分别是两样本的均值,试证:对任意常数 $a,b(a+b=1)$,$Z=a\bar{x}+b\bar{y}$ 都是 μ 的无偏估计,并确定常数 a,b,使 $\mathrm{Var}(Z)$ 达到最小.

15. 某车间生产的滚珠直径服从正态分布 $N(\mu,0.04)$.从某天生产的产品中随机抽取

6 个滚珠,测得直径(单位:mm)分别为 14.7,15.1,14.9,14.8,15.2,15.1,试求该天生产的滚珠的平均直径 μ 的置信度为 95% 的置信区间.

16. 设 $x_1,x_2,\cdots,x_n$ 为取自正态总体 $N(\mu,1)$ 的样本,要使 μ 的置信度为 95% 的置信区间的长度 $d\leqslant1.2$,样本量至少应取多大? 将 $d\leqslant1.2$ 改为 $d\leqslant1.0$ 呢?

17. 为了了解中国女子乒乓球运动员的退役年龄,现从中国女子乒乓球退役运动员中随机地抽取 11 位,统计退役年龄(单位:岁)数据如下:

$$29,30,30,33,23,24,28,24,29,25,30$$

设中国女子乒乓球运动员的退役年龄服从正态分布 $N(\mu,\sigma^2)$,求中国女子乒乓球运动员退役的平均年龄的 95% 置信区间.

18. 一农场种植生产果冻的葡萄,从抽取的 30 车葡萄测得的糖含量(以某种单位计量),算得 $\bar{x}=14.72,s^2=1.906$.假定该农场种植的葡萄的糖含量服从正态分布 $N(\mu,\sigma^2)$,试求:

(1) μ,σ^2 的无偏估计值;

(2) μ 的置信度为 90% 的置信区间.

19. 某单位职工每天的医疗费(单位:元)服从正态分布 $N(\mu,\sigma^2)$,现抽查了 25 天的医疗费,算得 $\bar{x}=170,s=30$,求该单位职工每天医疗费的平均值 μ 的置信度为 95% 的置信区间.

20. 若从自动车床加工的一批零件中随机抽取 10 个,测得其尺寸与规定尺寸的偏差(单位:μm)分别为:2,1,-2,3,2,4,-2,5,3,4.假设零件尺寸的偏差服从正态分布 $N(\mu,\sigma^2)$,求 μ 及 σ^2 的置信度为 90% 的置信区间.

21. 设冷抽铜丝的折断力服从正态分布 $N(\mu,\sigma^2)$,从一批铜丝中任取 10 根,测得它们的折断力(单位:kg)分别为:573,572,570,568,572,570,570,596,584,582.求 σ 的置信度为 95% 的置信区间.

22. 设超大牵伸纺机和普通纺机所纺的纱的断裂强度分别服从 $N(\mu_1,2.18^2)$ 和 $N(\mu_2,1.76^2)$,现对前者抽取容量为 200 的样本,算得 $\bar{x}=5.32$(单位:50 g);对后者抽取容量为 100 的样本,算得 $\bar{y}=5.76$(单位:50 g),试求 $\mu_1-\mu_2$ 的置信度为 95% 的置信区间.

23. 要比较甲乙两城市居民某类消费支出水平.从甲城市随机调查 100 人,平均年消费支出 1 300 元,样本标准差 80 元;从乙城市随机调查 120 人,平均年消费支出 1 320 元,样本标准差 100 元.假设两城市此类消费支出均服从正态分布,且方差相等.求甲乙两城市居民此类平均年消费支出之差的 0.95 置信区间.

24. 为了了解施肥和不施肥对农作物产量的影响,选了 13 个小区在其他条件相同的情况下进行对比实验,收获量如下:

施肥 X：34，35，30，32，33，34

未施肥 Y：29，27，32，31，28，32，31

假设施肥与未施肥的农作物产量都服从正态分布，且方差相等，求施肥与未施肥的平均产量之差的置信度为 95% 的置信区间.

25. 试求第 23，24 题两总体方差比 σ_1^2/σ_2^2 的置信度为 90% 的置信区间.

26. 从某厂生产的一批电子元件中随机地抽取 5 只做寿命试验，其寿命如下（单位：h）：1 050，1 100，1 120，1 250，1 280. 若这批元件的寿命服从正态分布 $N(\mu,\sigma^2)$，试求：

(1) μ 的置信度为 95% 的单侧置信下限；

(2) σ 的置信度为 95% 的单侧置信上限.

27. 试求第 19 题中该单位职工每天医疗费的平均值 μ 的置信度为 95% 的单侧置信上限.

28. 在某一电视节目收视率的调查中，调查了 400 人，其中 100 人收看了该电视节目，试求该节目收视率 p 的置信度为 95% 的置信区间.

29. 根据实际经验可以认为，任一地区单位时间（如一天或一月或一年）内火灾发生次数服从泊松分布 $P(\lambda)$，若以月为单位，从公安局记录得知，某城市过去 120 个月（即 10 年）火灾发生月平均次数为 7.5 次. 试求该城市过去火灾月平均次数 λ 的置信度为 95% 的置信区间.

30. 从一批电子元件中随机抽取 100 件，测得它们的使用寿命的平均值为 2 000(h)，设电子元件的使用寿命服从指数分布 $e(\lambda)$，试求参数 λ 的置信度为 95% 的置信区间.

第6章 假设检验

在许多实际问题中,人们根据已有的经验或专业知识,对总体的分布或分布中的未知参数预先有一些看法或认识,由此对总体提出某种假设,然后根据样本对这一假设成立与否作出判断.这就是本章要讨论的统计推断的另一类基本问题——假设检验.

本章首先依据小概率原理,引出假设检验的基本思想和基本概念,在此基础上,重点介绍正态总体参数的假设检验,最后简要介绍分布拟合检验.

6.1 假设检验的基本思想与基本概念

6.1.1 假设检验问题

先从一个具体例子谈起.

例 6.1.1 某牛奶加工厂用自动灌装机灌装净重为 250 g 的盒装牛奶,在正常情况下,盒装牛奶的净重 $X \sim N(\mu, 16)$.根据长期经验知其标准差保持不变.为判断灌装机工作是否正常,即盒装牛奶净重的均值是否为 250 g.某天从灌装的盒装牛奶中随机抽取 16 盒,称得净重(单位:g)分别如下:

$$247, \ 251, \ 244, \ 245, \ 252, \ 244, \ 246, \ 249$$
$$249, \ 247, \ 245, \ 251, \ 246, \ 247, \ 248, \ 253$$

试问灌装机工作是否正常?

在这个问题中,要求我们根据从总体 $X \sim N(\mu, 16)$ 中抽取的样本,对命题"灌装机工作正常",即"$\mu = 250$ g"成立与否作出判断.若 $\mu = 250$ g 成立,则认为灌装机工作正常;否则认为不正常.为此,首先提出假设:

$$H_0 : \mu = \mu_0 \quad \text{vs} \quad H_1 : \mu \neq \mu_0 \qquad (6.1.1)$$

这里 $\mu_0 = 250\,\mathrm{g}$. 这是一对相互对立的假设, 称 H_0 为**原假设**, 称 H_1 为**备择假设**. 我们的任务就是依据来自总体 $N(\mu, 4^2)$ 的样本去判断原假设 H_0 是否成立, 即对假设 (6.1.1) 进行检验. 这类问题称为**假设检验问题**. 若假设只是对参数而言 (如假设 (6.1.1)), 则该假设检验问题称为**参数假设检验问题**; 否则称为**非参数假设检验问题**.

6.1.2　假设检验的基本思想

要判断原假设 H_0 是否成立, 需要构造一个统计量, 并用其分布来进行判断, 这个统计量称为**检验统计量**.

在例 6.1.1 中, 由于原假设 H_0 中涉及的参数是总体均值 μ, 而样本均值 $\bar{x}$ 是总体均值 μ 的一个好的估计量, 所以自然想到通过样本均值 $\bar{x}$ 来构造检验统计量. 由样本值可算出样本均值

$$\bar{x} = \frac{1}{16} \sum_{i=1}^{16} x_i = 247.75$$

$\bar{x}$ 与 μ_0 之间有偏差, 对这个偏差有两种解释:

(1) 若 H_0 成立, 即灌装机工作正常, 则这个偏差是由抽样的随机性造成的;

(2) 若 H_0 不成立而 H_1 成立, 则这个偏差是由灌装机工作不正常造成的.

上述哪一种解释比较合理呢?

从直观的角度去分析, 若 H_0 成立, 即灌装机工作正常, 则 $\bar{x}$ 与 μ_0 之间的偏差 $|\bar{x} - \mu_0|$ 不应过大; 反过来, 若 $|\bar{x} - \mu_0|$ 过大, 则我们就有理由怀疑 H_0 不成立而拒绝 H_0, 即认为灌装机工作不正常. 由定理 4.2.5 知, 当 H_0 成立时, 统计量

$$u = \frac{\bar{x} - \mu_0}{\sigma / \sqrt{n}} \sim N(0, 1) \qquad (6.1.2)$$

因此衡量偏差 $|\bar{x} - \mu_0|$ 的大小可以归结为衡量 $|u|$ 的大小. 问题是: $|u|$ 究竟多大才算过大, 即 $|u|$ 究竟多大才拒绝 H_0, 这需要给出一个界限 c ($c > 0$, 其确定方法下面再讲), 称之为**临界值**. 当 $|u| \geqslant c$ 时, 拒绝 H_0; 当 $|u| < c$ 时, 接受 H_0. 导致 H_0 被拒绝的样本值的集合称为**拒绝域**, 用 W 表示. 而把 $\overline{W} = R^n - W$ 称为接受域. 在例 6.1.1 中, 拒绝域与接受域可以分别表示为

$$W = \{(x_1, x_2, \cdots, x_n) : |u| \geqslant c\} = \{|u| \geqslant c\}$$

$$\overline{W} = \{(x_1, x_2, \cdots, x_n) : |u| < c\} = \{|u| < c\}$$

当拒绝域确定了,检验的判断准则也就确定了:若样本落在拒绝域中,则拒绝 H_0,否则只能接受 H_0. 上述 u(见式(6.1.2))就是检验统计量.

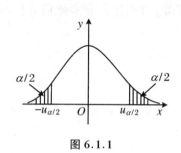

图 6.1.1

现在来确定临界值 c. 当 H_0 成立时,"$|u|$ 不应过大",或"$|u|$ 过大的概率应很小",即 $P(|u| \geqslant c) = \alpha$($\alpha$ 是很小的正数). 当 H_0 成立时,由于检验统计量 $u \sim N(0,1)$,所以得 $c = u_{\alpha/2}$(图 6.1.1),因此有

$$P(|u| \geqslant u_{\alpha/2}) = \alpha \qquad (6.1.3)$$

可见 $\{|u| \geqslant u_{\alpha/2}\}$ 是一个小概率事件. 若在一次试验(抽样)中,样本值导致小概率事件 $\{|u| \geqslant u_{\alpha/2}\}$ 发生,这与小概率原理相矛盾,则我们有理由怀疑 H_0 不成立而拒绝 H_0;否则,只能接受 H_0.

在例 6.1.1 中,$n = 16, \bar{x} = 247.75, \mu_0 = 250, \sigma = 4$. 若取 $\alpha = 0.05$,则查附表 1 得 $u_{\alpha/2} = u_{0.025} = 1.96$,于是有

$$|u| = \frac{|\bar{x} - \mu_0|}{\sigma/\sqrt{n}} = \frac{|247.75 - 250|}{4/\sqrt{16}} = 2.25 > 1.96$$

上式表明小概率事件 $\{|u| \geqslant 1.96\}$ 在一次试验(抽样)中发生了,这与小概率原理矛盾,因此我们有理由怀疑 H_0 不成立而拒绝 H_0,即认为该天灌装机工作不正常.

由例 6.1.1 的分析可见,假设检验的基本思想可以说是一种"概率反证法"的思想. 为了检验原假设 H_0 是否成立,我们先假定 H_0 成立,然后在此假定下,对抽样结果进行统计分析. 若抽样结果导致小概率事件在一次试验中发生了,这与小概率原理相矛盾,则认为这是"不合理"的现象,从而拒绝 H_0;反之,若抽样结果没有导致这种"不合理"的现象发生,则只能接受 H_0. 但必须注意,这种"概率反证法"与通常在纯数学中使用的反证法是不同的,因为这里的所谓"不合理"现象,并不是形式逻辑推理中出现的矛盾,只是与小概率原理矛盾.

6.1.3　两类错误与显著性水平

在假设检验中,作出判断依据的是小概率原理,拒绝 H_0 是因为抽样结果导致

小概率事件在一次试验中发生了,而小概率事件在一次试验中并非绝对不可能发生,只不过是发生的可能性小罢了.因此,依据小概率原理作出的判断就有可能犯错误,所犯的错误可以分为以下两类:

第一类错误是:原假设 H_0 成立,但由于抽样的随机性,碰巧样本值落入拒绝域,从而作出拒绝 H_0 的错误判断,这类错误称为**第一类错误(或弃真错误)**. 在例 6.1.1 中,犯第一类错误的概率为

$$P(\text{拒绝 } H_0 | H_0 \text{ 为真}) = P_{\mu = \mu_0}(|u| \geqslant u_{\alpha/2}) \tag{6.1.4}$$

第二类错误是:原假设 H_0 不成立,但我们作出了接受 H_0 的错误判断.这类错误称为**第二类错误(或取伪错误)**.在例 6.1.1 中,犯第二类错误的概率为

$$P(\text{接受 } H_0 | H_0 \text{ 为假}) = P_{\mu \neq \mu_0}(|u| < u_{\alpha/2}) \tag{6.1.5}$$

一个好的检验法应该使犯第一类错误、第二类错误的概率都尽可能小.但进一步研究表明,在样本量一定的情况下,犯第一类错误、第二类错误的概率不可能同时减小,其中一个减小,另一个就会增大.鉴于这种情况,统计学家奈曼和皮尔逊提出一个原则:先控制犯第一类错误的概率,在这个前提下寻求使犯第二类错误的概率尽可能小的检验.由于寻求使犯第二类错误的概率尽可能小的检验并非易事,所以为了方便起见,当样本量固定时,我们只对犯第一类错误的概率加以控制,使之不超过某个事先给定的正数 $\alpha(0 < \alpha < 1)$,即

$$P(\text{拒绝 } H_0 | H_0 \text{ 为真}) \leqslant \alpha \tag{6.1.6}$$

这里的 α,即犯第一类错误的概率的上限,称为**显著性水平**,一般取为 $\alpha = 0.01$,0.05,0.10.这种检验称为**显著性水平为 α 的显著性检验**,简称水平为 α 的检验.在例 6.1.1 中,由式(6.1.3)知,犯第一类错误的概率就是显著性水平 α.

根据显著性检验的特点,在应用中恰当地选取原假设 H_0 尤为重要.一般地,可根据以下原则选取 H_0:(1) 当我们希望从样本值中取得对某一陈述的强有力的支持时,把这一陈述的反面作为原假设 H_0;(2) 尽可能使后果严重的一类错误作为第一类错误.这样,当检验结论为拒绝 H_0 时,由于犯第一类错误的概率被控制而显得有说服力且危害较小;当检验结论为接受 H_0 时,由于接受的理由是抽样结果没有导致小概率事件发生,从而找不到拒绝 H_0 的理由,故这种检验结论是没有说服力的,为了可靠起见,还需再进行抽样检验.

6.1.4　假设检验的一般步骤

回顾例 6.1.1 的求解过程,我们可以把假设检验的一般步骤归纳如下:

(1) 建立假设:原假设和备择假设.

在例 6.1.1 中,原假设为 $H_0 : \mu = \mu_0$,备择假设为 $H_1 : \mu \neq \mu_0$.

(2) 寻求检验统计量,并在 H_0 为真时,确定其分布.

在例 6.1.1 中,检验统计量 $u = \dfrac{\bar{x} - \mu_0}{\sigma / \sqrt{n}} \sim N(0,1)$.

(3) 选取显著性水平 $\alpha (0 < \alpha < 1)$,确定拒绝域.

在例 6.1.1 中,由 $\alpha = 0.05$,得临界值为 $u_{\alpha/2} = 1.96$,故拒绝域为

$$W = \{ |u| \geqslant 1.96 \}$$

(4) 由样本值作出判断.

在例 6.1.1 中,由样本值算出 $u = -2.25$,可见样本值落入拒绝域,故作出拒绝 H_0 的判断.

在上述解题步骤中,关键是步骤(2),即找到适当的检验统计量,并确定其分布. 我们知道,求出统计量的分布并非易事,好在我们主要讨论的是正态总体参数的假设检验,其相应的检验统计量的分布已在第 4 章中进行了比较深入的讨论,取得了比较完美的结果.

6.2　单个正态总体参数的假设检验

我们知道,假设检验的关键是寻求适当的检验统计量. 对正态总体参数的假设检验问题,我们可以运用类似于在区间估计中寻求枢轴量的方法去寻求检验统计量. 首先我们来讨论单个正态总体参数的假设检验问题.

6.2.1　单个正态总体均值的假设检验

设 $x_1, x_2, \cdots, x_n$ 为来自总体 $N(\mu, \sigma^2)$ 的样本. 有关总体均值 μ 的检验问题,常见的形式有以下三种:

$$H_0 : \mu = \mu_0 \quad \text{vs} \quad H_1 : \mu \neq \mu_0 \tag{6.2.1}$$

$$H_0 : \mu = \mu_0 \quad \text{vs} \quad H_1 : \mu > \mu_0 \tag{6.2.2}$$

$$H_0 : \mu = \mu_0 \quad \text{vs} \quad H_1 : \mu < \mu_0 \tag{6.2.3}$$

其中 μ_0 为已知常数.检验(6.2.1)的备择假设 H_1 分散在原假设 H_0 的两边,称为**双边检验**;检验(6.2.2)的备择假设 H_1 在原假设 H_0 的右边,称为**右边检验**;检验(6.2.3)备择假设 H_1 在原假设 H_0 的左边,称为**左边检验**.右边检验和左边检验统称为**单边检验**.

由于正态总体 $N(\mu, \sigma^2)$ 含有两个参数,总体标准差 σ 是否已知对检验是有影响的,下面我们分 σ 已知和未知两种情况讨论 μ 的检验问题.

1. σ 已知时均值 μ 的假设检验

对双边检验式(6.2.1),在例 6.1.1 中已经进行了详细的讨论,我们知道应选取

$$u = \frac{\bar{x} - \mu_0}{\sigma / \sqrt{n}} \tag{6.2.4}$$

作为检验统计量.由于当 H_0 成立时,$u \sim N(0,1)$,故对给定的显著性水平 α,有

$$P(|u| \geqslant u_{\alpha/2}) = \alpha$$

因此,双边检验式(6.2.1)的拒绝域为

$$W_1 = \{|u| \geqslant u_{\alpha/2}\} \tag{6.2.5}$$

对右边检验式(6.2.2),仍选取式(6.2.4)作为检验统计量.当 H_0 成立时,作为总体均值 μ_0 的一个好的估计 $\bar{x}$ 应取 μ_0 附近的值,而不应偏大.由于 u 是 $\bar{x}$ 的增函数,故 u 的值也不应偏大,否则应拒绝 H_0.因此拒绝域的形式为

$$W_2 = \{u \geqslant c\} (c \text{ 待定})$$

由于当 H_0 成立时,$u \sim N(0,1)$,故对给定的显著性水平 α,有(图 6.2.1(a))

$$P(u \geqslant u_\alpha) = \alpha$$

由此可得右边检验(6.2.2)的拒绝域为

$$W_2 = \{u \geqslant u_\alpha\} \tag{6.2.6}$$

对左边检验(6.2.3),同理可推得其拒绝域(图 6.2.1(b))为

$$W_3 = \{u \leqslant -u_\alpha\} \tag{6.2.7}$$

我们把利用标准正态分布确定拒绝域的检验法称为 ***u* 检验法**,以上三种检验

法均为 u 检验法.

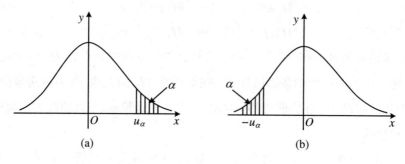

图 6.2.1

需要说明的是,在实际问题中也常遇到下面的单边检验问题:

$$H_0: \mu \leqslant \mu_0 \quad \text{vs} \quad H_1: \mu > \mu_0 \tag{6.2.8}$$

$$H_0: \mu \geqslant \mu_0 \quad \text{vs} \quad H_1: \mu < \mu_0 \tag{6.2.9}$$

对给定的显著性水平 α,右边检验(6.2.8)与(6.2.2)的拒绝域相同.事实上,由

$$\frac{\bar{x} - \mu}{\sigma / \sqrt{n}} \sim N(0,1)$$ 知

$$P\left(\frac{\bar{x} - \mu}{\sigma / \sqrt{n}} \geqslant u_\alpha\right) = \alpha$$

于是,当 $H_0: \mu \leqslant \mu_0$ 成立时,由

$$\frac{\bar{x} - \mu_0}{\sigma / \sqrt{n}} \leqslant \frac{\bar{x} - \mu}{\sigma / \sqrt{n}}$$

可得

$$P(u \geqslant u_\alpha) = P\left(\frac{\bar{x} - \mu_0}{\sigma / \sqrt{n}} \geqslant u_\alpha\right) \leqslant P\left(\frac{\bar{x} - \mu}{\sigma / \sqrt{n}} \geqslant u_\alpha\right) = \alpha$$

上式表明,犯第一类错误的概率不超过显著性水平 α,这是水平为 α 的检验,右边检验(6.2.8)的拒绝域也为 $W = \{u \geqslant u_\alpha\}$,即右边检验(6.2.8)与(6.2.2)的拒绝域相同.同样,左边检验(6.2.9)与(6.2.3)的拒绝域也相同.这种情况在后面其他单边检验问题中还会出现,结论是相似的,不再赘述.

例 6.2.1 某奶酪公司从几家供应商购买牛奶作为奶酪的原料.公司经理怀疑某些牛奶供应商在牛奶中掺水以谋利.通过测定牛奶的冰点,可以检查出牛奶是否掺水,天然牛奶的冰点温度近似服从正态分布,均值 $\mu = -0.545\,℃$,标准差

$\sigma = 0.01\,°C$.牛奶掺水可使冰点温度升高而接近水的温度($0\,°C$),但标准差不变.公司实验室负责人测得一牛奶供应商提交的 4 批牛奶的冰点温度,其均值为 $\bar{x} = -0.535\,°C$,试在显著性水平 $\alpha = 0.05$ 下,检验该供应商在牛奶中是否掺了水.

解　由题意知,需检验假设:

$$H_0 : \mu = \mu_0 \quad vs \quad H_1 : \mu > \mu_0$$

其中 $\mu_0 = -0.545$.这是右边检验问题.由于标准差 $\sigma = 0.01\,°C$ 已知,故采用 u 检验法.对显著性水平 $\alpha = 0.05$,查附表 1 得 $u_{0.05} = 1.645$.因此拒绝域为

$$W = \{u \geqslant 1.645\}$$

由题设可求得检验统计量 $u = \dfrac{\bar{x} - \mu_0}{\sigma / \sqrt{n}}$ 的值

$$u_0 = \frac{-0.535 - (-0.545)}{0.01 / \sqrt{4}} = 2$$

可见样本值落入拒绝域,故拒绝 H_0,即认为该供应商在牛奶中掺了水.■

2. σ 未知时 μ 的假设检验

同参数的区间估计类似,只需将式(6.2.4)中的总体标准差 σ 替换成样本标准差 s,u 改记为 t,即选取检验统计量为

$$t = \frac{\bar{x} - \mu_0}{s / \sqrt{n}} \tag{6.2.10}$$

由定理 4.2.5 知,当 H_0 为真时,$t \sim t(n-1)$.故对给定的显著性水平 α,运用类似于 u 检验法的讨论,可得关于检验问题(6.2.1)~(6.2.3)的拒绝域分别为

$$W_1 = \{|t| \geqslant t_{\alpha/2}(n-1)\} \tag{6.2.11}$$

$$W_2 = \{t \geqslant t_\alpha(n-1)\} \tag{6.2.12}$$

$$W_3 = \{t \leqslant -t_\alpha(n-1)\} \tag{6.2.13}$$

由于以上三种检验法均利用 t 分布确定检验的拒绝域,故统称为 **t 检验法**.

下面将单个正态总体均值的假设检验归纳于表 6.2.1,以备查用.

表 6.2.1　单个正态总体均值的假设检验(显著性水平为 α)

检验法	条件	假　设		检验统计量及其分布	拒绝域
		H_0	H_1		
u 检验	σ^2 已知	$\mu = \mu_0$	$\mu \neq \mu_0$	$u = \dfrac{\bar{x} - \mu_0}{\sigma/\sqrt{n}}$ $\overset{H_0}{\sim} N(0,1)$	$\{\mid u \mid \geqslant u_{a/2}\}$
		$\mu = \mu_0$ $\mu \leqslant \mu_0$	$\mu > \mu_0$		$\{u \geqslant u_a\}$
		$\mu = \mu_0$ $\mu \geqslant \mu_0$	$\mu < \mu_0$		$\{u \leqslant -u_a\}$
t 检验	σ^2 未知	$\mu = \mu_0$	$\mu \neq \mu_0$	$t = \dfrac{\bar{x} - \mu_0}{s/\sqrt{n}}$ $\overset{H_0}{\sim} t(n-1)$	$\{\mid t \mid \geqslant t_{a/2}(n-1)\}$
		$\mu = \mu_0$ $\mu \leqslant \mu_0$	$\mu > \mu_0$		$\{t \geqslant t_a(n-1)\}$
		$\mu = \mu_0$ $\mu \geqslant \mu_0$	$\mu < \mu_0$		$\{t \leqslant -t_a(n-1)\}$

例 6.2.2　某厂生产的一种铝材的长度(单位:cm)服从正态分布,某建筑公司需要采购一批长度为 15 cm 的此种铝材,为了检验该产品的质量情况,从该厂生产的铝材中抽取 10 件产品,测得其长度如下:

15.2,　13.8,　15.0,　14.8,　14.9,　15.4,　14.3,　15.2,　15.0,　15.3

试在显著性水平 $\alpha = 0.05$ 下,判断该厂此种铝材的长度是否符合公司要求?

解　由题意知,需检验假设:

$$H_0: \mu = \mu_0 = 15 \quad \text{vs} \quad H_1: \mu \neq \mu_0$$

由于标准差未知,故采用 t 检验法. 对给定的显著性水平 $\alpha = 0.05$,查 t 分布表得 $t_{0.025}(9) = 2.2622$,故拒绝域为

$$W = \{\mid t \mid \geqslant 2.2622\}$$

由样本值算得 $\bar{x} = 14.89, s = 0.4932$,从而检验统计量 $t = \dfrac{\bar{x} - \mu_0}{s/\sqrt{n}}$ 的值

$$t_0 = \frac{14.89 - 15}{0.4932/\sqrt{10}} = -0.7053$$

可见样本值没有落入拒绝域,故接受 H_0,即认为该厂生产的此种铝材的长度符合要求.

例 6.2.3　某减肥产品的广告承诺:服用该种减肥产品的患者月平均至少可减 15 斤.现从服用该减肥产品的肥胖者中随机地调查 25 人,算得平均每人减掉 13 斤,样本标准差为 4 斤.假设服用该减肥产品的肥胖者月减肥量服从正态分布 $N(\mu,\sigma^2)$,试在显著性水平 0.05 下,检验该减肥产品的广告承诺是否属实.

解　由题意知,需检验的假设是

$$H_0:\mu \geqslant 15 \quad \text{vs} \quad H_1:\mu < 15$$

由于标准差未知,故采用 t 检验法.对给定的显著性水平 $\alpha = 0.05$,查 t 分布表得 $t_{0.05}(24) = 1.71$,故拒绝域为

$$W = \{t \leqslant -1.71\}$$

又 $\bar{x} = 13, s = 4$,于是

$$t_0 = \frac{13 - 15}{4/\sqrt{25}} = -2.5$$

可见样本值落入拒绝域,故拒绝 H_0,即认为该减肥产品的广告承诺不属实.　∎

6.2.2　单个正态总体方差的假设检验

设 $x_1, x_2, \cdots, x_n$ 为取自总体 (μ,σ^2) 的样本.有关总体方差 σ^2 的检验问题,同样可以分为双边检验、右边检验和左边检验三种形式:

$$H_0:\sigma^2 = \sigma_0^2 \quad \text{vs} \quad H_1:\sigma^2 \neq \sigma_0^2 \tag{6.2.14}$$

$$H_0:\sigma^2 = \sigma_0^2 \quad \text{vs} \quad H_1:\sigma^2 > \sigma_0^2 \tag{6.2.15}$$

$$H_0:\sigma^2 = \sigma_0^2 \quad \text{vs} \quad H_1:\sigma^2 < \sigma_0^2 \tag{6.2.16}$$

其中 σ_0^2 为已知常数.下面我们仅就常见的 μ 未知的情况进行讨论.

由于样本方差 $s^2 = \dfrac{1}{n-1}\sum_{i=1}^{n}(x_i - \bar{x})^2$ 是总体方差 σ^2 的无偏估计量,且由定理 4.2.5 知,当 H_0 为真时,$\dfrac{(n-1)s^2}{\sigma_0^2} \sim \chi^2(n-1)$,故取

$$\chi^2 = \frac{(n-1)s^2}{\sigma_0^2} \tag{6.2.17}$$

作为上述三种检验问题的检验统计量.

先求双边检验问题(6.2.14)的拒绝域.当 H_0 成立时,χ^2 应取 $n-1$ 附近的

值,而不应太大或太小,否则拒绝 H_0.因此拒绝域的形式为

$$W_1 = \{\chi^2 \leqslant k_1\} \bigcup \{\chi^2 \geqslant k_2\} \quad (k_1, k_2 \text{ 待定})$$

对给定的显著性水平 α,选取 k_1, k_2,使得

$$P(\chi^2 \leqslant k_1) + P(\chi^2 \geqslant k_2) = \alpha$$

为计算方便起见,采取类似于等尾置信区间的做法,即选取 k_1, k_2,使得

$$P(\chi^2 \leqslant k_1) = P(\chi^2 \geqslant k_2) = \frac{\alpha}{2}$$

由于当 H_0 成立时,$\chi^2 \sim \chi^2(n-1)$,故 $k_1 = \chi^2_{1-\alpha/2}(n-1)$,$k_2 = \chi^2_{\alpha/2}(n-1)$,如图 6.2.2(a)所示,因此拒绝域为

$$W_1 = \{\chi^2 \leqslant \chi^2_{1-\alpha/2}(n-1)\} \bigcup \{\chi^2 \geqslant \chi^2_{\alpha/2}(n-1)\} \quad (6.2.18)$$

其次,求右边检验(6.2.15)的拒绝域.当 H_0 成立时,χ^2 的值(相对 $n-1$)不应偏大,若 χ^2 偏大,则应当拒绝 H_0.故拒绝域的形式为

$$W_2 = \{\chi^2 \geqslant k\} \quad (k \text{ 待定})$$

当 H_0 成立时,$\chi^2 \sim \chi^2(n-1)$,故对给定显著性水平 α,有(图 6.2.2(b))

$$P(\chi^2 \geqslant \chi^2_\alpha(n-1)) = \alpha$$

由此可得右边检验(6.2.15)的拒绝域为

$$W_2 = \{\chi^2 \geqslant \chi^2_\alpha(n-1)\} \quad (6.2.19)$$

对左边检验(6.2.16),类似地可得其拒绝域(图 6.2.2(c))为

$$W_3 = \{\chi^2 \leqslant \chi^2_{1-\alpha}(n-1)\} \quad (6.2.20)$$

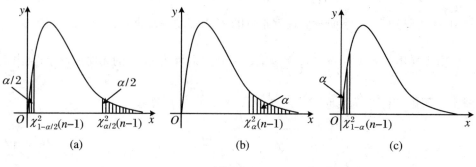

图 6.2.2

由于以上三种检验法均利用 χ^2 分布确定检验的拒绝域,故统称为 **χ^2 检验法**.

下面将单个正态总体方差的假设检验归纳于表 6.2.2,以备查用.

表 6.2.2　单个正态总体方差的假设检验(显著性水平为 α)

假　设		检验统计量及其分布	拒绝域
H_0	H_1		
$\sigma^2 = \sigma_0^2$	$\sigma^2 \neq \sigma_0^2$		$\{\chi^2 \leqslant \chi_{1-\frac{\alpha}{2}}^2\} \bigcup \{\chi^2 \geqslant \chi_{\frac{\alpha}{2}}^2\}$
$\sigma^2 = \sigma_0^2$ $\sigma^2 \leqslant \sigma_0^2$	$\sigma^2 > \sigma_0^2$	$\chi^2 = \dfrac{(n-1)s^2}{\sigma_0^2}$ $\overset{H_0}{\sim} \chi^2(n-1)$	$\{\chi^2 \geqslant \chi_\alpha^2(n-1)\}$
$\sigma^2 = \sigma_0^2$ $\sigma^2 \geqslant \sigma_0^2$	$\sigma^2 < \sigma_0^2$		$\{\chi^2 \leqslant \chi_{1-\alpha}^2(n-1)\}$

例 6.2.4　由以往资料知,某企业的职工工资(单位:元)服从正态分布,原来职工工资的标准差为 77 元. 工资调整后,为了解职工工资的变化幅度,随机抽取 30 名职工,算得职工工资的标准差为 100.在显著性水平 $\alpha = 0.05$ 下,试问:

(1) 该企业职工工资的标准差有无显著变化?

(2) 能否认为 $\sigma > 77$?

解　(1) 由题意知,需检验的假设为

$$H_0 : \sigma^2 = 77^2 \quad \text{vs} \quad H_1 : \sigma^2 \neq 77^2$$

这是一个关于正态总体方差的双边检验问题,故采用 χ^2 检验法.

由 $\alpha = 0.05$ 查表,得 $\chi_{0.025}^2(29) = 45.27, \chi_{0.975}^2(29) = 16.05$. 因此,拒绝域为

$$W = \{\chi^2 \leqslant 16.05\} \bigcup \{\chi^2 \geqslant 45.27\}$$

由于检验统计量 χ^2 的值

$$\chi_0^2 = \frac{(30-1) \times 100^2}{77^2} = 48.91$$

可见样本值落入拒绝域,故拒绝 H_0,即认为该企业职工工资的标准差有显著变化.

(2) 可建立如下假设:

$$H_0 : \sigma^2 \leqslant 77^2 \quad \text{vs} \quad H_1 : \sigma^2 > 77^2$$

此时,检验的拒绝域为 $W = \{\chi^2 \geqslant \chi_{0.05}^2(29)\} = \{\chi^2 \geqslant 42.56\}$,而检验统计量不变,

由于 $\chi_0^2 = 48.91 > 42.56$，故拒绝 H_0，因此可以认为 $\sigma > 77$. ∎

6.3 两个正态总体参数的假设检验

在实际问题中，我们经常需要对两个正态总体均值或方差进行比较，这类问题的解决完全类似于单个正态总体的情形.

设 $x_1, x_2, \cdots, x_m$ 是从总体 $N(\mu_1, \sigma_1^2)$ 抽取的样本，$y_1, y_2, \cdots, y_n$ 是从总体 $N(\mu_2, \sigma_2^2)$ 抽取的样本，且两样本相互独立. 记相应的样本均值和样本方差分别为

$$\bar{x} = \frac{1}{m} \sum_{i=1}^{m} x_i, \quad \bar{y} = \frac{1}{n} \sum_{j=1}^{n} y_j \tag{6.3.1}$$

$$s_1^2 = \frac{1}{m-1} \sum_{i=1}^{m} (x_i - \bar{x})^2, \quad s_2^2 = \frac{1}{n-1} \sum_{j=1}^{n} (y_j - \bar{y})^2 \tag{6.3.2}$$

6.3.1 均值差 $\mu_1 - \mu_2$ 的假设检验

两个正态总体均值 μ_1 和 μ_2 的比较有以下三种形式：

$$H_0 : \mu_1 = \mu_2 \quad \text{vs} \quad H_1 : \mu_1 \neq \mu_2 \tag{6.3.3}$$

$$H_0 : \mu_1 = \mu_2 \quad \text{vs} \quad H_1 : \mu_1 > \mu_2 \tag{6.3.4}$$

$$H_0 : \mu_1 = \mu_2 \quad \text{vs} \quad H_1 : \mu_1 < \mu_2 \tag{6.3.5}$$

下面我们仅对常用的两种特殊情形进行讨论.

1. σ_1, σ_2 已知时的两样本 u 检验

先考虑式(6.3.3)，它等价于如下检验：

$$H_0 : \mu_1 - \mu_2 = 0 \quad \text{vs} \quad H_1 : \mu_1 - \mu_2 \neq 0$$

由于两个样本相互独立，故 $\bar{x}$ 与 $\bar{y}$ 也相互独立，并且

$$\bar{x} \sim N\left(\mu_1, \frac{\sigma_1^2}{m}\right), \quad \bar{y} \sim N\left(\mu_2, \frac{\sigma_2^2}{n}\right)$$

从而

$$\bar{x} - \bar{y} \sim N\left(\mu_1 - \mu_2, \frac{\sigma_1^2}{m} + \frac{\sigma_2^2}{n}\right)$$

注意到,当 H_0 成立时,$\mu_1 - \mu_2 = 0$,故

$$u = \frac{\bar{x} - \bar{y}}{\sqrt{\sigma_1^2/m + \sigma_2^2/n}} \tag{6.3.6}$$

服从标准正态分布 $N(0,1)$,因此选取 u 作为检验统计量. 于是对给定的显著性水平 α,运用与单个正态总体均值的 u 检验法的类似讨论,可得关于三种检验问题 $(6.3.3)\sim(6.3.5)$ 的拒绝域分别为

$$W_1 = \{|u| \geqslant u_{\alpha/2}\} \tag{6.3.7}$$

$$W_2 = \{u \geqslant u_\alpha\} \tag{6.3.8}$$

$$W_3 = \{u \leqslant -u_\alpha\} \tag{6.3.9}$$

2. $\sigma_1 = \sigma_2$ 但未知时的两样本 t 检验

记 $\sigma_1 = \sigma_2 = \sigma$,此时式 $(6.3.6)$ 的右端为 $\dfrac{\bar{x} - \bar{y}}{\sigma \sqrt{1/m + 1/n}}$,但其中 σ 未知. 由于

$s_w^2 = \dfrac{(m-1)s_1^2 + (n-1)s_2^2}{m+n-2}$ 是 σ^2 的无偏估计(见习题 5 第 12 题),故用 $s_w = \sqrt{s_w^2}$

代替 σ,即选用

$$t = \frac{\bar{x} - \bar{y}}{s_w \sqrt{1/m + 1/n}} \tag{6.3.10}$$

作为检验统计量. 由于当 H_0 成立时,$t \sim t(m + n - 2)$,故对给定的显著性水平 α,运用与单个正态总体均值的 t 检验法的类似讨论,可得关于检验问题 $(6.3.3)\sim$ $(6.3.5)$ 的拒绝域分别为

$$W_1 = \{|t| \geqslant t_{\alpha/2}(m + n - 2)\} \tag{6.3.11}$$

$$W_2 = \{t \geqslant t_\alpha(m + n - 2)\} \tag{6.3.12}$$

$$W_3 = \{t \leqslant -t_\alpha(m + n - 2)\} \tag{6.3.13}$$

下面将两个正态总体均值差的假设检验归纳于表 6.3.1,以备查用.

表 6.3.1　两个正态总体均值差的假设检验(显著性水平为 α)

检验法	条件	假设		检验统计量及其分布	拒绝域
		H_0	H_1		
u 检验	σ_1,σ_2 已知	$\mu_1=\mu_2$	$\mu_1\neq\mu_2$	$u=\dfrac{\bar{x}-\bar{y}}{\sqrt{\dfrac{\sigma_1^2}{m}+\dfrac{\sigma_2^2}{n}}}$ $\overset{H_0}{\sim}N(0,1)$	$\{|u|\geqslant u_{\alpha/2}\}$
		$\mu_1=\mu_2$	$\mu_1>\mu_2$		$\{u\geqslant u_{\alpha}\}$
		$\mu_1\leqslant\mu_2$			
		$\mu_1=\mu_2$	$\mu_1<\mu_2$		$\{u\leqslant -u_{\alpha}\}$
		$\mu_1\geqslant\mu_2$			
t 检验	σ_1,σ_2 相等未知	$\mu_1=\mu_2$	$\mu_1\neq\mu_2$	$t=\dfrac{\bar{x}-\bar{y}}{s_w\sqrt{\dfrac{1}{m}+\dfrac{1}{n}}}$ $\overset{H_0}{\sim}t(m+n-2)$	$\{|t|\geqslant t_{\alpha/2}\}$
		$\mu_1=\mu_2$	$\mu_1>\mu_2$		$\{t\geqslant t_{\alpha}\}$
		$\mu_1\leqslant\mu_2$			
		$\mu_1=\mu_2$	$\mu_1<\mu_2$		$\{t\leqslant -t_{\alpha}\}$
		$\mu_1\geqslant\mu_2$			

例 6.3.1　临床比较两种安眠药的疗效,将 20 名失眠患者随机分成两组,每组 10 人,分别服用甲、乙两种安眠药,服药后延长的睡眠时数如下:

甲:1.9,0.8,1.1,0.1,0.1,4.4,5.5,1.6,4.6,3.4

乙:0.7,2.0,0.0,0.8,3.4,-1.6,-0.2,-1.2,-0.1,3.7

假定两种安眠药延长时数服从正态分布,且方差相等. 试问甲种安眠药的疗效是否明显好于乙种安眠药的疗效?(取显著性水平 $\alpha=0.05$)

解　依题意,失眠者服用甲药后延长睡眠时数 $X\sim N(\mu_1,\sigma_1^2)$,服用乙药后延长睡眠时数 $Y\sim N(\mu_2,\sigma_2^2)$,且 $\sigma_1^2=\sigma_2^2$. 要检验的假设为

$$H_0:\mu_1\leqslant\mu_2 \quad \text{vs} \quad H_1:\mu_1>\mu_2$$

显然两样本独立. 由于两总体方差相等但未知,故用两样本 t 检验法.

对给定的显著性水平 $\alpha=0.05$,查附表 3 得 $t_{0.05}(18)=1.734$,故拒绝域为

$$W=\{t\geqslant 1.734\}$$

现在 $m=n=10,\bar{x}=2.35,\bar{y}=0.75,(m-1)s_1^2=35.145,(n-1)s_2^2=28.805$,于是,有

$$s_w=\sqrt{\frac{(m-1)s_1^2+(n-1)s_2^2}{m+n-2}}=\sqrt{\frac{35.145+28.805}{10+10-2}}=1.885$$

$$\sqrt{\frac{1}{m} + \frac{1}{n}} = \sqrt{\frac{1}{10} + \frac{1}{10}} = 0.447$$

由此可得检验统计量 $t = \dfrac{\bar{x} - \bar{y}}{s_w \sqrt{1/m + 1/n}}$ 的值

$$t_0 = \frac{2.35 - 0.75}{1.885 \times 0.447} = 1.90$$

可见样本值落入拒绝域,故拒绝 H_0,即认为甲种安眠药的疗效明显比乙种安眠药的疗效好.

3. 成对数据的 t 检验

在有些问题中,为了比较两种产品、两种仪器、两种方法等的差异,我们在相同的条件下做对比试验,得到一组成对数据,然后通过分析这组成对数据作出判断.下面我们通过一个具体的例子来介绍成对数据的比较问题.

例 6.3.2 为了比较两种谷物种子的优劣,特选取 10 块土质不全相同的土地,将每块土地分为面积相同的两部分,分别种植这两种种子,在 20 小块土地上进行同样的施肥和田间管理. 下表是各小块上的单位产量:

土地序号	1	2	3	4	5	6	7	8	9	10
种子 A 的单位产量 x	23	35	29	42	39	29	37	34	35	28
种子 B 的单位产量 y	30	39	35	40	38	34	36	33	41	31
$d = x - y$	-7	-4	-6	2	1	-5	1	1	-6	-3

假定谷物单位产量服从正态分布,试问:在显著性水平 $\alpha = 0.05$ 下,两种种子的平均单位产量有无显著差异?

解 在这个问题中出现了成对数据,每块土地上用两种种子得到的两个产量,不仅与种子有关,还与土质有关. 我们的目的不是比较 10 块土地土质之间的差异,而是比较两个种子之间的差异. 为此,应当去考察成对数据的差

$$d_i = x_i - y_i \quad (i = 1, 2, \cdots, 10)$$

它消除了土质差异这个不可控因素的影响,主要反映两种种子的优劣.

在正态性假定下,$d_1, d_2, \cdots, d_{10}$ 可视为取自正态总体 $N(\mu, \sigma^2)$ 的一个样本,检验两个种子之间有无差异就转化为检验如下假设:

$$H_0: \mu = 0 \quad \text{vs} \quad H_1: \mu \neq 0$$

这是单个正态总体均值是否为 0 的检验问题.

由于 σ 未知,故用 t 检验,检验统计量变成

$$t = \frac{\bar{d}}{s_d/\sqrt{n}}$$

其中 $\bar{d}$ 与 s_d 分别为 $d_1, d_2, \cdots, d_{10}$ 的样本均值与样本标准差. 对给定的显著性水平 $\alpha = 0.05$,查附表 3 得 $t_{0.025}(9) = 2.262$,拒绝域为

$$W = \{|t| \geqslant 2.262\}$$

由于 $n = 10, \bar{d} = -2.6, s_d = 3.5024$,于是 t 的值

$$t_0 = \frac{-2.6}{3.5024/\sqrt{10}} = -2.3475$$

可见样本值落入拒绝域,故拒绝 H_0,即认为两种种子的平均单位产量有显著差异. 进一步,平均单位产量差的点估计为 $\hat{\mu} = x - y = -2.6$,由此可见,种子 B 的平均单位产量要比种子 A 高. ∎

6.3.2　方差比 σ_1^2/σ_2^2 的假设检验

两个正态总体方差 σ_1^2 与 σ_2^2 的比较有以下三种形式:

$$H_0 : \sigma_1^2 = \sigma_2^2 \quad \text{vs} \quad H_1 : \sigma_1^2 \neq \sigma_2^2 \tag{6.3.14}$$

$$H_0 : \sigma_1^2 = \sigma_2^2 \quad \text{vs} \quad H_1 : \sigma_1^2 > \sigma_2^2 \tag{6.3.15}$$

$$H_0 : \sigma_1^2 = \sigma_2^2 \quad \text{vs} \quad H_1 : \sigma_1^2 < \sigma_2^2 \tag{6.3.16}$$

下面我们仅就常用的 μ_1 和 μ_2 均未知的情况进行讨论.

由于样本方差 s_1^2, s_2^2 分别是总体方差 σ_1^2, σ_2^2 的无偏估计,故可用 s_1^2/s_2^2 来估计 σ_1^2/σ_2^2. 由定理 4.2.6 可知,当 H_0 成立时,$\sigma_1^2/\sigma_2^2 = 1$,从而统计量 $s_1^2/s_2^2 \sim F(m-1, n-1)$,故检验统计量选为

$$F = s_1^2/s_2^2 \tag{6.3.17}$$

于是,对给定的显著性水平 α,运用与 χ^2 检验法类似的讨论,可得以上三个检验问题的拒绝域分别为

$$W_1 = \{F \leqslant F_{1-\alpha/2}(m-1, n-1)\} \bigcup \{F \geqslant F_{\alpha/2}(m-1, n-1)\} \tag{6.3.18}$$

$$W_2 = \{F \geqslant F_\alpha(m-1, n-1)\} \tag{6.3.19}$$

$$W_3 = \{F \leqslant F_{1-\alpha}(m-1, n-1)\} \tag{6.3.20}$$

由于以上三种检验法均利用 F 分布确定检验的拒绝域,故统称为 **F 检验法**.
我们把两个正态总体方差比的假设检验归纳于表 6.3.2,以备查用.

表 6.3.2　两个正态总体方差比的假设检验(显著性水平为 α)

假　设		检验统计量及其分布	拒绝域
H_0	H_1		
$\sigma_1^2 = \sigma_2^2$	$\sigma_1 \neq \sigma_2^2$		$\{F \leqslant F_{1-\frac{\alpha}{2}}\} \bigcup \{F \geqslant F_{\frac{\alpha}{2}}\}$
$\sigma_1^2 = \sigma_2^2$	$\sigma_1 > \sigma_2^2$	$F = \dfrac{s_1^2}{s_2^2} \overset{H_0}{\sim}$	$\{F \geqslant F_\alpha(m-1, n-1)\}$
$\sigma_1^2 \leqslant \sigma_2^2$		$F(m-1, n-1)$	
$\sigma_1^2 = \sigma_2^2$	$\sigma_1 < \sigma_2^2$		$\{F \leqslant F_{1-\alpha}(m-1, n-1)\}$
$\sigma_1^2 \geqslant \sigma_2^2$			

方差比 σ_1^2/σ_2^2 的检验主要用于两样本 t 检验中关于"两总体方差相等"的假设是否合理.

例 6.3.3(续例 6.3.1)　在例 6.3.1 中,我们假设"两正态总体的方差相等",即 $\sigma_1^2 = \sigma_2^2$.下面我们在显著性水平 $\alpha = 0.05$ 下来检验这一假设的合理性.即需要检验的假设为

$$H_0 : \sigma_1^2 = \sigma_2^2 \quad \text{vs} \quad H_1 : \sigma_1^2 \neq \sigma_2^2$$

由于 $\alpha = 0.05$,查附表 4 得 $F_{0.025}(9,9) = 4.03$,从而

$$F_{0.975}(9,9) = \frac{1}{F_{0.025}(9,9)} = \frac{1}{4.03} \approx 0.25$$

故拒绝域为

$$W = \{F \leqslant 0.25\} \bigcup \{F \geqslant 4.03\}$$

沿用例 6.3.1 中的数据,$s_1^2 = 3.905$,$s_2^2 = 3.201$,于是检验统计量 F 的观测值

$$F_0 = \frac{3.905}{3.201} \approx 1.22$$

由于 $0.25 < 1.22 < 4.03$,可见样本值没有落入拒绝域,故接受 H_0,即认为"两正态总体的方差相等"的假设是合理的. ∎

6.4　两个需要说明的问题

6.4.1　假设检验与置信区间的关系

细心的读者也许早就觉察到,正态总体参数的假设检验中所用的检验统计量与区间估计中所用的枢轴量是相同的,这不是偶然的,二者之间有着密切的联系,但二者在结果的解释上是有差别的.

为明确起见,设 $x_1, x_2, \cdots, x_n$ 是来自正态总体 $N(\mu, \sigma^2)$ 的样本. 下面在 σ 未知情形下,讨论均值 μ 的假设检验与区间估计的联系.

1　水平为 α 的检验与置信度为 $1-\alpha$ 的置信区间是一一对应的

考虑均值 μ 的双边检验问题:

$$H_0 : \mu = \mu_0 \quad \text{vs} \quad H_1 : \mu \neq \mu_0 \tag{6.4.1}$$

易知,水平为 α 的检验的接受域为

$$\overline{W} = \left\{ \left| \frac{\bar{x} - \mu_0}{s / \sqrt{n}} \right| \leqslant t_{\alpha/2}(n-1) \right\}$$

$$= \left\{ \bar{x} - \frac{s}{\sqrt{n}} t_{\alpha/2}(n-1) \leqslant \mu_0 \leqslant \bar{x} + \frac{s}{\sqrt{n}} t_{\alpha/2} \right\}$$

并且当 $H_0 : \mu = \mu_0$ 成立时,有 $P(\overline{W}) = 1 - \alpha$,这里 μ_0 并无限制. 若让 μ_0 在 $(-\infty, +\infty)$ 内取值,就可得到 μ 的置信度为 $1-\alpha$ 的置信区间:

$$\left(\bar{x} - \frac{s}{\sqrt{n}} t_{\alpha/2}(n-1), \bar{x} + \frac{s}{\sqrt{n}} t_{\alpha/2}(n-1) \right)$$

反之,若有一个上述置信度为 $1-\alpha$ 的置信区间,也可获得关于 $H_0 : \mu = \mu_0$ 的水平为 α 的检验. 因此"正态总体均值 μ 的置信度为 $1-\alpha$ 的置信区间"与"关于 $H_0 : \mu = \mu_0$ 的水平为 α 的双边检验"是一一对应的.

上述一一对应关系在其他检验问题中也存在,我们就不再一一赘述了.

2. 假设检验与区间估计的结果在解释上是有差别的

为简单起见,考虑在显著性水平 α 下,均值 μ 的双边检验:

$$H_0 : \mu = 0 \quad \text{vs} \quad H_1 : \mu \neq 0 \tag{6.4.2}$$

与求均值 μ 的置信度为 $1-\alpha$ 的置信区间,对不同的样本值,可能出现以下几种情况:

(1) 接受 $H_0:\mu=0$,置信区间为 $(-0.01,0.02)$;

(2) 接受 $H_0:\mu=0$,置信区间为 $(-100,200)$;

(3) 拒绝 $H_0:\mu=0$,置信区间为 $(100,200)$;

(4) 拒绝 $H_0:\mu=0$,置信区间为 $(0.01,0.02)$.

对情形(1),按假设检验,接受 $H_0:\mu=0$;按区间估计,μ 能取的最大值和最小值都很接近 0,这二者的解释是一致的.

对情形(2),按假设检验,接受 $H_0:\mu=0$;按区间估计,此区间包含 0,即 0 是 μ 的一个可能值,在这一点上与假设检验的结论一致.但仔细看一下此区间,在最大值 200 和最小值 -100 之间哪一个值都有可能.因此,从区间估计的角度看,实在没有多大把握认为 μ 能在 0 附近,这就与假设检验的结论不协调了.

对情形(3),按假设检验,拒绝 $H_0:\mu=0$;按区间估计,此区间不包含 0,即不把 0 看作 μ 的可能值,而且区间最小值 100 与 0 相距甚远,故认为 $\mu\neq0$ 的理由很充足.这样,区间估计的结论就强有力地支持了假设检验的结论.

对情形(4),按假设检验,拒绝 $H_0:\mu=0$;按区间估计,此区间不包含 0,可见二者一致.但仔细看一下此区间,我们发现整个区间在 0 附近,因此实质上可以认为 μ 就是 0.这样,区间估计的结论(在实质上)就与假设检验的结论不同了.

6.4.2　检验的 p 值

假设检验的结论是简单的,不是拒绝 H_0,就是接受 H_0.但是作出判断的依据的强度有多大? 没有一个数量的概念.这是假设检验这种统计推断形式的一个缺点.下面我们介绍检验的 p 值.它对上述情况可以做一些补救.我们从一个具体的例子开始谈起.

例 6.4.1　一支香烟中的尼古丁含量 $X\sim N(\mu,1)$,合格标准规定 μ 不能超过 1.5 mg.为判断一批香烟的尼古丁含量是否合格,从这批香烟中随机抽取一盒(20 支)香烟,测得平均每支的尼古丁含量为 $\bar{x}=1.97$ mg,试问这批香烟的尼古丁含量是否合格?

为了对这个问题作出判断,需要检验假设:

$$H_0: \mu \leqslant \mu_0 \quad \text{vs} \quad H_1: \mu > \mu_0$$

其中 $\mu_0 = 1.5$. 这是在正态总体方差已知的情况下对总体均值的右边检验问题,故

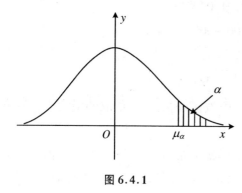

图 6.4.1

采用 u 检验法,即所用的检验统计量为

$$u = \frac{\bar{x} - \mu_0}{\sigma / \sqrt{n}}$$

拒绝域为(见图 6.4.1)

$$W = \{u \geqslant u_\alpha\}$$

由已知数据算出检验统计量 u 的值

$$u_0 = \frac{1.97 - 1.5}{1 / \sqrt{20}} = 2.10$$

在表 6.4.1 中列出了显著性水平 α 取不同值时对应的拒绝域和检验结论.

表 6.4.1　不同 α 下的拒绝域与检验结论

显著性水平	拒绝域	$u_0 = 2.10$ 时的检验结论
$\alpha = 0.05$	$\{u \geqslant 1.645\}$	拒绝 H_0
$\alpha = 0.025$	$\{u \geqslant 1.96\}$	拒绝 H_0
$\alpha = 0.01$	$\{u \geqslant 2.33\}$	接受 H_0
$\alpha = 0.005$	$\{u \geqslant 2.58\}$	接受 H_0

　　由表 6.4.1 可见,在一个较大的显著性水平 α 下得到"拒绝 H_0"的结论,而在一个较小的显著性水平 α 下却得到相反的结论,即"接受 H_0". 这是因为,当显著性水平 α 较大时,拒绝域较大,u_α 就小,从而 $u_0 \geqslant u_\alpha$,于是样本值落在拒绝域内,故拒绝 H_0;而当 α 变小时,拒绝域变小,u_α 就变大,从而 $u_0 < u_\alpha$,于是原来落在拒绝域内的样本值落在拒绝域外,故接受 H_0. 这就产生一个问题:能否找到一个显著性水平的临界值,对给定的显著性水平 α,通过把 α 与这个临界值比较大小来作出拒绝或接受 H_0 的结论? 答案是肯定的.

　　值得注意的是,在上述讨论中涉及两个尾部概率:

· 显著性水平 α 是检验统计量 u 的分布的尾部概率,即 $\alpha = P(u \geqslant u_\alpha)$;

· 另一个尾部概率是 $P(u \geqslant u_0)$ 记为 p,其中 $u_0 = 2.10$,由 u 的分布 $N(0,1)$

可以算得

$$p = P(u \geqslant u_0) = P(u \geqslant 2.10) = 0.017\,9$$

若以 $0.017\,9$ 为基准比较这两个尾部概率,则

(1) 当 $\alpha \geqslant 0.017\,9$ 时,$u_0 \geqslant u_\alpha$,$u_0 = 2.10$ 落在拒绝域内,此时应拒绝 H_0;

(2) 当 $\alpha < 0.017\,9$ 时,$u_0 < u_\alpha$,$u_0 = 2.10$ 落在接受域外,此时应接受 H_0.

由此可见,$p = 0.017\,9$ 是能用 $u_0 = 2.10$ 作出"拒绝 H_0"的最小的显著性水平,也就是前面提到的显著性水平的临界值,它就是该检验的 p 值.

一般情况下检验的 p 值定义如下:

定义 6.4.1　在一个假设检验问题中,拒绝原假设 H_0 的最小的显著性水平称为检验的 p 值.

例 6.4.2　在总体标准差 σ 未知的情况下,检验正态总体均值 μ 所用的统计量如式(6.2.10)所示,即

$$t = \frac{\bar{x} - \mu_0}{s / \sqrt{n}}$$

当 $H_0 : \mu = \mu_0$ 为真时,$t \sim t(n-1)$.若由样本值算出 t 统计量的值为 t_0,则三种检验问题的 p 值分别如下:

(1) 在 $H_0 : \mu = \mu_0$ vs $H_1 : \mu \neq \mu_0$ 的检验问题中,$p = P(|t| \geqslant |t_0|)$;

(2) 在 $H_0 : \mu = \mu_0$ vs $H_1 : \mu > \mu_0$ 的检验问题中,$p = P(t \geqslant t_0)$;

(3) 在 $H_0 : \mu = \mu_0$ vs $H_1 : \mu < \mu_0$ 的检验问题中,$p = P(t \leqslant t_0)$.

其中概率是用 $t(n-1)$ 分布计算的,不等号的方向与拒绝域相同.

例 6.4.3　在总体均值 μ 未知的情况下,检验正态总体方差 σ^2 所用的统计量如式(6.2.17)所示,即

$$\chi^2 = \frac{(n-1)s^2}{\sigma_0^2}$$

由样本值算出 χ^2 统计量的值为 χ_0^2,下面我们来求双侧检验

$$H_0 : \sigma^2 = \sigma_0^2 \quad \text{vs} \quad H_1 : \sigma^2 \neq \sigma_0^2$$

的 p 值.当 H_0 为真时,$\chi^2 \sim \chi^2(n-1)$,注意到 χ^2 分布不对称,用 χ_0^2 算出的两个尾部概率 $P(\chi^2 \leqslant \chi_0^2)$ 和 $P(\chi^2 \geqslant \chi_0^2)$,其和为 1 且必有一个不超过 0.5.由于检验的注意力总是放在拒绝域上,所以应当从中选一个较小的与 $\alpha/2$ 比较(α 为给定的

显著性水平),即把 $2\min\{P(\chi^2 \leqslant \chi_0^2), P(\chi^2 \geqslant \chi_0^2)\}$ 与 α 比较,进而作出判断.因此该检验的 p 值为

$$p = 2\min\{P(\chi^2 \leqslant \chi_0^2), P(\chi^2 \geqslant \chi_0^2)\}$$

通过把检验的 p 值与给定中的显著性水平 α 作比较,可以建立如下判断准则:

(1) 若 $\alpha \geqslant p$,则在显著性水平 α 下拒绝 H_0;

(2) 若 $\alpha < p$,则在显著性水平 α 下接受 H_0.

新判断准则与原判断准则(见 6.1.2 小节)是等价的.新判断准则跳过拒绝域,简化了判断过程,但要计算检验的 p 值.常称新判断准则为 **p 值检验法**.

检验的 p 值是当 H_0 成立时由检验统计量的值算出的尾部概率.p 值越小,表示当 H_0 成立时出现这一样本值的可能性越小,因而反对 H_0 的依据的强度越强.可见,p 值是衡量反对 H_0 依据的强度的尺度.一般,当 $p \leqslant 0.01$ 时,称拒绝 H_0 的依据很强或称检验是高度显著的;当 $0.01 < p \leqslant 0.05$ 时,称拒绝 H_0 的依据是强的或称检验是显著的;当 $0.05 < p \leqslant 0.1$ 时,称拒绝 H_0 的依据是弱的或称检验是不显著的;当 $p > 0.1$ 时,一般来说,没有理由拒绝 H_0.

检验的 p 值都可用相应的检验统计量的分布(如标准正态分布、t 分布、χ^2 分布、F 分布等)算得.很多统计软件都有此功能,在检验问题的输出中给出相应的 p 值.此时你可以把检验的 p 值与自己心目中的显著性水平 α 进行比较,就可立即作出自己的判断.例如,在正常情况下,若 p 值很小(如 $p \leqslant 0.01$)或 p 值很大(如 $p > 0.1$),则可立即作出"拒绝 H_0"或"接受 H_0"的判断,而在其他情况下还要与显著性水平 α 比较后再作判断.

例 6.4.4(续 6.2.3)　　例 6.2.3 是标准差 σ 未知时 μ 的左边检验:

$$H_0: \mu \geqslant 15 \quad \text{vs} \quad H_1: \mu < 15$$

用 t 检验法,检验统计量 $t = \dfrac{\bar{x} - \mu_0}{s/\sqrt{n}}$ 的值 $t_0 = -2.5$,检验的 p 值为

$$p = P_{\mu_0}(t < -2.5) = P_{\mu_0}(t > 2.5) = 0.0098$$

由于 p 值小于 0.01,故拒绝 H_0.

6.5* 　分布拟合检验

前面讨论的参数假设检验问题都是在总体分布的类型已知的情况下对分布中

的参数提出假设并进行检验的,它依赖于分布.但在许多实际问题中,往往事先并不知道总体的分布类型,这就需要根据样本对总体的分布类型提出假设并进行检验.这类不依赖于分布的假设检验称为**非参数假设检验**,由于这类检验方法都是研究如何用样本去拟合总体分布,所以又称为**分布拟合检验**.下面通过一个具体例子介绍这种检验方法.

例 6.5.1(续例 4.0.1)　试对例 4.0.1 中的问题(1)作出推断,即推断零件的尺寸 X 是否服从正态分布?

解　零件的尺寸 X 是一个连续型随机变量.我们的问题是,根据取自总体 X 的 100 个样本数据(见例 4.0.1)来推断总体 X 是否服从正态分布.为此提出假设:

$$H_0 : F(x) = F_0(x) \quad \text{vs} \quad H_1 : F(x) \neq F_0(x) \tag{6.5.1}$$

其中 $F(x)$ 为总体分布函数,$F_0(x)$ 为正态总体 $N(\mu, \sigma^2)$ 的分布函数,$F_0(x)$ 中含有两个未知参数.先利用样本(例 4.0.1 中 100 个数据)求出 μ 和 σ^2 最大似然估计:

$$\hat{\mu} = \frac{1}{100} \sum_{i=1}^{n} x_i = 503, \quad \hat{\sigma}^2 = \frac{1}{100} \sum_{i=1}^{n} (x_i - \bar{x})^2 = 16.96$$

这样,当 H_0 成立时,我们可以把 X 看作是近似服从 $N(503, 16.96)$ 的随机变量.下面用分布拟合检验来判断 H_0 是否成立.

6.5.1　直方图

直方图有助于我们对连续型总体 X 的分布函数有一个初步的判断.下面结合例 6.5.1 来引入直方图.

把样本分组:先找出样本中的最小值 $x_{(1)} = 492$ 和最大值 $x_{(100)} = 518$,选取区间 $(491.5, 518.5)$,将该区间 $(491.5, 518.5)$ 等分为 9 个小区间:

$$(a_{i-1}, a_i] \quad (i = 1, 2, \cdots, 9)$$

一般小区间个数约为 $\sqrt{n}$,每个小区间叫作一个组,这样就把样本分成了 9 组.

由统计样本落入第 i 组中的频数 n_i,算出频率 $f_i = n_i / n$.将它们列于表 6.5.1 中.

表 6.5.1　频数-频率分布表

组序	分组区间	频数 n_i	频率 f_i
1	$(491.5, 494.5]$	2	0.02
2	$(494.5, 497.5]$	5	0.05
3	$(497.5, 500.5]$	12	0.12
4	$(500.5, 503.5]$	30	0.30
5	$(503.5, 506.5]$	30	0.30
6	$(506.5, 509.5]$	12	0.12
7	$(509.5, 512.5]$	7	0.07
8	$(512.5, 515.5]$	1	0.01
9	$(515.5, 518.5]$	1	0.01

在平面直角坐标系的横坐标轴上标上各组区间的端点 $a_0, a_1, \cdots, a_9$，每组区间的长度 $d = a_i - a_{i-1}$ 叫作组距(本例中 $d = 3$)，在每组区间上以 $(a_{i-1}, a_i]$ 为底，以频率/组距 $= f_i/d$ 为高向上作长方形．这样，第 i 个长方形的面积

$$S_i = d \times \frac{f_i}{d} = f_i \quad (i = 1, 2, \cdots, 9)$$

显然，所有长方形的面积之和为 1．这样的图像称为**频率直方图**，简称**直方图**．根据表 6.5.1 中数据或利用 Excel 中的数据分析功能就可作出直方图，如图 6.5.1 所示．

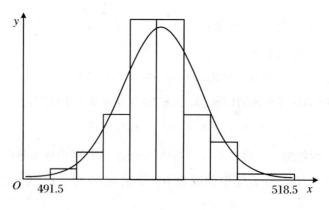

图 6.5.1

记总体 X 的密度函数为 $f(x)$（未知）. 由于频率近似于概率, 故有

$$f_i \approx P(a_{i-1} < X \leqslant a_i) = \int_{a_{i-1}}^{a_i} f(x)\mathrm{d}x \quad (i = 1,2,\cdots,9)$$

可见, 每组区间上的长方形面积近似等于以该区间为底、以曲线 $f(x)$ 为曲边的曲边梯形的面积. 因此, 直方图的顶部外形轮廓线（如图 6.5.1 所示）接近于曲线 $f(x)$. 可以想象, 当样本量 n 越来越大, 分组越来越细时, 这种接近程度越来越高, 即样本拟合总体分布越来越好. 因此直方图大致地描述了连续型总体 X 的概率分布情况.

由图 6.5.1 可见, 直方图的顶部外形轮廓线呈现出"两头低, 中间高, 单峰, 左右基本对称"的特点, 这与正态曲线相似, 由此可从直观上初步判断原假设符合实际情况.

6.5.2　χ^2 拟合检验

χ^2 拟合检验法是皮尔逊（K. Pearson）提出的一种常用的分布拟合检验法, 其基本思想如下：

将总体 X 的可能取值的全体分组, 一般分成 k 个互不相交的区间：

$$A_i = (a_{i-1}, a_i] \, (i = 1,2,\cdots,k)$$

统计样本 $x_1, x_2, \cdots, x_n$ 落入 $A_i (i = 1,2,\cdots,k)$ 中的频数 n_i, 称为实际频数或经验频数, $\sum_{i=1}^{k} n_i = n$. 这表明：在对 X 的 n 次独立试验（抽样）中, 事件 $A_i =$ "X 的取值落入区间 A_i 中"出现了 n_i 次, 从而事件 A_i 的频率为 $n_i/n (i = 1,2,\cdots,k)$.

当 H_0 成立时, 算出事件 A_i 的概率

$$p_i = P(A_i) = F_0(a_i) - F_0(a_{i-1}) \quad (i = 1,2,\cdots,k)$$

从理论上讲, 样本落入 $A_i (i = 1,2,\cdots,k)$ 中的个数应有 np_i, 称为理论频数. 若 $F_0(x)$ 含有未知参数, 则先求出未知参数的最大似然估计, 再计算 p_i 值.

当 H_0 成立时, 由伯努利大数定律知, 若 n 充分大, 则 $n_i/n \approx p_i$, 即 $n_i \approx np_i$. 此时 $n_i - np_i$ 应当比较小, 基于这个想法, 皮尔逊 1900 年提出用

$$\chi^2 = \sum_{i=1}^{k} \frac{(n_i - np_i)^2}{np_i} \tag{6.5.2}$$

作为检验统计量, 其中对每一项除以 np_i 是为了减小理论频数 np_i 比较大的那些

项在和式中的影响. 显然, χ^2 值的大小度量了样本与分布函数 $F(x)$ 的拟合程度. 当 H_0 成立时, χ^2 值不应过大, 否则应当拒绝 H_0. 因此拒绝域的形式应为

$$W = \{\chi^2 \geqslant c\} \quad (c \text{ 待定})$$

为了确定 c 的值, 需要知道 χ^2 的分布, 费希尔在 1924 年证明了下面的定理.

定理 6.5.1　在一定的条件下, 若 H_0 成立, 则当 $n \to \infty$ 时, 有

$$\chi^2 \to \chi^2(k - r - 1)$$

其中 r 为 $F_0(x)$ 中所含未知参数的个数.

必须指出的是, 当 $F_0(x)$ 中含有未知参数时, 未知参数的估计必须是最大似然估计, 否则定理 6.5.1 的结论不成立.

检验统计量(6.5.2)称为**皮尔逊 χ^2 统计量**, 简称 **χ^2 统计量**. 由定理 6.5.1 知, 当 H_0 成立时, 若 n 充分大, 则 χ^2 统计量近似服从 $\chi^2(k - r - 1)$ 分布. 于是, 在显著性水平 α 下, 查附表 2 得临界值 $c = \chi^2_\alpha(k - r - 1)$, 使

$$P(\chi^2 \geqslant \chi^2_\alpha(k - r - 1)) = \alpha$$

因此拒绝域为

$$W = \{\chi^2 \geqslant \chi^2_\alpha(k - r - 1)\} \tag{6.5.3}$$

注　由于 χ^2 拟合检验是基于 χ^2 统计量的极限分布得到的, 故在使用时要求 n 比较大, 一般经验上认为 $n \geqslant 50$. 另外, $np_i (i = 1, 2, \cdots, k)$ 最好不小于 5, 否则可把相邻区间合并, 以满足这个条件.

现在我们回到例 6.5.1. 从直方图初步判断 $F_0(x)$ 是正态总体 $N(\mu, \sigma^2)$ 的分布函数, 并求出 μ, σ^2 的最大似然估计分别为 $\hat{\mu} = 503, \hat{\sigma}^2 = 16.96$. 因此, 当 H_0 成立时, 可以认为总体 X 近似服从正态分布 $N(503, 16.96)$.

将 X 的可能取值的全体分成 9 个区间, 如表 6.5.2 第 1 列所示. 而事件 $A_i =$ "X 的取值落入区间 A_i" $(i = 1, 2, \cdots, 9)$ 的概率可按下式计算:

$$p_i = \Phi\left(\frac{a_i - 503}{4.12}\right) - \Phi\left(\frac{a_{i-1} - 503}{4.12}\right)$$

计算结果如表 6.5.2 第 3 列所示.

χ^2 值的计算可在表 6.5.1 的基础上进行. 计算过程如表 6.5.2 所示.

在表 6.5.2 中, 由于第 1, 8, 9 组对应的 $np_i (i = 1, 8, 9)$ 都小于 5, 故将第 1, 2 组合并, 将第 7~9 组合并. 合并后共 6 组, 即 $k = 6$, 而 $r = 2$, 所以 χ^2 统计量近似

服 $\chi^2(3)$ 分布. 于是,在显著性水平 $\alpha = 0.05$ 下,查附表 2 得 $\chi^2_{0.05}(3) = 7.81$. 由于

$$\chi^2 = 5.45 < 7.81$$

即样本未落入拒绝域中,故在显著性水平 0.05 下,接受 H_0,即认为样本来自于正态总体 $N(503, 16.96)$.

表 6.5.2 例 6.5.1 的 χ^2 拟合检验计算表

A_i	n_i	p_i	np_i	$\dfrac{(n_i - np_i)^2}{np_i}$
$A_1:(-\infty, 494.5]$	2 ⎫ 7	0.020 ⎫ 0.091	2.0 ⎫ 9.1	0.48
$A_2:(494.5, 497.5]$	5 ⎭	0.071 ⎭	7.1 ⎭	
$A_3:(497.5, 500.5]$	12	0.179	17.9	1.94
$A_4:(500.5, 503.5]$	30	0.273	27.3	0.27
$A_5:(503.5, 506.5]$	30	0.258	25.8	0.68
$A_6:(506.5, 509.5]$	12	0.141	14.1	0.31
$A_7:(509.5, 512.5]$	7 ⎫	0.047 ⎫	4.7 ⎫	
$A_8:(512.5, 515.5]$	1 ⎬ 9	0.010 ⎬ 0.058	1.0 ⎬ 5.8	1.77
$A_9:(515.5, +\infty)$	1 ⎭	0.001 ⎭	0.1 ⎭	
合计	100	1.00	100	$\chi^2 = 5.45$

该检验的 p 值为 $p = P(\chi^2 \geqslant 5.45) \approx 0.14 > 0.05$,由此得到与前面相同的检验结论. 我们从 p 值还可以看出样本数据与正态分布 $N(503, 16.96)$ 拟合得较好.

例 6.5.2 为募集社会福利基金,某地方政府发行福利奖券,中奖者通过摇转盘的方法确定最后中奖金额. 转盘被均分为 20 份,其中金额为 5 万、10 万、20 万、30 万、50 万、100 万的分别占 2 份、4 份、6 份、4 份、2 份、2 份. 假定转盘是均匀的,即每一点朝正下方是等可能的. 则中奖金额 X 的分布列如表 6.5.3 所示.

表 6.5.3 中彩者所得奖金的分布列

X(万元)	5	10	20	30	50	100
P	0.1	0.2	0.3	0.2	0.1	0.1

现有 50 人(次)参加摇奖,摇得 5 万、10 万、20 万、30 万、50 万和 100 万的人数分别为 7,13,15,9,6,0,由于没有一个人摇到 100 万,因此有人怀疑转盘是不均匀

的. 试问此人的怀疑是否成立呢?

解　依题意,需要对转盘是否均匀作出判断,而"转盘是均匀的"等价于"X 的分布列如表 6.5.3 所示",故需检验的原假设为

$$H_0: X \text{ 的分布列如表 6.5.3 所示}$$

这是一个典型的 χ^2 拟合检验问题. 这里 $k=6, r=0$,若给定显著性水平 $\alpha = 0.05$,查附表 2 得 $\chi^2_{0.05}(5) = 11.07$. 则关于 H_0 的拒绝域为

$$W = \{\chi^2 \geqslant 11.07\}$$

则由样本数据可以算出

$$\chi^2 = \frac{(7-5)^2}{5} + \frac{(13-10)^2}{10} + \frac{(15-15)^2}{15} + \frac{(9-10)^2}{10}$$

$$+ \frac{(6-5)^2}{5} + \frac{(0-5)^2}{5} = 7.0$$

由于 $\chi^2 = 7.0 < 11.07$,故接受 H_0,即没有理由认为大转盘不均匀.

该检验的 p 值为

$$p \approx P(\chi^2 \geqslant 7.0) = 0.22 > 0.05$$

因此同样作出接受 H_0 的判断,即认为转盘是均匀的.　　　　　　■

习　题　6

1. 单项选择题:

(1) 在假设检验问题中,一般情况下(　　).

　　A. 只犯第一类错误　　　　　　　　B. 只犯第二类错误

　　C. 两类错误都可能发生　　　　　　D. 不会犯错误

(2) 若 α 和 β 分别为假设检验中犯第一类错误和犯第二类错误的概率,则在样本量 n 固定的情况下,α 和 β(　　).

　　A. 可同时变小　　　　　　　　　　B. 可同时变大

　　C. 一个增大,另一个必减小　　　　D. 变化趋势不定

(3) 对单边检验 $H_0: \mu = \mu_0$ vs $H_1: \mu < \mu_0$ 和 $H_0: \mu \geqslant \mu_0$ vs $H_1: \mu < \mu_0$,在同一显著性水平下,以下说法正确的是(　　).

　　A. 两种检验问题所用的检验统计量相同,拒绝域也相同

B. 两种检验问题所用的检验统计量相同,但拒绝域不同

C. 两种检验问题所用的检验统计量不同,拒绝域也不同

D. 两种检验问题没有什么必然的联系

(4) 对正态总体 $N(\mu,\sigma^2)$,设检验的原假设为 $H_0:\sigma^2 \leqslant 4$,那么在显著性水平 α 下,$(n-1)s^2/4 \geqslant ($)时,拒绝 H_0.

  A. $\chi^2_{1-\alpha/2}(n-1)$ B. $\chi^2_{\alpha/2}(n-1)$

  C. $\chi^2_{1-\alpha}(n-1)$ D. $\chi^2_{\alpha}(n-1)$

(5) 若根据样本算得检验问题 $H_0:\sigma^2=\sigma_0^2$ vs $H_1:\sigma^2 \neq \sigma_0^2$ 的 p 值为 0.06,则在显著性水平( )下,应该作出拒绝原假设 H_0 的判断.

  A. 0.05   B. 0.01   C. 0.025   D. 0.10

2. 填空题:

(1) 假设检验依据的是_____原理.

(2) 任何检验法都会犯两类错误(第一类错误和第二类错误). 显著性水平 α 是犯_____错误的概率的上界.

(3) 设 $x_1,x_2,\cdots,x_n$ 是来自正态总体 $N(\mu,\sigma^2)$ 的一个样本,σ^2 未知. 若在显著性水平 α 下,检验假设 $H_0:\mu=\mu_0$ vs $H_1:\mu \neq \mu_0$,则所选用的检验统计量是_____,当 H_0 成立时,它服从_____分布,拒绝域为_____.

(4) 设 $x_1,x_2,\cdots,x_n$ 是来自正态总体 $N(\mu,\sigma^2)$ 的一个样本,μ 未知. 若在显著性水平 α 下,检验假设 $H_0:\sigma^2 \leqslant \sigma_0^2$ vs $H_1:\sigma^2 > \sigma_0^2$,则所选用的检验统计量是_____,当 H_0 成立时,它服从_____分布,拒绝域为_____.

(5) 设 $x_1,x_2,\cdots,x_m$ 是来自总体 $N(\mu_1,\sigma_1^2)$ 的一个样本;$y_1,y_2,\cdots,y_n$ 是来自总体 $N(\mu_2,\sigma_2^2)$ 的一个样本,其中 μ_1,μ_2 均未知,且两样本相互独立,s_1^2,s_2^2 分别为对应的样本方差. 若在显著性水平 α 下,检验假设 $H_0:\sigma_1^2=\sigma_2^2$ vs $H_1:\sigma_1^2 \neq \sigma_2^2$,则所选用的检验统计量是_____,当 H_0 成立时,它服从_____分布,拒绝域为_____.

3. 设总体 $X \sim N(\mu,300^2)$,对检验问题:

$$H_0:\mu=\mu_0=900 \quad vs \quad H_1:\mu > \mu_0$$

抽取样本量为 25 的样本,若检验的拒绝域为 $W=\{\bar{x} \geqslant 995\}$.

(1) 求犯第一类错误的概率;

(2) 若 $\mu=1\,070$,问犯第二类错误的概率是多少?

4. 在假设检验问题中,若检验结论是拒绝原假设,则检验可能犯哪一类错误? 若检验

结论是接受原假设,则检验又有可能犯哪一类错误?

5. 某厂生产的一批钢管的长度服从正态分布 $N(\mu,\sigma^2)$,从中抽取 9 根,测得其长度(单位:mm)如下:

　　　31.31, 28.73, 28.41, 30.19, 28.75, 30.72, 29.78, 30.31, 29.39

试分别在下列条件下检验是否可以认为这批钢管的平均长度是 30 mm:(1) 已知 $\sigma^2=1.21$;(2) σ^2 未知.(取显著性水平为 0.05.)

6. 按照劳动法规定,工人平均每天的劳动时间不得超过 8 h,今从某公司随机选取一位员工,抽查其一个月(按 30 天计)的每天工作时间(单位:h),得到数据如下:

　　　9, 7, 9, 8, 10, 9, 8, 10, 11, 8, 7, 6, 8, 10, 7

　　　9, 8, 9, 7, 10, 6, 8, 11, 10, 7, 9, 8, 9, 10, 9

假设该公司员工每天的工作时间服从正态分布 $N(\mu,2)$,试问该员工的工作时间是否符合劳动法的规定?(取显著性水平为 0.05.)

7. 某地区环保部门规定,废水处理后水中某种有毒物质的平均浓度不得超过 10 mg/L,现从某废水处理厂随机抽取 15 份处理后的水样,测得 $\bar{x}=9.5$ mg/L,假定废水处理后有毒物质的含量服从标准差为 2.5 mg/L 的正态分布,试在显著性水平 0.05 下,判断该厂处理后的水是否合格.

8. 根据以往资料分析,某厂生产的一批钢筋的抗拉强度(单位:kg/mm²)服从正态分布,今随机抽取 6 根钢筋进行抗拉强度测试,测得数据如下:

　　　48.5, 49.0, 53.5, 56.0, 52.5, 49.5

试由此判断这批钢筋的平均抗拉强度是否为 52.(取显著性水平为 0.05.)

9. 考察一鱼塘中鱼的含汞量,从中捞出 10 条鱼,测得其含汞量(单位:mg)如下:

　　　0.8, 1.6, 0.9, 0.8, 1.2, 0.4, 0.7, 1.0, 1.2, 1.1

假定鱼的含汞量服从正态分布 $N(\mu,\sigma^2)$,试在显著性水平 0.10 下,检验假设

$$H_0:\mu\leqslant 1.2 \quad \text{vs} \quad H_1:\mu>1.2$$

10. 某厂计划投资 1 万元的广告费以提高某种糖果的销售量,一商店经理预计此项计划可使平均每周销售量达到 450 kg. 执行此项计划一个月后,调查了 17 家商店,算得平均销售量 $\bar{x}=418$ kg,标准差为 70 kg.设每周该种糖果的销售量服从正态分布,试在显著性水平 0.10 下,检验此项计划是否达到了该商店经理的预计效果.

11. 维尼纶的纤度 $X\sim N(\mu,\sigma^2)$,由以往资料知,$\mu=1.41,\sigma^2=0.048$.某日抽取 5 根纤维,测得其纤度:1.32,1.53,1.36,1.40,1.44.试在显著性水平 0.10 下,检验:

(1) 这一天维尼纶纤度的均值 μ 有无显著变化;

(2) 这一天维尼纶纤度的方差 σ^2 有无显著变化.

12. 根据设计要求,某种零件的内径为 2 cm,标准差不超过 0.10 cm,现从某厂生产的一批这种零件中抽取 25 个,测得其平均内径为 2.12 cm,标准差为 0.12 cm,假定零件内径服从正态分布,试在显著性水平 0.05 下,检验这批零件的内径是否符合设计要求.

13. 某厂生产的某种型号的电池,长期以来其寿命服从方差为 5 000 小时^2 的正态分布. 现有一批这种电池,为了考察其寿命波动性的大小,从中抽取 26 只检测,算得样本方差为 7 200 小时^2. 试在显著性水平 0.02 下,检验这批电池寿命的波动性是否明显地偏大.

14. 某厂铸造车间为提高缸体的耐磨性而试制了一种镍合金铸件以取代一种铜合金铸件,现从两种铸件中各抽一个样本进行硬度测试,其结果如下:

$$\text{镍合金铸件硬度}(X): 72.0, 69.5, 74.0, 70.5, 71.8$$

$$\text{铜合金铸件硬度}(Y): 69.8, 70.0, 72.0, 68.5, 73.0, 70.0$$

由以往资料知,$X \sim N(\mu_1, 4)$,$Y \sim N(\mu_2, 5)$,试在显著性水平 0.05 下,检验:

$$H_0: \mu_1 = \mu_2 \quad \text{vs} \quad H_1: \mu_1 \neq \mu_2$$

15. 某卷烟厂生产的甲、乙两种香烟,现分别独立地对两种香烟的尼古丁含量做 6 次测试,其结果如下:

$$\text{甲}: 25, 28, 23, 26, 29, 22$$

$$\text{乙}: 28, 23, 30, 35, 21, 27$$

若香烟的尼古丁含量服从正态分布,且方差相等,试问这两种香烟的尼古丁的平均含量有无显著差异?(取显著性水平为 0.05.)

16. 在 10 块相同的地上对甲、乙两种玉米进行独立对比试验,获得这两种玉米的产量(单位:kg)如下:

$$\text{甲}: 951, 966, 1\ 008, 1\ 082, 983$$

$$\text{乙}: 730, 864, 742, 774, 990$$

假定甲、乙两种玉米的产量均服从正态分布,且方差相等,试在显著性水平 0.05 下,检验甲种玉米的平均产量是否明显高于乙种玉米.

17. 在第 15,16 题中,都假定两正态总体的"方差相等",请你在显著性水平 0.05 下,检验这个假设是否成立.

18. 有两台车床生产同一种滚珠,滚珠直径服从正态分布. 从中分别抽取 8 个和 9 个滚珠,测其直径(单位:mm)如下:

　　　　甲车床:15.0,14.5,15.2,15.5,14.8,15.1,15.2,14.8

　　　　乙车床:15.2,15.0,14.8,15.2,15.0,15.0,14.8,15.1,14.8

试在显著性水平 0.05 下,检验:

　　(1) 两台车床生产的滚珠直径的方差是否相等;

　　(2) 两台车床生产的滚珠直径的均值是否相等.

　　19. 一家石油公司研制一种汽油添加剂,用来增加每升汽油的可行驶里程.为检验这种添加剂的效果,安排 10 辆汽车进行试验:每辆汽车先后使用有添加剂和无添加剂的汽油在同一条路线上行驶,分别记录每升汽油平均行驶的里程,获得数据如下表.以 X 和 Y 分别表示有添加剂和无添加剂的每升汽油平均行驶的里程,并假定均服从正态分布,试用假设检验说明添加剂的效果是否显著.

题 19 表

序号	1	2	3	4	5	6	7	8	9	10
X	6.05	4.50	5.59	4.96	6.30	5.20	5.77	5.27	4.03	3.29
Y	5.77	4.11	5.27	4.53	6.05	4.74	5.45	4.85	3.72	3.08
$X-Y$	0.28	0.39	0.32	0.43	0.25	0.46	0.32	0.42	0.31	0.21

　　20. 为了比较测定活水中氯气含量的两种方法,特在各种场合收集到 8 个污水水样,每个水样均用这两种方法测定氯气含量(单位:mg/L),获得数据如下表. 设总体为正态分布,试在显著性水平 0.05 下,比较两种测定方法是否有显著差异,并请给出检验的 p 值和结论.

题 20 表

水样号	1	2	3	4	5	6	7	8
方法一 x	0.36	1.35	2.56	3.92	5.35	8.33	10.70	10.91
方法二 y	0.39	0.84	1.76	3.35	4.69	7.70	10.52	10.92

　　21. 农夫山泉 550 mL 瓶装饮用水外包装标签上标注的信息有:"每 100 mL 水中钙含量不小于 400 μg". 为检验标签中的信息是否真实,抽取 100 瓶测得钙含量的平均值为 405 μg,标准差为 5 μg. 试在显著性水平 0.05 下,运用检验的 p 值判断农夫山泉关于钙含量的信息标注是否真实.

　　22. 在第 21 题中,若要求钙含量的标准差不超过 5 μg. 试在显著性水平 0.05 下,运用检验的 p 值判断农夫山泉关于钙含量的波动是否符合要求.

23*：一项调查结果声称某市老年人口（年龄在 65 岁以上）比例为 14.7%，该市老龄人口研究会为了检验该项调查是否可靠，随机抽取 400 位居民，发现其中老年人有 57 位．试在显著性水平 0.05 下，检验该市老年人口比例是 14.7% 的说法是否成立，并请给出检验的 p 值和结论．

24*：为了考察某个电话总机在午夜 0:00～1:00 内电话接错的次数 X，统计了 200 天的记录，得到如表所示的数据．

题 24 表

接错次数	0	1	2	3
频数 n_i	109	65	22	4

在显著性水平 0.10 下，能否认为 X 服从泊松分布？

25*：为了研究患某种疾病 21～44 岁男子的血压（收缩压，单位：mmHg）这一总体 X．抽查了 66 个男子，测得数据如下：

100，130，120，138，110，100，115，134，120，122，110

120，115，162，130，130，110，147，122，120，131，100

138，124，96，126，120，130，142，110，128，120，124

110，119，132，125，131，117，112，148，108，107，117

121，130，119，121，132，118，126，117，98，115，123

141，129，140，120，100，141，106，114，152，122，131

(1) 作出直方图，初步判断总体分布的类型；

(2) 试在显著性水平 0.10 下，检验总体 X 是否服从正态分布．

第7章 回归分析

在实际问题中,经常需要研究变量之间的关系.一般来说,变量之间的关系有两类:一类是确定性的关系,这类变量之间的关系可以用熟知的函数形式表达.例如圆面积 S 与圆半径 r 之间具有函数关系 $S = \pi r^2$.另一类是非确定性的关系,这类变量之间有关系,但不能用函数形式表达.例如人的体重 y 与身高 x 之间有关系,一般而言,较高的人体重较重,但同样高的人的体重未必都相同;又如居民的消费额与他的收入之间有关系,但同样收入的人消费额也未必相同.变量之间的这种非确定性的关系称为**相关关系**.

对于相关关系,虽然找不到变量之间确切的函数表达式,但我们可以通过大量的观测数据,发现它们之间存在一定的统计规律性,回归分析是研究变量之间相关关系的一种统计方法,它的主要任务是寻求一个变量 y 关于另一个变量 x 或关于若干个变量 $x_1, x_2, \cdots, x_p$ 之间恰当的数学表达式,以近似地描述变量之间的相关关系.这里 y 称为因变量,x 或 $x_1, x_2, \cdots, x_p$ 称为自变量.本章讨论较简单但应用价值却很大的一类相关关系,即假定自变量是普通变量,其值是可以控制或精确测量的,但因变量是一个随机变量.

按照自变量个数的不同,回归分析有一元与多元之分,本章主要讨论一元回归分析.对于多元情形,仅作简单介绍.

7.1 一元线性回归模型

7.1.1 一元线性回归模型

先看一个例子.

例 7.1.1　一保险公司希望确定居民住户火灾造成的损失金额 y 和居民住户与最近的消防站相隔距离 x 之间的关系,以便确定出合理的保险金额. 为此,保险公司收集了 15 起居民火灾事故的损失金额和火灾发生住户与最近的消防站相隔距离的数据,如表 7.1.1 所示.

表 7.1.1　火灾损失数据

相隔距离 x(千米)	0.7	1.1	1.8	2.1	2.3	2.6	3.0	3.1
损失金额 y(千元)	14.1	17.3	17.8	24.0	23.1	19.6	22.3	27.5
相隔距离 x(千米)	3.4	3.8	4.3	4.6	4.8	5.5	6.1	
损失金额 y(千元)	26.2	26.1	31.3	31.3	36.4	36.0	43.2	

通常将收集的数据记为 (x_i, y_i)($i = 1, 2, \cdots, n$). 为了直观起见,将这 n 对数据作为平面直角坐标系中的 n 个点,并将它们标在 xOy 平面上,得到的图称为**散点图**. 本例中 $n = 15$,散点图如图 7.1.1 所示.

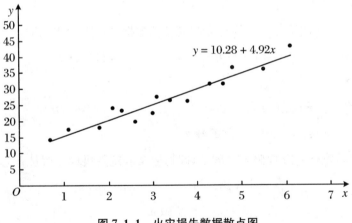

图 7.1.1　火灾损失数据散点图

从散点图可见,本例的 15 个点基本分布在一条直线附近. 这说明变量 y 与 x 之间的关系基本上可以看成是线性关系,这些点与直线之间的纵向偏差可以认为是由其他一些未加考虑的因素,包括随机因素的影响而引起的,记这个偏差为 ε. 这样,变量 y 与 x 之间的相关关系可以表示为

$$y = \beta_0 + \beta_1 x + \varepsilon \tag{7.1.1}$$

式(7.1.1)称为**一元线性回归模型**,其中 β_0, β_1 为未知参数,称它们为**回归系数**,有

时也专称 β_0 为回归常数, ε 称为**随机误差**. 一般假定

$$E(\varepsilon) = 0, \quad 0 < D(\varepsilon) = \sigma^2 < +\infty \tag{7.1.2}$$

假定 $E(\varepsilon) = 0$ 并不苛刻. 若 $E(\varepsilon) \neq 0$, 则可将它吸收到回归常数 β_0 中去.

由于自变量 x 给定后, 因变量 y 并不能随之确定, 它是一个与 x 有关的随机变量, 具有不确定性, 故直接研究 y 与 x 之间的相关关系是困难的. 若考虑研究 $E(y)$ 与 x 之间的关系, 则在假设 (7.1.2) 下, 随机变量 y 的不确定性通过期望 $E(y)$ 被消除了, 这样 $E(y)$ 与 x 之间就是一种确定性关系, 即函数关系:

$$E(y) = \beta_0 + \beta_1 x \tag{7.1.3}$$

称为 y 关于 x 的理论回归函数. 我们可以通过研究回归函数 (7.1.3) 来达到探讨 y 与 x 之间的相关关系的目的.

在模型 (7.1.1) 中, 由于 β_0, β_1 未知, 需要从收集到的数据 (x_i, y_i) $(i = 1, 2, \cdots, n)$ 出发进行估计. 在收集数据时, 对 x 取定一组不完全相同的值 $x_1, x_2, \cdots, x_n$, 通常要求 $y_1, y_2, \cdots, y_n$ 分别是在 $x_1, x_2, \cdots, x_n$ 处对 y 进行独立观测的结果, 即假定 $y_1, y_2, \cdots, y_n$ 相互独立 (未必同分布).

综上所述, 我们给出一元线性回归模型的数据结构表达式如下:

$$y_i = \beta_0 + \beta_1 x_i + \varepsilon_i \quad (i = 1, 2, \cdots, n) \tag{7.1.4}$$

其中

$$\begin{cases} E(\varepsilon_i) = 0, \quad D(\varepsilon_i) = \sigma^2 \quad (i = 1, 2, \cdots, n) \\ \varepsilon_1, \varepsilon_2, \cdots, \varepsilon_n \text{ 相互独立} \end{cases} \tag{7.1.5}$$

在对未知参数进行假设检验和区间估计时, 通常假定随机误差服从正态分布, 即

$$\begin{cases} \varepsilon_i \sim N(0, \sigma^2) \quad (i = 1, 2, \cdots, n) \\ \varepsilon_1, \varepsilon_2, \cdots, \varepsilon_n \text{ 相互独立} \end{cases} \tag{7.1.6}$$

显然, 假定式 (7.1.6) 比式 (7.1.5) 要强. 以下简称式 (7.1.5) 为一元线性回归模型的**一般性假定**, 而称式 (7.1.6) 为**正态性假定**.

一元线性回归分析主要解决以下三个问题:

(1) 利用收集的数据 (x_i, y_i) $(i = 1, 2, \cdots, n)$ 求未知参数 β_0, β_1 和 σ^2 的估计 $\hat{\beta}_0$, $\hat{\beta}_1$ 和 $\hat{\sigma}^2$, 并称

$$\hat{y} = \hat{\beta}_0 + \hat{\beta}_1 x \tag{7.1.7}$$

为 y 关于 x 的**经验回归函数**,简称为**回归方程**,其图像称为**回归直线**.给定 $x = x_0$ 后,称 $\hat{y}_0 = \hat{\beta}_0 + \hat{\beta}_1 x_0$ 为**回归值**(在不同场合下也称之为**拟合值**或**预测值**).

(2) 检验变量 y 与 x 之间是否存在线性关系.

(3) 利用回归方程(7.1.7)进行预测或控制.

7.1.2 回归系数的最小二乘估计

如何利用收集的数据 $(x_i, y_i)(i = 1, 2, \cdots, n)$ 求 β_0, β_1 的估计值 $\hat{\beta}_0, \hat{\beta}_1$? 直观上,自然希望估计值 $\hat{\beta}_0, \hat{\beta}_1$ 应使回归直线(7.1.7),即 $\hat{y} = \hat{\beta}_0 + \hat{\beta}_1 x$ "最接近"这 n 个点 $(x_i, y_i)(i = 1, 2, \cdots, n)$. 怎样衡量直线 $\hat{y} = \hat{\beta}_0 + \hat{\beta}_1 x$ 与 n 个点 $(x_i, y_i)(i = 1, 2, \cdots, n)$ 的接近程度呢? 为此,我们作在 $x_i(i = 1, 2, \cdots, n)$ 处的观测值 y_i 与直线(7.1.7)在 x_i 处的纵坐标 $\hat{y}_i$ 的差:

$$e_i = y_i - \hat{y}_i = y_i - \hat{\beta}_0 - \hat{\beta}_1 x_i \tag{7.1.8}$$

它表示点 (x_i, y_i) 与直线(7.1.7)的纵向偏差,称为在 x_i 处的残差. 再作

$$S(\hat{\beta}_0, \hat{\beta}_1) = \sum_{i=1}^n e^2 = \sum_{i=1}^n (y_i - \hat{\beta}_0 - \hat{\beta}_1 x_i)^2 \tag{7.1.9}$$

称为**残差平方和**.易见,我们可以用 $S(\hat{\beta}_0, \hat{\beta}_1)$ 的大小来衡量直线 $\hat{y} = \hat{\beta}_0 + \hat{\beta}_1 x$ 与 n 个点 $(x_i, y_i)(i = 1, 2, \cdots, n)$ 的接近程度,$S(\hat{\beta}_0, \hat{\beta}_1)$ 越小表示接近程度越好. 因此,β_0, β_1 的估计值 $\hat{\beta}_0, \hat{\beta}_1$ 应满足

$$S(\hat{\beta}_0, \hat{\beta}_1) = \min_{\beta_0, \beta_1} S(\beta_0, \beta_1) \tag{7.1.10}$$

由式(7.1.10)求出的 $\hat{\beta}_0, \hat{\beta}_1$ 称为 β_0, β_1 的**最小二乘估计**.

由二元函数求极值的方法知,$\hat{\beta}_0, \hat{\beta}_1$ 可从求解下述方程组得到(今后如无特别声明,一律将 $\sum_{i=1}^n$ 简记为 $\sum$):

$$\begin{cases} \dfrac{\partial S}{\partial \beta_0} = -2 \sum (y_i - \beta_0 - \beta_1 x_i) = 0 \\ \dfrac{\partial S}{\partial \beta_1} = -2 \sum (y_i - \beta_0 - \beta_1 x_i) x_i = 0 \end{cases} \tag{7.1.11}$$

整理得

$$\begin{cases} n\beta_0 - n\bar{x}\beta_1 = n\bar{y} \\ n\bar{x}\beta_0 + (\sum x_i^2)\beta_1 = \sum x_i y_i \end{cases} \tag{7.1.12}$$

式(7.1.11)或式(7.1.12)称为**正规方程组**. 记

$$\begin{cases} \bar{x} = \dfrac{1}{n}\sum x_i, \quad \bar{y} = \dfrac{1}{n}\sum y_i \\ l_{xx} = \sum (x_i - \bar{x})^2 = \sum x_i^2 - n\bar{x}^2 \\ l_{xy} = \sum (x_i - \bar{x})(y_i - \bar{y}) = \sum x_i y_i - n\bar{x}\bar{y} \\ l_{yy} = \sum (y_i - \bar{y})^2 = \sum y_i^2 - n\bar{y}^2 \end{cases} \tag{7.1.13}$$

由正规方程组可得

$$\begin{cases} \hat{\beta}_1 = l_{xy}/l_{xx} \\ \hat{\beta}_0 = \bar{y} - \hat{\beta}_1 \bar{x} \end{cases} \tag{7.1.14}$$

不难验证, $\hat{\beta}_0, \hat{\beta}_1$ 满足 $S(\beta_0, \beta_1)$ 在点 $(\hat{\beta}_0, \hat{\beta}_1)$ 处取得最小值的充分条件, 因此 $\hat{\beta}_0, \hat{\beta}_1$ 是 β_0, β_1 的最小二乘估计.

　　顺便指出, 将式(7.1.14)中的 $\hat{\beta}_0$ 代入回归方程(7.1.7), 得

$$\hat{y} = \bar{y} + \hat{\beta}_1 (x - \bar{x}) \tag{7.1.15}$$

这是回归方程的另一种形式. 上式表明, 回归直线 $\hat{y} = \hat{\beta}_0 + \hat{\beta}_1 x$ 通过均值点 $(\bar{x}, \bar{y})$, 这对回归直线的作图很有帮助.

　　以上求解过程如表 7.1.2 所示.

表 7.1.2

$\sum$	x	y	x^2	xy	y^2
	x_1	y_1	x_1^2	$x_1 y_1$	y_1^2
	x_2	y_2	x_2^2	$x_2 y_2$	y_2^2
	$\vdots$	$\vdots$	$\vdots$	$\vdots$	$\vdots$
	x_n	y_n	x_n^2	$x_n y_n$	y_n^2
$\sum$	$\sum x_i$	$\sum y_i$	$\sum x_i^2$	$\sum x_i y_i$	$\sum y_i^2$

例 7.1.2(续例 7.1.1)　建立火灾损失金额和住户与最近的消防站的距离之间的回归方程.

解　将表 7.1.1 中的数据代入表 7.1.2,可得表 7.1.3.

表 **7.1.3**

x	y	x^2	xy	y^2
0.7	14.1	0.49	9.87	198.81
1.1	17.3	1.21	19.03	299.29
1.8	17.8	3.24	32.04	316.84
2.1	24.0	4.41	50.40	576.00
2.3	23.1	5.29	53.13	533.61
2.6	19.6	6.76	50.96	384.16
3.0	22.3	9.00	66.90	497.29
3.1	27.5	9.61	85.25	756.25
3.4	26.2	11.56	89.08	686.44
3.8	26.1	14.44	99.18	681.21
4.3	31.3	18.49	134.59	979.69
4.6	31.3	21.16	143.98	979.69
4.8	36.4	23.04	174.72	1324.96
5.5	36.0	30.25	198.00	1296.00
6.1	43.2	37.21	263.52	1 866.24
$\sum$　49.2	396.2	196.16	1 470.65	11 376.48

将表 7.1.3 最后一行结果代入式(7.1.13)和式(7.1.14),可算得

$$\bar{x} = \frac{49.2}{15} = 3.28, \quad \bar{y} = \frac{396.2}{15} = 26.413$$

$$l_{xx} = \sum x_i^2 - n\bar{x}^2 = 196.16 - 15 \times 3.28^2 = 34.784$$

$$l_{xy} = \sum x_i y_i - n\bar{x}\bar{y} = 1\,470.65 - 15 \times 3.28 \times 26.413 = 171.114$$

$$l_{yy} = \sum y_i^2 - n\bar{y}^2 = 11\,376.48 - 15 \times 26.413^2 = 911.78$$

$$\hat{\beta}_1 = \frac{l_{xy}}{l_{xx}} = \frac{171.114}{34.784} = 4.92$$

$$\hat{\beta}_0 = \bar{y} - \hat{\beta}_1 \bar{x} = 26.413 - 4.92 \times 3.28 = 10.28$$

故所求回归方程为

$$\hat{y} = 10.28 + 4.92x \tag{7.1.16}$$

由图 7.1.1 看出,回归直线与 15 个点都很接近,这从直观上说明回归直线对数据的拟合效果是好的. ▪

定理 7.1.1　对模型(7.1.4),在正态性假定式(7.1.6)下,有:

(1) $\hat{\beta}_1 \sim N\left(\beta_1, \frac{\sigma^2}{l_{xx}}\right), \hat{\beta}_0 \sim N\left(\beta_0, \left(\frac{1}{n} + \frac{\bar{x}^2}{l_{xx}}\right)\sigma^2\right);$

(2) $\dfrac{S_e}{\sigma^2} \sim \chi^2(n-2);$

(3) $S_e, \hat{\beta}_1, \bar{y}$ 相互独立.

其中 S_e 为残差平方和(7.1.9),即

$$S_e = \sum (y_i - \hat{y}_i)^2 = \sum (y_i - \hat{\beta}_0 - \hat{\beta}_1 x_i)^2 \tag{7.1.17}$$

证明*　注意到 $\sum(x_i - \bar{x}) = 0$,可把 $\hat{\beta}_0$ 和 $\hat{\beta}_1$ 改写为

$$\hat{\beta}_1 = \frac{l_{xy}}{l_{xx}} = \sum \frac{x_i - \bar{x}}{l_{xx}} y_i, \quad \hat{\beta}_0 = \bar{y} - \hat{\beta}_1 \bar{x} = \sum \left[\frac{1}{n} - \frac{(x_i - \bar{x})\bar{x}}{l_{xx}}\right] y_i$$

它们都是独立的正态变量 $y_1, y_2, \cdots, y_n$ 的线性组合,故都服从正态分布.又

$$E(\hat{\beta}_1) = \sum \frac{x_i - \bar{x}}{l_{xx}} E(y_i) = \sum \frac{x_i - \bar{x}}{l_{xx}} (\beta_0 + \beta_1 x_i) = \beta_1$$

$$D(\hat{\beta}_1) = \sum \left(\frac{x_i - \bar{x}}{l_{xx}}\right)^2 D(y_i) = \sum \frac{(x_i - \bar{x})^2}{l_{xx}^2} \sigma^2 = \frac{\sigma^2}{l_{xx}}$$

$$E(\hat{\beta}_0) = E(\bar{y}) - E(\hat{\beta}_1)\bar{x} = \beta_0 + \beta_1 \bar{x} - \beta_1 \bar{x} = \beta_0$$

$$D(\hat{\beta}_0) = \sum \left[\frac{1}{n} - \frac{(x_i - \bar{x})\bar{x}}{l_{xx}}\right]^2 D(y_i) = \left(\frac{1}{n} + \frac{\bar{x}^2}{l_{xx}}\right)\sigma^2$$

因此(1)得证.(2)与(3)的证明从略,有兴趣的读者可以参见相关文献. ▪

由式(7.1.1)和式(7.1.2)知

$$E[y - (\beta_0 + \beta_1 x)]^2 = E(\varepsilon^2) = D(\varepsilon) = \sigma^2$$

这表示 σ^2 越小,以回归函数 $E(y) = \beta_0 + \beta_1 x$ 作为 y 的近似所导致的均方误差就越小.这样,我们利用回归函数去研究变量 y 与 x 的相关关系就越有效.可见 σ^2 是一个重要参数,然而 σ^2 是未知的,需要我们对它进行估计.由定理 7.1.1(2) 知 $E(S_e/\sigma^2) = n - 2$,故

$$\hat{\sigma}^2 = \frac{S_e}{n-2} \tag{7.1.18}$$

是 σ^2 的无偏估计量.这样,我们便给出了 σ^2 的估计.

需要指出的是,由定理 7.1.1 及其证明可知:

(1) 模型(7.1.4)在一般性假定式(7.1.5)下,$\hat{\beta}_0, \hat{\beta}_1$ 仍是 β_0, β_1 的无偏估计;

(2) 要提高 $\hat{\beta}_0, \hat{\beta}_1$ 的估计精度(即减小它们的方差),这就要求 n 大,l_{xx} 大(即要求 $x_1, x_2, \cdots, x_n$ 较分散).这一点显然对我们收集数据有重要的指导意义.

7.2 回归方程的显著性检验

由 7.1.2 小节可见,对于任意 n 对数据 $(x_i, y_i)(i = 1, 2, \cdots, n)$,都可以求出 β_0, β_1 的最小二乘估计 $\hat{\beta}_0, \hat{\beta}_1$,从而得到回归方程 $\hat{y} = \hat{\beta}_0 + \hat{\beta}_1 x$.不过,此时我们还不能马上就用它来进行预测和控制.因为 $\hat{y} = \hat{\beta}_0 + \hat{\beta}_1 x$ 是否真正描述了变量 y 和 x 之间的统计规律性,或 y 的均值 $E(y)$ 是否真的是 x 的线性函数 $\beta_0 + \beta_1 x$,还需要利用收集的数据进行检验.显然,需要检验的假设是

$$H_0 : \beta_1 = 0 \tag{7.2.1}$$

$|\beta_1|$ 的大小反映了自变量 x 对因变量 y 的影响程度.若经检验拒绝 H_0,则认为自变量 x 对因变量有显著性影响,称回归方程是显著的.若经检验不能拒绝 H_0,则称回归方程不显著.导致回归方程不显著的原因是多方面的,可能原来假定 $E(y)$ 是 x 的线性函数 $\beta_0 + \beta_1 x$ 有问题,也可能对因变量 y 有重要影响的自变量不止 x 一个,甚至 x 对 y 的影响可能还没有达到必须重视的程度.

7.2.1 F 检验

我们知道,观察值 $y_1, y_2, \cdots, y_n$ 之间的差异是由两方面的因素所引起的,一是

由于自变量 x 的取值不同;二是除 x 之外其他因素,包括随机因素的影响.为了检验这两个方面的影响中哪一个是主要的,我们首先将各自所引起的差异从总差异中分解出来.

各个观测值 $y_i(i=1,2,\cdots,n)$ 之间的差异,可用观测值 y_i 与其均值 $\bar{y}$ 的偏差平方和来表示,称为**总偏差平方和**,记作 S_t,即

$$S_t = \sum (y_i - \bar{y})^2 \tag{7.2.2}$$

由于

$$S_t = \sum (y_i - \bar{y})^2 = \sum \left[(y_i - \hat{y}_i) + (\hat{y}_i - \bar{y})\right]^2$$
$$= \sum (y_i - \hat{y}_i)^2 + \sum (\hat{y}_i - \bar{y})^2 + 2\sum (y_i - \hat{y})(\hat{y}_i - \bar{y}_i)$$

注意到式(7.1.15), $\hat{y}_i - \bar{y} = \hat{\beta}_1(x_i - \bar{x})(i=1,2,\cdots,n)$,且上式交叉项

$$\sum (y_i - \hat{y}_i)(\hat{y}_i - \bar{y}) = \sum (y_i - \hat{y})[\hat{\beta}_1(x_i - \bar{x})]$$
$$= \hat{\beta}_1 \left[\sum (y_i - \hat{y}_i)x_i - \bar{x}\sum (y_i - \hat{y})\right]$$
$$= 0$$

(上式最后一个等式由 $\hat{\beta}_0,\hat{\beta}_1$ 满足正规方程组(7.1.11)得到),于是有

$$\sum (y_i - \bar{y})^2 = \sum (y_i - \hat{y}_i)^2 + \sum (\hat{y}_i - \bar{y})^2 \tag{7.2.3}$$

或写成

$$S_t = S_e + S_r \tag{7.2.4}$$

其中

$$S_e = \sum (y_i - \hat{y}_i)^2 \tag{7.2.5}$$

就是我们在上一节中提到的残差平方和, S_e 表示的是诸 y_i 与回归直线上对应的 $\hat{y}_i$ 之间的差异程度,它是由除去 x 对 y 的线性影响之外的其他所有影响所引起的差异,因此我们也称 S_e 为**剩余平方和**.而

$$S_r = \sum (\hat{y}_i - \bar{y})^2 \tag{7.2.6}$$

称为**回归平方和**.由于

$$\frac{1}{n}\sum \hat{y}_i = \frac{1}{n}\sum (\hat{\beta}_0 + \hat{\beta}_1 x_i) = \hat{\beta}_0 + \hat{\beta}_1 \bar{x} = \bar{y}$$

所以 S_r 反映了全部回归值 $\hat{y}_i$ 的差异程度，而 $\hat{y}_i$ 是通过回归直线由 x_i 决定的，因此 S_r 表示的是由 y 与 x 之间的线性相关程度所决定的那部分差异. 注意到

$$S_r = \sum (\hat{y}_i - \bar{y})^2 = \sum [\hat{\beta}_1 (x_i - \bar{x})]^2 = \hat{\beta}_1^2 l_{xx} \qquad (7.2.7)$$

由此可见，回归平方和 S_r 与回归直线的斜率 $\hat{\beta}_1$ 有关，还与 $x_i (i = 1, 2, \cdots, n)$ 的分散程度有关.

在总偏差平方和 S_t 的分解式 (7.2.4) 中，若 S_r 占的比重较大，则表明 y 与 x 之间的线性相关程度较强；反之，若 S_r 占的比重较小（此时 S_e 占的比重较大），则 y 与 x 之间的线性相关程度较弱. 由此可见，检验假设 (7.2.1) 是否成立可以通过比较 S_r 与 S_e 来实现.

由定理 7.1.1(1) 知，当 H_0 为真时

$$\frac{\hat{\beta}_1}{\sigma / \sqrt{l_{xx}}} \sim N(0, 1)$$

所以

$$\frac{\hat{\beta}_1^2 l_{xx}}{\sigma^2} = \frac{S_r}{\sigma^2} \sim \chi^2(1)$$

于是，由定理 7.1.1(2)，(3) 及 F 变量的构造可知，当 H_0 为真时，我们有

$$F \sim \frac{S_r}{S_e / (n-2)} = \frac{S_r / \sigma^2}{\dfrac{S_e}{\sigma^2} \Big/ (n-2)} \sim F(1, n-2)$$

因此，采用

$$F = \frac{S_r}{S_e / (n-2)} \qquad (7.2.8)$$

作为检验统计量.

由式 (7.2.7) 及定理 7.1.1(1) 可得

$$E(S_r) = E(\hat{\beta}_1^2) \cdot l_{xx} = \{ [E(\hat{\beta}_1)]^2 + D(\hat{\beta}_1) \} l_{xx}$$

$$= \beta_1^2 l_{xx} + \sigma^2$$

于是，当 H_0 为真时，S_r 与 $S_e / (n-2)$ 都是 σ^2 的无偏估计，而当 H_0 不真时，

$$E(S_r) = \beta_1^2 l_{xx} + \sigma^2 > \sigma^2 = E[S_e / (n-2)]$$

因此，关于 H_0 的拒绝域的形式应为 $W = \{ F > c \}$. 对给定的显著性水平 α，当 H_0

为真时, $c = F_\alpha(1, n-2)$, 即关于 H_0 的拒绝域为

$$\{F > F_\alpha(1, n-2)\} \tag{7.2.9}$$

在 F 检验中, S_t, S_r, S_e 的具体计算公式如下:

$$\begin{cases} S_t = \sum (y_i - \bar{y})^2 = l_{yy} \\ S_r = \hat{\beta}_1^2 l_{xx} = \hat{\beta}_1 l_{xy} \\ S_e = l_{yy} - \hat{\beta}_1 l_{xy} \end{cases} \tag{7.2.10}$$

因此, 对回归方程作显著性检验完全可以利用求解回归系数计算过程中的一些结果.

通常将计算 F 检验统计量的相关结果列成一张表, 如表 7.2.1 所示, 称为方差分析表. 在此表中, 还引进了均方, 它们是各平方和除以各自的自由度.

表 7.2.1　一元线性回归的方差分析表

来源	自由度(df)	平方和(SS)	均方(MS)	F 值	p 值
回归	1	S_r	$MS_r = S_r/1$	$F = MS_r/MS_e$	$P(F(1, n-2) \geqslant F)$
残差	$n-2$	S_e	$MS_e = S_e/(n-2)$		
总计	$n-1$	S_t			

利用表 7.2.1, 对给定的显著性水平 α, "当 $F \geqslant F_\alpha(1, n-2)$ 时拒绝 H_0" 等价于 "当 $p \geqslant \alpha$ 时拒绝 H_0".

例 7.2.1(续例 7.1.2)　利用例 7.1.2 中计算结果, 可以算得火灾损失的方差分析表 7.2.2.

表 7.2.2　火灾损失的方差分析表

来源	自由度(df)	平方和(SS)	均方(MS)	F 值	p 值
回归	1	841.766 4	841.766 4	156.89	1.25E-08
残差	13	69.750 0	5.365 4		
总计	14	911.516 4			

若取 $\alpha = 0.01$, 则 $F_{0.01}(1, 13) = 9.07$. 由于 $156.89 > 9.07$, 故在显著性水平 0.01 下, 认为回归方程(7.1.16)是高度显著的. 用检验的 p 值可以得出同样的结

论,这是因为1.25E-08＜0.01. ▮

7.2.2　相关系数检验

我们称

$$r = \frac{\sum (x_i - \bar{x})(y_i - \bar{y})}{\sqrt{\sum (x_i - \bar{x})^2 \sum (y_i - \bar{y})^2}} = \frac{l_{xy}}{\sqrt{l_{xx}l_{yy}}} \qquad (7.2.11)$$

为由样本数据$(x_i, y_i)(i = 1, 2, \cdots, n)$确定的**相关系数**.由式(7.2.7)得

$$S_r = \hat{\beta}_1^2 l_{xx} = \left(\frac{l_{xy}}{l_{xx}}\right)^2 l_{xx} = \frac{l_{xy}^2}{l_{xx}l_{yy}}l_{yy} = r^2 l_{yy} = r^2 S_t$$

故有

$$\frac{S_r}{S_t} = r^2, \qquad \frac{S_e}{S_t} = 1 - r^2 \quad (0 \leqslant r^2 \leqslant 1) \qquad (7.2.12)$$

式(7.2.12)表明,可以用r来表示S_r和S_e在总偏差S_t中所占的比重,也就是说,可以用r作为衡量y与x之间线性相关程度的一个数量指标.可以证明:$|r| \leqslant 1$,等号成立的条件是,存在常数a与b,使得$y_i = a + bx_i(i = 1, 2, \cdots, n)$几乎处处成立.由此可见,$n$个点$(x_i, y_i)(i = 1, 2, \cdots, n)$在散点图上的位置与相关系数$r$有关,例如:

① $r = \pm 1$,n个点几乎在一条上升($r = 1$)或下降($r = -1$)的直线上;

② $0 < r < 1$,当x增加时,y有线性增加趋势,此时称正相关;

③ $-1 < r < 0$,当x增加时,y反而有线性减少趋势,此时称负相关;

④ $r = 0$,n个点毫无线性关系的趋势,也可能呈现某种曲线趋势,此时称不相关.

然而,r的绝对值究竟应当多大,才能认为y与x之间的线性相关关系显著呢? 这个问题可以根据上述方差分析的结果来解决.由式(7.2.12)可得

$$r^2 = \frac{S_r}{S_t} = \frac{S_r}{S_r + S_e}$$

注意到F检验统计量的结构式(7.2.8),我们有

$$|r| = \sqrt{\frac{1}{1 + (n-2)/F}} \qquad (7.2.13)$$

对给定的显著性水平α,不难由F的临界值$F_\alpha(1, n-2)$及式(7.2.13)计算得到

$|r|$ 的临界值. 由于 F 的第一自由度恒为 1, F 的临界值仅与第二自由度 $n-2$ 有关, 故 $|r|$ 的临界值也仅仅依赖于 $n-2$, 因此记之为 $r_a(n-2)$, 即

$$r_a(n-2) = \sqrt{\frac{1}{1+(n-2)/F_a(1,n-2)}} \tag{7.2.14}$$

本书附表 5 中给出了两种显著性水平 $(0.05; 0.01)$ 下 $r_a(n-2)$ 的值. 由样本数据计算出相关系数 r, 一般认为:

(1) 当 $|r| \leqslant r_{0.05}(n-2)$ 时, y 与 x 之间的线性相关关系不显著;

(2) 当 $r_{0.05}(n-2) < |r| \leqslant r_{0.01}(n-2)$ 时, y 与 x 之间的线性相关关系显著;

(3) 当 $|r| > r_{0.01}(n-2)$ 时, y 与 x 之间的线性相关关系高度显著.

例 7.2.2(续例 7.2.1)　 在例 7.2.1 中, $n-2=13$. 对给定的显著性水平 $\alpha = 0.01$, 相应的临界值为 $r_{0.01}(13) = 0.641$, 而 $r = 0.961 > 0.641$. 可见, 回归方程 (7.1.15) 是高度显著的.

需要指出的是: 相关系数检验与 F 检验实质上是等价的. 这由下式可得

$$F > F_a(1,n-2) \quad \Longleftrightarrow \quad |r| > r_a(n-2)$$

由于 $|r|$ 的大小直接反映 y 与 x 之间线性相关程度的大小, 故相关系数检验更直观.

7.3　利用回归方程进行预测和控制

在求得回归方程 $\hat{y} = \hat{\beta}_0 + \hat{\beta}_1 x$ 之后, 若经过检验知它是显著的, 则可以利用它来进行预测和控制. 先讨论预测问题.

7.3.1　预测问题

1. 单值预测

单值预测就是用一个值作为因变量新值的预测值. 对于模型 (7.1.1), 当 $x = x_0$ 时, 新值 $y_0 = \beta_0 + \beta_1 x_0 + \varepsilon$ 是一个随机变量, 其均值

$$E(y_0) = \beta_0 + \beta_1 x_0 \tag{7.3.1}$$

由定理 3.2.1(3) 知

$$E\left[y_0 - E(y_0)\right]^2 = \min_c E(y_0 - c)^2 \tag{7.3.2}$$

故在均方误差最小的意义下,$E(y_0) = \beta_0 + \beta_1 x_0$ 是一个最接近 y_0 的值. 根据上面的分析,我们应取 $\beta_0 + \beta_1 x_0$ 作为 y_0 的预测值. 但在实际问题中,β_0,β_1 均未知,对其作最小二乘估计 $\hat{\beta}_0,\hat{\beta}_1$,因此取 $\hat{\beta}_0 + \hat{\beta}_1 x_0$ 作为 y_0 的预测值,它就是回归方程 $\hat{y} = \hat{\beta}_0 + \hat{\beta}_1 x$ 在 $x = x_0$ 处的回归值,即

$$\hat{y}_0 = \hat{\beta}_0 + \hat{\beta}_1 x_0 \tag{7.3.3}$$

由此可见,单值预测就是用回归值 $\hat{y}_0$ 作为 y_0 的预测值. 由于预测目标 y_0 是一个随机变量,所以这个预测不能用通常的无偏性来衡量. 由于 $\hat{\beta}_0,\hat{\beta}_1$ 分别是 β_0,β_1 的无偏估计,故预测值 $\hat{y}_0$ 与目标值 y_0 有相同的均值.

2. 区间预测

用回归值 $\hat{y}_0$ 作为 y_0 的预测值,它的精度与可靠性如何? 要解决这个问题,需要对 y_0 作区间估计,即对给定的 α $(0 < \alpha < 1)$,求出 y_0 的置信水平为 $1 - \alpha$ 的置信区间 (y_1^*, y_2^*),称之为 y_0 的 $1 - \alpha$ **预测区间**,这就是所谓的区间预测.

为了求出 y_0 的 $1 - \alpha$ 预测区间,需要知道 $\hat{y}_0 = \hat{\beta}_0 + \hat{\beta}_1 x_0$ 的分布. 由于 $\hat{\beta}_0$ 与 $\hat{\beta}_1$ 都是 $y_1,y_2,\cdots,y_n$ 的线性组合,故 $\hat{y}_0 = \hat{\beta}_0 + \hat{\beta}_1 x_0$ 也是 $y_1,y_2,\cdots,y_n$ 的线性组合. 于是,在正态性假定下,$\hat{y}_0 = \hat{\beta}_0 + \hat{\beta}_1 x_0$ 服从正态分布,其均值 $E(\hat{y}_0) = \beta_0 + \beta_1 x_0$,不难算出其方差为

$$D(\hat{y}_0) = \left[\frac{1}{n} + \frac{(x_0 - \bar{x})^2}{l_{xx}}\right]\sigma^2$$

因此有

$$\hat{y}_0 \sim N\left(\beta_0 + \beta_1 x_0, \left(\frac{1}{n} + \frac{(x_0 - \bar{x})^2}{l_{xx}}\right)\sigma^2\right)$$

由于新值 y_0 与 $y_1,y_2,\cdots,y_n$ 相互独立,故 y_0 与 $\hat{y}_0$ 也相互独立. 于是有

$$y_0 - \hat{y}_0 \sim N\left(0, \left(1 + \frac{1}{n} + \frac{(x_0 - \bar{x})^2}{l_{xx}}\right)\sigma^2\right) \tag{7.3.4}$$

又由定理 7.1.1(2) 和 (3),知 $S_e/\sigma^2 \sim \chi^2(n-2)$,且与 $\hat{y} = \bar{y} + \hat{\beta}_1(x_0 - \bar{x})$ 独立,从而也与 $y_0 - \hat{y}$ 独立,记

$$\hat{\sigma} = \sqrt{S_e/(n-2)}$$

则有

$$\frac{(y_0 - \hat{y}_0)\Big/ \sqrt{1 + \dfrac{1}{n} + \dfrac{(x_0 - \bar{x})^2}{l_{xx}}}\,\sigma}{\sqrt{\dfrac{S_e}{\sigma^2}\Big/(n-2)}} = \frac{y_0 - \hat{y}_0}{\hat{\sigma}\sqrt{1 + \dfrac{1}{n} + \dfrac{(x_0 - \bar{x})^2}{l_{xx}}}} \sim t(n-2)$$

$$(7.3.5)$$

按照第 5 章中区间估计的方法,不难求得 y_0 的 $1 - \alpha$ 预测区间为

$$(\hat{y}_0 - \delta, \hat{y}_0 + \delta) \tag{7.3.6}$$

其中

$$\delta = t_{1-\alpha/2}(n-2)\hat{\sigma}\sqrt{1 + \frac{1}{n} + \frac{(x_0 - \bar{x})^2}{l_{xx}}} \tag{7.3.7}$$

由式(7.3.6)可见,预测区间的长度 2δ 与样本量 n, $l_{xx} = \sum (x_i - \bar{x})^2$, x_0 到 $\bar{x}$ 的距离 $|x_0 - \bar{x}|$ 有关. 若 n 愈大, l_{xx} 愈大, x_0 愈接近 $\bar{x}$, 则 δ 愈小, 从而预测精度也就愈高. 因此在实际工作中, 为了提高预测精度, 样本量应愈大愈好, 收集的数据也应尽可能地分散开. 所给的 x_0 愈远离 $\bar{x}$, 预测精度就愈差, 当

$$x_0 \notin (\min\{x_i\}, \max\{x_i\})$$

时所作预测称为**外推**, 此时, 预测精度难以保证, 使用时应当慎重. 图 7.3.1 给出了在 x 取不同值处的精确预测区间示意图, 在 $x = \bar{x}$ 处预测区间最短, 远离 $\bar{x}$ 的预测区间愈来愈长, 呈喇叭状.

当 n 较大时, t 分布近似服从正态分布 $N(0,1)$, 进一步, 当 x_0 比较接近 $\bar{x}$ 时, 我们有

$$\sqrt{1 + \frac{1}{n} + \frac{(x_0 - \bar{x})^2}{l_{xx}}} \approx 1$$

于是式(7.3.7)中的 δ 的近似表达式为

$$\delta \approx \hat{\sigma} u_{\alpha/2} \tag{7.3.8}$$

其中 $u_{\alpha/2}$ 是标准正态分布的 $\alpha/2$ 上侧分位数, 此时称式(7.3.6)为近似预测区间, 图 7.3.2 给出了近似预测区间的示意图.

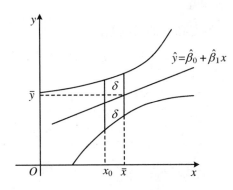

图 7.3.1　精确预测区间示意图　　　　　图 7.3.2　近似区间的示意图

例 7.3.1　在例 7.1.1 中,若保险公司希望预测一个离最近的消防队的距离 $x_0 = 3.5\,(\mathrm{km})$ 的居民住宅发生火灾的损失金额 y_0,则由式(7.1.16)知,y_0 的预测值为

$$\hat{y} = 10.28 + 4.92 \times 3.5 = 27.50\,(\text{千元})$$

若取 $\alpha = 0.05$,则查表得

$$t_{0.025}(13) = 2.16$$

$$\hat{\sigma} = \sqrt{S_{\mathrm{e}}/(n-2)} = \sqrt{69.751/13} = 2.316$$

所以

$$\delta = 2.16 \times 2.316 \times \sqrt{1 + \frac{1}{15} + \frac{(3.5 - 3.28)^2}{34.784}}$$

$$= 5.17$$

因此,y_0 的 95% 预测区间为(22.33,32.67).

若利用近似公式(7.3.6),则有

$$\delta = 2.316 \times 1.96 = 4.54$$

于是求得近似预测区间为(22.96,32.04).二者略有差异,在精度要求不高的情形下,近似公式还是可以使用的.

7.3.2　控制问题

对于模型(7.1.1),所谓控制问题就是要使因变量 y 以 $1 - \alpha$ 的概率在区间 (y_1^*, y_2^*) 内取值,即

$$P(y_1^* < y < y_2^*) = 1 - \alpha$$

自变量 x 应控制在什么区间内取值？可见，控制是预测的反问题.

由于 δ 的表达式（即式(7.3.7)）比较复杂，在实际应用中，我们通常采用近似的方法.根据式(7.3.8)，可从下述不等式组

$$\begin{cases} \hat{y}(x) - \hat{\sigma}u_{1-\alpha/2} > y_1^* \\ \hat{y}(x) + \hat{\sigma}u_{1-\alpha/2} < y_2^* \end{cases}$$

中求出 x 的取值区间，将 $\hat{y}(x) = \hat{\beta}_0 + \hat{\beta}_1 x$ 代入上式求得：

当 $\hat{\beta}_1 > 0$ 时，有

$$\frac{y_1^* + \hat{\sigma}u_{1-\alpha/2} - \hat{\beta}_0}{\hat{\beta}_1} < x < \frac{y_2^* - \hat{\sigma}u_{1-\alpha/2} - \hat{\beta}_0}{\hat{\beta}_1}$$

当 $\hat{\beta}_1 < 0$ 时，有

$$\frac{y_2^* - \hat{\sigma}u_{1-\alpha/2} - \hat{\beta}_0}{\hat{\beta}_1} < x < \frac{y_1^* + \hat{\sigma}u_{1-\alpha/2} - \hat{\beta}_0}{\hat{\beta}_1}$$

控制问题的应用一般要求因变量 y 与自变量 x 之间有因果关系，常用在工业生产的质量控制中.这方面的例子可参见有关文献（如[9]）.

7.4　可线性化的一元非线性回归

在实际问题中，回归函数往往是自变量的非线性函数，相应的回归模型称为**非线性回归模型**.有些一元非线性回归模型可通过变换化为一元线性回归模型，从而可对其作一元线性回归分析.下面举例说明这种线性化处理的方法.

例 7.4.1　某电商通过长期的经营认为，在一定阶段内，客户登录平台浏览时长与其消费金额存在一定关系.为了找出浏览时长 x（单位：小时）与消费金额 y（单位：百元）之间的关系，提取了平台客户相关数据如表 7.4.1 所示，试求 y 关于 x 的回归方程.

表 7.4.1　客户消费数据表

浏览时长 x	消费金额 y	浏览时长 x	消费金额 y	浏览时长 x	消费金额 y
2	6.42	7	10.00	12	10.60
3	8.20	8	9.93	13	10.80
4	9.58	9	9.99	14	10.60
5	9.50	10	10.49	15	10.90
6	9.70	11	10.59	16	10.76

下面我们分三步进行.

7.4.1　确定变量可能的函数形式

为了对样本数据进行有效的分析,首先作出数据的散点图,初步判断两个变量可能的函数关系,图 7.4.1 是例 7.4.1 的散点图.由散点图可见,这 15 个点并不接近于一条直线,用曲线拟合应该更加恰当.这就涉及如何选择曲线的函数形式的问题.若可由专业知识确定函数形式,则应尽可能利用专业知识.当不能由专业知识确定函数形式时,可将散点图与一些常见的函数图像进行比较,选择几个较为可能的函数形式,然后运用统计分析的方法在这些函数形式之间进行比较,最终确定出合适的曲线回归方程.为此,必须了解常见的曲线函数的图像,见表 7.4.2.

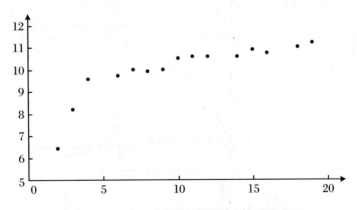

图 7.4.1　客户消费金额随浏览时长变化散点图

表 7.4.2　部分常见的曲线函数的图像

函数名称	函数表达式	图像	线性比方法
双曲线函数	$\dfrac{1}{y} = a + \dfrac{b}{x}$		$v = \dfrac{1}{y}$ $u = \dfrac{1}{x}$
幂函数	$y = ax^b$		$v = \ln y$ $u = \ln x$
指数函数	$y = a\mathrm{e}^{bx}$		$v = \ln y$ $u = x$
指数函数	$y = a\mathrm{e}^{b/x}$		$v = \ln y$ $u = \dfrac{1}{x}$
对数函数	$y = a + b\,x$		$v = y$ $u = \ln x$
S 形曲线	$y = \dfrac{1}{a + b\mathrm{e}^{-x}}$		$v = \dfrac{1}{y}$ $u = \mathrm{e}^{-x}$

由图 7.4.1 可见,客户在使用初期,消费金额随浏览时长的增长而快速上升,然后逐渐减慢,散点图整体呈现出向上且上凸的趋势.根据这些特点,并参照表 7.4.2,我们可以给出如下三种曲线函数以供选择:

$$\frac{1}{y} = a + \frac{b}{x} \tag{7.4.1}$$

$$y = a\mathrm{e}^{-x/b} \quad (b > 0) \tag{7.4.2}$$

$$y = a + b\ln x \tag{7.4.3}$$

7.4.2　线性化方法

对形如式(7.4.1)～式(7.4.3)的非线性函数,需要给出其中未知参数的估计,最常用的方法是"线性化"方法,即通过某种变换,将非线性函数化为线性函数.

以式(7.4.1)为例,为了能采用一元线性回归分析方法,我们作如下变换:

$$X = \frac{1}{x}, \quad Y = \frac{1}{y}$$

则曲线(7.4.1)就化为如下的直线:

$$Y = a + bX$$

相应的一元线性回归模型的数据结构表达式为

$$Y_i = a + bX_i + \varepsilon_i$$

从变换后的数据的散点图(图 7.4.2)可见,这 15 个点近似在一条直线上下波动,因此,建立一元线性回归方程是可行的.

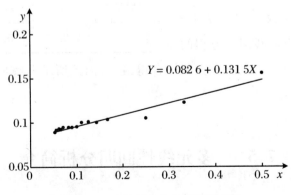

图 7.4.2　变换后的客户数据散点图

利用一元线性回归分析方法可以算出 Y 关于 X 的线性回归方程为

$$\hat{Y} = 0.082\,6 + 0.131\,5X$$

于是,所求的曲线回归方程为

$$\hat{y} = \frac{x}{0.131\,5 + 0.082\,6x} \tag{7.4.4}$$

运用类似的方法可以求出另外两个曲线回归方程,它们分别是

$$\hat{y} = \mathrm{e}^{1.067\,9}\mathrm{e}^{-0.486\,4/x} \tag{7.4.5}$$

$$\hat{y} = 6.260\,6 + 3.991\,7\ln x \tag{7.4.6}$$

7.4.3　曲线回归方程的比较

上面得到的三个曲线回归方程哪一个更好些呢?在样本数据给定后,不同的曲线方程的选择不会影响总偏差平方和 $S_t = \sum (y_i - \bar{y})^2$ 的取值,但会影响残差平方和 $S_e = \sum (y_i - \hat{y}_i)^2$ 的取值. 我们从残差平方和 S_e 入手. 类似于一元线性回归中均方误差 σ^2 的估计公式,将平均残差平方和开方记为 $\hat{\sigma}$,即

$$\hat{\sigma} = \sqrt{S_e/(n-2)} \tag{7.4.7}$$

称为**标准误差**,它是诸观测值 y_i 与由回归方程给出的拟合值 $\hat{y}_i$ 之间的平均偏差大小的度量,$\hat{\sigma}$ 越小,回归方程拟合就越好. 因此,我们可以将标准误差 $\hat{\sigma}$ 用于对不同回归方程的选择. 表 7.4.6 对曲线回归方程(7.4.4)~(7.4.6)分别给出了它们的标准误差,从表 7.4.6 我们看到,第一个曲线回归方程的

表 7.4.6　三种曲线回归的标准误差

模型编号	1	2	3
$\hat{\sigma}$	0.004 2	0.012 6	0.440 6

标准误差最小,即第一个曲线方程拟合得最好,因此所求曲线回归方程应选式(7.4.4).

7.5*　多元线性回归分析简介

在许多实际问题中,与某一因变量 y 相关的自变量往往不止一个,而是多个.

我们把研究 y 与 $x_1, x_2, \cdots, x_p (p \geqslant 2)$ 之间是否存在相关关系,称为多元线性回归. 本节对多元线性回归分析问题作简单介绍.

假设因变量 y 与多个自变量 $x_1, x_2, \cdots, x_p$ 之间有下面的线性相关关系:

$$y = \beta_0 + \beta_1 x_1 + \cdots + \beta_p x_p + \varepsilon \tag{7.5.1}$$

其中随机误差 $\varepsilon \sim N(0, \sigma^2)$. 当 $p = 1$ 时,式(7.5.1)即为上一节的一元线性回归模型(7.1.2);当 $p \geqslant 2$ 时,称式(7.5.1)为**多元线性回归模型**.

当获得 n 组样本数据 $(x_{i1}, x_{i2}, \cdots, x_{ip}; y)(i = 1, 2, \cdots, n)$ 时,线性回归模型(7.5.1)的数据结构式可以表示为

$$y_i = \beta_0 + \beta_1 x_{i1} + \beta_2 x_{i2} + \cdots + \beta_p x_{ip} + \varepsilon_i \quad (i = 1, 2, \cdots, n) \tag{7.5.2}$$

这里 $\varepsilon_i \sim N(0, \sigma^2)$, $\varepsilon_1, \varepsilon_2, \cdots, \varepsilon_n$ 相互独立. 记

$$S(\beta_0, \beta_1, \cdots, \beta_p) = \sum [y_i - (\beta_0 + \beta_1 x_{i1} + \cdots + \beta_p x_{ip})]^2$$

与一元线性回归情形一样, $\beta_0, \beta_1, \cdots, \beta_p$ 的最小二乘估计值 $\hat{\beta}_0, \hat{\beta}_1, \cdots, \hat{\beta}_p$ 满足

$$S(\hat{\beta}_0, \hat{\beta}_1, \cdots, \hat{\beta}_p) = \min S(\beta_0, \beta_1, \cdots, \beta_p)$$

于是 $\hat{\beta}_0, \hat{\beta}_1, \cdots, \hat{\beta}_p$ 应为 $p+1$ 元方程组

$$\begin{cases} \dfrac{\partial S}{\partial \beta_0} = -2 \sum (y_i - \beta_0 - \beta_1 x_{i1} - \cdots - \beta_p x_{ip}) = 0 \\ \dfrac{\partial S}{\partial \beta_1} = -2 \sum (y_i - \beta_0 - \beta_1 x_{i1} - \cdots - \beta_p x_{ip}) x_{ij} = 0 \end{cases} \quad (j = 1, 2, \cdots, p) \tag{7.5.3}$$

的解,将式(7.5.3)写成矩阵形式为

$$(X^{\mathrm{T}} X) \boldsymbol{\beta} = X^{\mathrm{T}} y \tag{7.5.4}$$

其中

$$X = \begin{pmatrix} 1 & x_{11} & \cdots & x_{1p} \\ 1 & x_{21} & \cdots & x_{2p} \\ \vdots & \vdots & & \vdots \\ 1 & x_{n1} & \cdots & x_{np} \end{pmatrix}, \quad \boldsymbol{\beta} = \begin{pmatrix} \beta_0 \\ \beta_1 \\ \vdots \\ \beta_p \end{pmatrix}, \quad y = \begin{pmatrix} y_0 \\ y_1 \\ \vdots \\ y_n \end{pmatrix}$$

由方程组(7.5.4)解得 $\beta_0, \beta_1, \cdots, \beta_p$ 的最小二乘估计为

$$(\hat{\beta}_0, \hat{\beta}_1, \cdots, \hat{\beta}_p)^{\mathrm{T}} = (X^{\mathrm{T}} X)^{-1} X^{\mathrm{T}} y \tag{7.5.5}$$

于是,得到 y 与 $x_1, x_2, \cdots, x_p$ 的线性回归方程为

$$\hat{y} = \hat{\beta}_0 + \hat{\beta}_1 x_1 + \cdots + \hat{\beta}_p x_p \tag{7.5.6}$$

类似于一元线性回归模型,对于多元线性回归模型可以同样讨论回归方程的显著性检验、标准误差的估计等.

多元线性回归的计算量较大,在实际应用中往往借助计算机软件完成.

习 题 7

1. 单项选择题:

(1) 在由样本数据 $(x_i, y_i)(i = 1, 2, \cdots, n)$ 求出回归直线 $\hat{y} = \hat{\beta}_0 + \hat{\beta}_1 x$ 后,发现将数据中的某一点 (x_k, y_k) 的横坐标值代入方程所得的 $\hat{y} \neq y_k$,这说明(   ).

    A. 计算错误   B. 正常现象

    C. y 与 x 之间呈曲线关系   D. 此现象无法解释

(2) 在一元线性回归分析中,由收集的样本数据 $(x_i, y_i)(i = 1, 2, \cdots, n)$ 算得检验统计量 $F = \dfrac{S_r}{S_e/(n-2)}$ 后,对给定的显著性水平 α,当(   )时,认为所得的回归直线是有意义的.

    A. $F > F_\alpha(1, n)$ B. $F > F_\alpha(1, n-1)$

    C. $F > F_\alpha(1, n-2)$ D. $F < F_\alpha(1, n-2)$

(3) 在一元线性回归分析中,由样本数据算得回归系数 $\hat{\beta}_1$ 和相关系数 r,则下列结果会出现的是(   ).

    A. $b < 0, 0 < r < 1$ B. $b > 0, -1 < r < 0$

    C. $b > 0, 0 < r < 1$ D. $\hat{\beta}_1$ 与 r 的符号无关

(4) 若 $r = 1$,则下列结论成立的是(   ).

    A. $\hat{\beta}_1 = 1$ B. $\hat{\beta}_0 = 1$ C. $S_t = S_e$ D. $S_t = S_r$

(5) 若相关系数 $r = 0$,则表明 y 与 x 之间(   ).

    A. 完全无关   B. 相关程度很小

    C. 完全相关   D. 无线性相关关系

2. 填空题：

(1) 在一元线性回归分析中,由样本数据 $(x_i,y_i)(i=1,\cdots,n)$ 表示的残差平方和 $S_e = $ _____,回归平方和 $S_r = $ _____.

(2) 在一元线性回归模型中,误差方差 σ^2 的无偏估计 $\hat{\sigma}^2 = $ _____.

(3) 由样本数据 $(x_i,y_i)(i=1,2,\cdots,n)$,算得 $\bar{x}=150,\bar{y}=200,l_{xx}=25,l_{xy}=75$,则 y 对 x 的线性回归方程为 _____.

(4) 一元线性回归方程为 $\hat{y}=\hat{\beta}_0+4x$,且 $\bar{x}=3,\bar{y}=6$,则当 $x=5$ 时,y 的预测值 $\hat{y}=$ _____.

(5) 某校学生学习"概率统计"课程的时间 x 与考试成绩 y 之间建立了线性回归方程 $\hat{y}=\hat{\beta}_0+\hat{\beta}_2 x$,在正常情况下,$\hat{\beta}_1$ 的正负号应当为 _____.

3. 对一元线性回归模型(7.1.4),即

$$y_i = \beta_0 + \beta_1 x_i + \varepsilon_i \quad (i=1,2,\cdots,n)$$

试在状态性假定下,求 β_0,β_1 的最大似然估计,它们与最小二乘估计一致吗?

4. 对一元线性回归模型(7.1.4),证明残差 $e_i = y_i - \hat{y}_i (i=1,2,\cdots,n)$ 具有下列性质：

(1) $E(e_i) = 0$;

(2) $D(e_i) = \left[1 - \dfrac{1}{n} - \dfrac{(x_i-\bar{x})^2}{l_{xx}}\right]\sigma^2$.

5. 利用第 4 题证明:$\hat{\sigma}^2 = \dfrac{1}{n-2}\sum (y_i - \hat{y}_i)^2$ 是 σ^2 的无偏估计.

6. 设曲线回归形为 $y = 100 + ae^{-bx}$,请找出一个变换,使其化为线性回归的形式.

7. 为研究弹簧悬挂的重量 x(单位:g)与其被拉伸长度 y(单位:cm)之间的关系,通过试验获得一些数据,如表所示

题 7 表

x	5	10	15	20	25	30
y	7.25	8.12	8.95	9.90	10.9	11.8

(1) 画出散点图;

(2) 写出 y 关于 x 的线性回归方程;

(3) 对线性回归方程作显著性检验(取 $\alpha=0.05$);

(4) 求 $x=16$ 时,y 的置信度为 0.95 的预测区间.

8. 在土质、面积、种子相同的条件下,种植的 8 块试验田上的小麦产量 y(kg)与化肥施用量 x(kg)数据如表所示.

题 8 表

化肥施用量 x	15	18	21	24	27	30	33	36
小麦产量 y	266	340	356	372	389	404	420	435

(1) 画出散点图;

(2) 建立小麦产量 y 对化肥施用量 x 的线性回归方程;

(3) 对回归方程进行显著性检验($\alpha = 0.05$);

(4) 求 $x = 25$ kg 时,小麦产量 y 的 95% 预测区间.

9. 电容器充电后,电压达到 100 V,然后开始放电,测得时刻 t_i 秒时的电压 u_i 如表所示.

题 9 表

t_i(s)	0	1	2	3	4	5	6	7	8	9	10
u_i(V)	100	75	55	40	30	20	15	10	10	5	5

(1) 画出散点图;

(2) 求出电压 u 关于时间 t 的回归方程;

(3) 计算标准误差 $\hat{\sigma} = \sqrt{S_e/(n-2)}$($S_e$ 为残差平方和).

10*. 某种产品的需求量 y 与价格 x_1 和消费者收入 x_2 有关,现取得资料如表所示. 根据经验,y 与 x_1,x_2 有二元线性关系,试建立 y 与 x_1,x_2 之间的回归方程.

题 10 表

价格 x_1	1 300	1 100	1 300	1 000	1 200	500	600	400	300	300
收入 x_2	110	100	90	100	80	70	75	65	50	60
需求量 y	3	4	5	5	6	6	7	7	8	9

第8章 Excel 在统计分析中的应用

在许多实际问题中,我们面临的数据具有信息量大、范围广、变化快等特点,传统的人工处理手段已经无法适应社会经济发展对统计分析提出的要求,借助统计软件等计算机技术进行统计分析已经成为发展趋势. 统计分析软件有 SAS,SPSS等,这些软件功能强大,但是由于系统庞大、结构复杂,大多数非统计专业人员难以轻松运用,而且这些专业软件需要另行安装,正版软件价格昂贵. Excel 软件是办公自动化中的常用数据管理软件,在所有安装了微软(Microsoft)公司的办公软件Office 的计算机上均有 Excel 软件,该软件操作简单,应用广泛.

本章在 Excel 软件平台上,以实例操作的形式展示如何借助 Excel 软件进行统计分析. 这里仅介绍与本书有关的内容,诸如分布的计算、统计量的计算、区间估计、假设检验、回归分析等.

8.1 概　　述

8.1.1　Excel 软件简介

Excel 是微软公司出品的 Office 系列办公软件的一个组件,是功能强大、使用方便的电子表格制作软件,具有强有力的数据分析功能、丰富的宏命令和函数、强大的图表能力和数据库管理能力,因此非常适合用来对数据做基本的统计分析. 虽然 Excel 有不同的版本,但是用来做统计分析的基本功能和操作方法大致相同. 本章的案例操作均以 Excel 2013 为例.

Excel 的用户界面非常友好,其工作界面主要由菜单栏、功能区、工作表区、状态栏等元素组成,如图 8.1.1 所示. 在 Excel 中所做的工作都是在工作簿中的工作表区中进行的.工作表区由单元格组成,每个单元格用列号和行号标识.Excel 启动后首先自动选取第 A 列第 1 行的单元格即 A1(或 a1)作为活动格,作为统计分析对象的数据输入到各个单元格中,通过单元格的选取,可以完成数据的选择.单元格区域规则规定为矩形,例如,"A1：C4"表示一矩形区域,A1 和 C4 为区域主对角线两端的单元格.

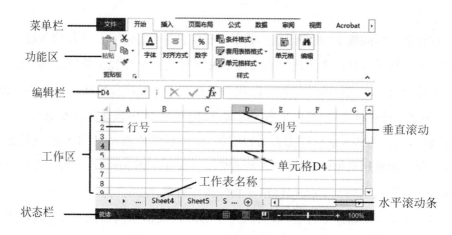

图 8.1.1　Excel 2013 工作界面

8.1.2　Excel 软件中的统计分析功能

Excel 软件进行统计分析的方式之一是运用 Excel 的数据分析工具.在 Excel 的"数据"菜单中,有"数据分析"选项,其中有 19 种数据分析工具.从"方差分析：单因素方差分析"开始,到"z-检验：双样本平均差检验"结束,如图 8.1.2 所示.

在 Excel 中,"数据分析"工具并不作为命令直接显示在选项卡中.若在"数据"菜单中没有"数据分析"选项,则需调用"加载宏"来安装"分析工具库".加载"数据分析"工具的具体操作如下：

第一步,先单击"文件",再单击"选项"按钮,弹出"Excel 选项"对话框.

第二步,在对话框左侧选择"加载项",在"加载项"列表中选择"分析工具库",然后单击"转到"按钮,如图 8.1.3 所示.

第三步,在弹出的"加载宏"对话框中勾选"分析工具库"复选框,然后单击"确定"进行加载.

第四步,若用户是第一次使用此功能,可能会弹出对话框提示用户此功能需要安装,单击"是"按钮安装即可.

图 8.1.2　Excel 数据分析工具对话框

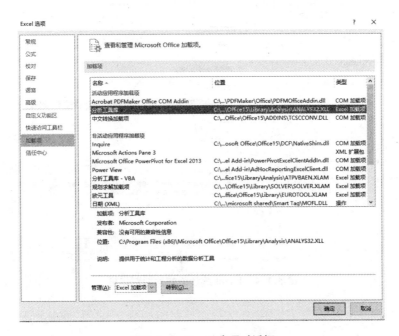

图 8.1.3　Excel 选项对话框

第五步,安装完毕后点击"数据"选项卡,若安装成功,则会发现"数据分析"选项,此时表明已加载成功.

在 Excel 中借助统计函数功能也可以完成相关的统计分析,统计函数功能可视为对数据分析工具的补充. 在 Excel 的"插入函数"中,有 80 个统计功能,从

"AVEDEV"开始,到"ZTEST"结束,可以做很多统计计算. 在工具栏上,单击"公式"选项卡,单击"fx",就会出现"插入函数"对话框,在"或选择类别"下拉菜单中选择"统计",出现图 8.1.4 所示的对话框,就可以选择需要的统计函数进行统计计算. Excel 中对每一个统计函数的功能都有比较详细的介绍. 在实际使用统计函数的过程中,也可以采用在选定的单元格内直接输入方式,此种方式简单直接. 如要实现 A1 到 A4 单元格中的数据求和功能,直接在想存储和的单元格如 B1 输入"$= \text{sum}(A1:A4)$"结束即可得到相应的结果. 在输入函数名的过程中,Excel 还会自动出现相关函数名进行提示,界面友好方便.

图 8.1.4　Excel 统计函数功能对话框

8.2　统　计　计　算

统计分布是进行统计推断的基础,我们常常需要进行常用分布的相关计算. 在统计推断中,我们还常常需要根据样本数据计算统计量的值,如样本均值、样本标准差等. Excel 软件可以通过调用相关函数的方法方便快捷地解决上述统计计算问题.

8.2.1　统计分布的计算

本书中介绍的常用离散型分布有二项分布、泊松分布;常用连续型分布有正态分布、t 分布、χ^2 分布、F 分布等. 这些常用分布的计算都可以通过调用统计函数来实现. 为了便于备查,我们将它们列于表 8.2.1.

表 8.2.1　常用统计函数及其功能

统计函数	统计功能
BINOM. DIST$(k,n,p,0)$	计算二项分布的分布列
BINOM. DIST$(k,n,p,1)$	计算二项分布的分布函数
POISSON. DIST$(k,\lambda,0)$	计算泊松分布的分布列
POISSON. DIST$(k,\lambda,1)$	计算泊松分布的分布函数
NORM. DIST$(x,\mu,\sigma,0)$	计算正态分布 $N(\mu,\sigma^2)$ 的密度函数
NORM. DIST$(x,\mu,\sigma,1)$	计算正态分布 $N(\mu,\sigma^2)$ 的分布函数
NORM. S. DIST$(x,1)$	计算标准正态分布 $N(0,1)$ 的分布函数 $\Phi(x)$
NORM. S. INV(p)	计算 $N(0,1)$ 分布函数 $\Phi(x)$ 的反函数在 p 处的值
T. DIST. RT(x,n)	计算 $t(n)$ 分布的右尾概率 $P(t>x)$
T. DIST. 2T(x,n)	计算 $t(n)$ 分布双尾概率 $P(|t|>x)$
T. INV. 2T(p,n)	计算 $t(n)$ 分布满足 $P(|t|>x)=p$ 的 x 值
CHISQ. DIST. RT(x,n)	计算 $\chi^2(n)$ 分布的右尾概率 $P(\chi^2>x)$
CHISQ. INV. RT(p,n)	计算 χ^2 分布满足 $P(\chi^2>x)=p$ 的 x 值
F. DIST. RT(x,m,n)	计算 $F(m,n)$ 分布的右尾概率 $P(F>x)$
F. INV. RT(p,m,n)	计算 $F(m,n)$ 分布满足 $P(F>x)=p$ 的 x 值

例 8.2.1(二项分布概率的计算)　在例 2.2.3 中,10 局棋赛中甲赢的局数 X 服从二项分布 $B(10,0.6)$,要计算甲胜的概率、乙胜的概率和不分胜负的概率,即求 $P(X\geqslant6),P(X\leqslant4)$ 和 $P(X=5)$.

解　打开 Excel 工作表,在选定的单元格中输入公式" $=$ BINOM. DIST$(5,10,$ $0.6,1)$",回车得到结果 $0.366\,897$,此即 $P(X\leqslant5)=0.366\,897$,从而有 $P(X\geqslant6)$

$$= 1 - 0.366\ 897 = 0.633\ 103.$$

类似地,有 $P(X \leqslant 4) = 0.166\ 239$.

在 Excel 工作表中输入公式"$= \text{BINOM. DIST}(5,10,0.6,0)$",得到

$$P(X = 5) = 0.200\ 658$$

例 8.2.2(正态分布概率的计算)

(1) 设 $X \sim N(70,10^2)$,求 $P(X \leqslant 60)$;

(2) 求例 6.1.1 中检验的 p 值.

解　(1) 在 Excel 中输入公式"$= \text{NORM. DIST}(60,70,10,1)$",得到

$$P(X \leqslant 60) = 0.158\ 655$$

或在 Excel 中输入公式"$= \text{NORM. S. DIST}(-1,1)$",得到

$$P(X \leqslant 60) = \Phi\left(\frac{60 - 70}{10}\right) = \Phi(-1) = 0.158\ 655$$

(2) 例 6.1.1 是一个双边 u 检验问题,检验统计量的值 $u_0 = -2.25$,检验的 $p = P(|u| \geqslant |u_0|) = 2(1 - \Phi(|u_0|))$.

在 Excel 中输入公式"$= \text{NORM. S. DIST}(2.25,1)$",得到结果 $0.987\ 776$,即有 $\Phi(|u_0|) = 0.987\ 776$,故

$$p = 2(1 - 0.987\ 776) = 0.024\ 448$$

例 8.2.3(正态分布分位数的计算)　设 $Z \sim N(0,1)$,$\alpha = 0.05$,试求:

(1) 该分布的 α 上侧分位数;

(2) 该分布的 $\alpha/2$ 上侧分位数.

解　(1) 在 Excel 中,输入公式"$= \text{NORM. S. INV}(0.95)$",得到 $1.644\ 854$,它满足 $\Phi(1.644\ 854) = 0.95$,即 $P(Z > 1.644\ 854) = \alpha$,故 α 上侧分位数为

$$u_\alpha = 1.644\ 854$$

(2) 在 Excel 中,输入公式"$= \text{NORM. S. INV}(0.975)$",得到结果 $1.959\ 964$,它满足 $\Phi(1.959\ 964) = 0.975$,即 $P(Z > 1.959\ 964) = \alpha/2$,故 $\alpha/2$ 上侧分位数为

$$u_{\alpha/2} = 1.959\ 964$$

显然,标准正态分布的 $\alpha/2$ 上侧分位数 $u_{\alpha/2}$ 满足

$$P(|Z| < u_{\alpha/2}) = 1 - \alpha \quad \text{或} \quad P(|Z| \geqslant u_{\alpha/2}) = \alpha$$

因此它常用于置信度为 $1 - \alpha$ 双侧置信区间和显著性水平为 α 双边假设检验中.

例 8.2.4(t 分布概率的计算)　求例 6.2.2 检验的 p 值.

解　例 6.2.2 是一个双边 t 检验问题,检验统计量的值 $t_0 = -0.705\,3$,检验的 $p = P(|t| > |t_0|)$.在 Excel 中输入公式"= T.DIST.2T$(0.705\,3, 9)$",得到结果 0.498 47,它就是检验的 p 值,即

$$p = P(|t| > 0.705\,3) = 0.498\,47$$

例 8.2.5(t 分布分位数的计算)　设 $t \sim t(9)$,$\alpha = 0.05$,试求:

(1) 该分布的 $\alpha/2$ 上侧分位数 $t_{\alpha/2}(9)$;

(2) 该分布的 α 上侧分位数 $t_\alpha(9)$.

解　(1) 在 Excel 中输入公式"= T.INV.2T$(0.05, 9)$",得到结果 2.262 157,它满足 $P(|t| \geqslant 2.262\,157) = \alpha$,故 $P(t \geqslant 2.262\,157) = \alpha/2$,因此该分布的 $\alpha/2$ 上侧分位数 $t_{\alpha/2}(9) = 2.262\,157$.

(2) 由(1)知,将 α 换为 2α,在 Excel 中输入公式"= T.INV.2T$(0.10, 9)$",得到结果 1.833 113,它就是 α 上侧分位数,即

$$t_\alpha(9) = 1.833\,113$$

例 8.2.6(χ^2 分布概率的计算)　求例 6.2.4 检验的 p 值.

解　例 6.2.4(1)是一个双边 χ^2 检验问题,检验统计量的值 $\chi_0^2 = 48.91$,检验的 $p = 2\min\{P(\chi^2 \geqslant 48.91), P(\chi^2 \leqslant 48.91)\}$.

在 Excel 中输入公式"= CHISQ.DIST.RT$(48.91, 29)$",得到结果 0.011 804;即 $P(\chi^2 \geqslant 48.91) = 0.011\,804 (< 0.5)$,故

$$p = 2 \times 0.011\,804 = 0.023\,608$$

(2) 这是右边 χ^2 检验问题,检验的 $p = P(\chi^2 \geqslant 48.91) = 0.011\,804$.

例 8.2.7(F 分布分位数的计算)　设 $F \sim F(11, 10)$,$\alpha = 0.05$,求该分布的 $\alpha/2$ 上侧分位数.

解　在 Excel 中输入公式"= F.INV.RT$(0.025, 11, 10)$",得到的结果就是 $\alpha/2$ 上侧分位数 $F_{\alpha/2}(11, 10) = F_{0.025}(11, 10) = 3.664\,914$.

8.2.2　统计量的计算

统计量的计算既可以通过数据分析工具中的描述统计得到,也可以通过统计函数得到.下面通过实例演示如何利用 Excel 进行常用统计量的计算.

例8.2.8　对例4.0.1中机械零件尺寸的样本数据进行描述统计分析.

解　本例采用简单方便的数据分析工具进行描述统计分析.具体步骤如下:

第一步,在Excel工作表中,输入100个机械零件的尺寸数据,放在区域"A1: A100"的单元格中.

第二步,依次单击"数据""数据分析",弹出"数据分析"对话框.

第三步,在"数据分析"对话框中选择"描述统计",单击"确定",弹出"描述统计"对话框,如图8.2.1所示.

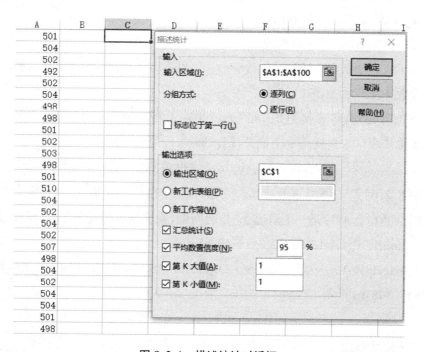

图8.2.1　描述统计对话框

第四步,在"输入区域"方框中键入"A1: A100",或者用鼠标选择要分析的数据区域,在输出选项中选择输出区域,在此键入或鼠标选择C1,再选择"汇总统计",此选项给出所有的描述统计量.

第五步,单击"确定",输出的结果如图8.2.2所示.

从图8.2.2可见,描述统计计算结果给出了样本均值(平均)、标准误差、中位数、众数、标准差、方差等众多常用的标准统计量.

例8.2.9　根据例4.0.1提供的机械零件尺寸的样本数据,利用统计函数计算其样本均值和样本标准差.

	A	B	C	D
1	501		列1	
2	504			
3	502		平均	503
4	492		标准误差	0.4139
5	502		中位数	504
6	504		众数	504
7	498		标准差	4.138999
8	498		方差	17.13131
9	501		峰度	1.379081
10	502		偏度	0.334915
11	503		区域	26
12	498		最小值	492
13	501		最大值	518
14	510		求和	50300
15	504		观测数	100
16	502		最大(1)	518
17	504		最小(1)	492
18	502		置信度(95.0%)	0.821267

图 8.2.2　描述统计计算结果

解　第一步,在 Excel 工作表界面,输入 100 个机械零件的尺寸数据,放在区域"A1∶A100"的单元格中.

第二步,在单元格中输入公式"= AVERAGE(A1∶A100)",回车得到的结果 503 即为样本均值;

第三步,在单元格中输入公式"= STDEV(A1∶A100)",回车得到的结果 4.138 999 即为样本标准差.

还有诸多类似的统计函数都可以调用来计算相应的统计量,用法均相同,这里就不一一介绍了.

8.3　区间估计和假设检验

8.3.1　区间估计

对于正态总体参数的区间估计,可以通过调用统计函数工具或直接输入统计函数公式的方法进行区间估计. 下面通过实例说明具体方法和操作步骤.

例 8.3.1(续例 5.0.1)　在例 5.0.1 中,设当地居民的寿命 X 服从正态分布,求当地居民的平均寿命的 95% 置信区间.

解　下面我们利用 Excel 的"统计函数"工具进行区间估计.具体步骤如下:

第一步,把样本数据输入到"A2:A41"单元格中.

第二步,按照区间估计需求,把相关的计算指标名称依次输入到"B2:B7"单元格中,并对各计算指标输入相应的公式:

在 C2 中输入公式" = AVERAGE(A2:A41)";

在 C3 中输入公式" = STDEV(A2:A41)";

在 C4 中输入公式" = COUNT(A2:A41)";

在 C5 中输入" = T. INV. 2T(0.05, C4 − 1)";

在 C6 中输入" = C2 − (C3/SQRT(C4)) ∗ C5";

在 C7 中输入" = C2 + (C3/SQRT(C4)) ∗ C5",

回车即可得到相关计算指标值,如图 8.3.1 所示.

	A	B	C
1	样本数据	计算指标	计算结果
2	97	样本均值	71.1
3	59	样本标准差	17.00498
4	28	样本容量	40
5	67	t双尾临界	2.022691
6	84	置信下限	65.66154
7	77	置信上限	76.53846
8	75		

图 8.3.1　区间估计界面及计算指标值

由图 8.3.1 可得当地居民的平均寿命的 95 的置信区间为(65.66, 76.54).

8.3.2　假设检验

在 Excel 中作假设检验,可以用统计函数的方法或数据分析工具中的方法. 对单样本假设检验,可运用类似于区间估计的方法,即通过统计函数算出相关指标值,进而作出判断. 数据分析工具中有 z-检验、t-检验、F-检验三类双样本检验,用数据分析工具可以直接得到假设检验结果. 检验函数名称最后四个英文字母为英文单词"TEST",前面为所用统计量的名称. 常用的检验函数有:Z. TEST(z-检验)、T. TEST(t-检验)、F. TEST(F-检验). 需要说明的是,为了方便读者运用 Excel 进行检验操作,并与 Excel 界面中的相关显示保持一致,本章中出现的"z-检验""t-检验"和"F-检验"分别为第 6 章中的"u 检验""t 检验"和"F 检验". 下面我们来看几个具体的例子.

例 8.3.2(双样本平均值的 z-检验)　为评价两个公司同种元器件的质量,分别在两个公司的产品中抽取样本进行正常工作时长测试. A 公司抽取 30 个,B 公司抽取 40 个,两个公司的元器件正常工作时长测试数据如表 8.3.1 所示,且根据资料,A 公司元器件正常工作时长服从正态分布 $N(\mu_1, 64)$,B 公司元器件正常工作时长服从正态分布 $N(\mu_2, 100)$. 试检验两个公司的元器件平均工作时长是否有显著差异.

表 8.3.1　A,B 公司元器件测试数据

A公司						B公司							
70	97	85	87	64	73	76	91	57	62	89	82	93	64
86	90	82	83	92	74	80	78	99	59	79	82	70	85
72	94	76	89	73	88	83	87	78	84	84	70	79	72
91	79	84	76	87	88	91	93	75	85	65	74	79	64
85	78	83	84	91	74	84	66	66	85	78	83	75	74

解　这是双样本平均差的 z-检验问题. 在将数据录入 Excel 中后,可以借助 Excel 中的数据分析工具来实现 z-检验,具体步骤如下:

第一步,将数据录入 Excel 单元格中,我们将 A 公司数据录入"A2:A31",B 公司数据录入"B2:B41",如图 8.3.2 所示.

第二步,依次单击"数据""数据分析""z-检验:双样本平均差检验""确定",弹出"z-检验:双样本平均差检验"对话框.

图 8.3.2　z-检验:双样本平均差检验对话框

第三步,在"变量 1 的区域"方框内键入"A2:A31"(或者用鼠标直接选择),在"变量 2 的区域"方框内键入"B2:B41";在"假设平均差"方框内键入"0";在"变量 1 的方差"方框内键入"64",在"变量 2 的方差"方框内键入"100";在"输出选项"中选择输出区域(这里选择 D2).如图 8.3.2 所示.

第四步,所有选项设置好后,单击"确定"即可得到如图 8.3.3 所示的结果.

从图 8.3.3 可以看出,由于 $z = 2.090\,575 > 1.959\,964 = z_{\alpha/2}$,所以拒绝原假设,即两个公司的元器件质量有显著差异.

例 8.3.3(成对数据的 t-检验)　用 Excel 对例 6.3.2 作假设检验.

解　由例 6.3.2 可知,这是一个成对数据的 t-检验问题,用 Excel 作假设检验,操作步骤和例 8.3.2 完全类似,最后输出的结果如图 8.3.4 所示.

从图 8.3.4 可见,t 统计量的值为 $-2.347\,5$,落在拒绝域,因此认为两种种子的平均单位产量有显著差异.进一步,平均单位产量 A 的点估计为 33.1,B 的点估计为 35.7,由此可见,种子 B 的平均单位产量要比 A 高.

	A	B	C	D	E	F
1	A	B				
2	70	76		z-检验：双样本均值分析		
3	97	91				
4	85	57			变量 1	变量 2
5	87	62		平均	82.5	78
6	64	89		已知协方差	64	100
7	73	82		观测值	30	40
8	86	93		假设平均差	0	
9	90	64		z	2.090575	
10	82	80		P(Z<=z) 单尾	0.018283	
11	83	78		z 单尾临界	1.644854	
12	92	99		P(Z<=z) 双尾	0.036566	
13	74	59		z 双尾临界	1.959964	
14	72	79				

图 8.3.3　双样本 z-检验

	A	B	C	D	E	F
1	A	B		t-检验：成对双样本均值分析		
2	23	30				
3	35	39			变量 1	变量 2
4	29	35		平均	33.1	35.7
5	42	40		方差	33.21111	14.23333
6	39	38		观测值	10	10
7	29	34		泊松相关系数	0.80899	
8	37	36		假设平均差	0	
9	34	33		df	9	
10	35	41		t Stat	-2.34752	
11	28	31		P(T<=t) 单尾	0.021741	
12				t 单尾临界	1.833113	
13				P(T<=t) 双尾	0.043481	
14				t 双尾临界	2.262157	

图 8.3.4　成对双样本 t-检验

例 8.3.4（分布拟合检验）　在例 6.5.1 中，为了判断零件的尺寸 X 是否服从正态分布，先作直方图对 X 的分布给出初步判断，再用 χ^2 拟合检验法进行假设检验．

解　（1）作出 100 个样本数据（见例 4.0.1）的直方图

按照例 6.5.1 的讨论，在 Excel 中画直方图的具体步骤如下：

第一步，在 Excel 工作表中将零件尺寸数据输入到单元格"A2：A：101"（也可分组排列），在"C2：C11"中依次输入分组区间的组限（根据例 6.5.1 的分析决定组数、组距和组限），如图 8.3.5 所示．

第二步，依次单击 "数据""数据分析""直方图""确定"，弹出"直方图"对话框，如图 8.3.5 所示.

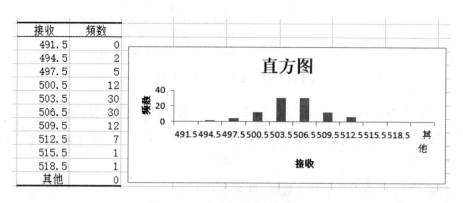

图 8.3.5　直方图对话框

第三步,在"输入区域"键入"A2:A101";在接收区域键入"C2:C11";在输出区域键入"E2";选择"图表输出",单击"确定",可得到如图 8.3.6 的图表输出结果.

接收	频数
491.5	0
494.5	2
497.5	5
500.5	12
503.5	30
506.5	30
509.5	12
512.5	7
515.5	1
518.5	1
其他	0

图 8.3.6　直方图操作结果展示

图 8.3.6 包括两列数和一个图,第一列是数据分组区间的组限,第二列是数据分布的频数. 注意,图 8.3.6 本质上还不是直方图,要变成直方图还需进行如下操作:

用鼠标左键单击图中任一直条,然后右键单击,在弹出的快捷菜单中选取"设置数据系列格式",弹出"设置数据系列格式"对话框后,在系列选项中把"分类间距"宽度改为零,单击"确定"即可得到直方图,如图 8.3.7 所示. 也可以根据需要改变颜色、线条、坐标轴设置等.

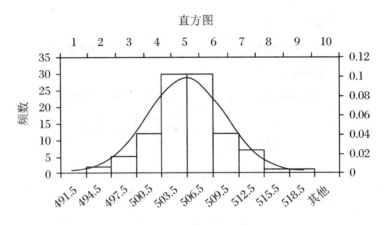

图 8.3.7　直方图拟合情况

作直方图的目的是对零件的尺寸 X 是否服从正态分布 $N(\mu, \sigma^2)$ 作出初步判断. 由例 6.5.1 的讨论知, μ 和 σ^2 应分别用其最大似然估计 $\hat{\mu}$ 和 $\hat{\sigma}^2$ 来代替. 因此,若 X 服从正态分布 $N(503, 16.96)$,则直方图顶部的轮廓线应当与正态分布 $N(503, 16.96)$ 密度函数的曲线较接近,否则, X 不服从正态分布. 这样,我们只要在直方图上添加此正态曲线后,就能作出直观的判断. 为此,首先算出在各个组限处的正态分布密度函数值:在单元格 D2 中输入公式" = NORM. DIST(C2, 503, SQRT(16,96), 0)",选中单元格 D2 向下拖动公式至 D10,即可得到在各个组限处的正态分布密度函数值. 其次右键点击直方图,选中"选择数据",在对话框中选择"添加",弹出"编辑数据系列"对话框,在系列名称中点击 D1,在系列值中选择 D2: D10 数据,如图 8.3.8 所示. 单击"确定"后,即添加了正态分布曲线. 因为正态分布曲线的数值相对于频数而言比较小,需要进行调整.

再次右键点击直方图,选择"更改系列图标类型",将新添加的系列图标类型更改为折线图,勾选次坐标,此时可以清晰地看到正态分布曲线的折线图. 右键点击折线图,选择"设置数据系列格式",勾选"平滑线",此时,正态分布曲线图即制作完成,如图 8.3.7 所示.

在图 8.3.7 中可以看出,直方图顶部的外形轮廓线呈现出"两头低,中间高,单峰,左右基本对称"的特点,这与正态曲线相似,由此可从直观上初步判断零件尺寸数据服从正态分布.

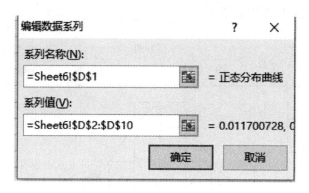

图 8.3.8　编辑数据系列对话框

(2) χ^2 拟合检验

在(1)中通过直方图我们从直观上判断零件尺寸数据服从正态分布,现在我们用 χ^2 拟合检验作出定量的判断. 利用 Exce 中的统计函数 $\mathrm{NORM. DIST}(x, \mu, \sigma, 1)$ 功能(见表 8.2.1),先算出 X 落在各分组区间上的概率 p_i,然后即可得到皮尔逊 χ^2 统计量的值为 $\chi^2 \approx 5.744\,7$;对给定的显著性水平 $\alpha = 0.05$,在 Excel 工作表的单元格中输入公式"$= \mathrm{CHISQ. INV. RT}(0.05, 3)$",回车得到 α 上侧分位数 $\chi^2_{0.05}(3) = 7.814\,7$. 由于

$$\chi^2 = 5.742\,3 < 7.814\,7$$

即样本未落入拒绝域中,故在显著性水平 0.05 下,接受 H_0,即认为样本来自正态总体 $N(503, 16.96)$. 或输入公式"$= \mathrm{CHISQ. DIST. RT}(5.45, 3)$",回车得到该检验的 p 值为 $p = P(\chi^2 \geqslant 5.744\,7) \approx 0.125$. 由于 $p \approx 0.125 > 0.05 = \alpha$,故得到与前面同样的检验结论.

8.4 回 归 分 析

8.4.1 一元线性回归分析

Excel 数据分析工具中直接提供了回归分析选项,下面我们结合实例介绍运用

Excel 进行一元线性回归分析的操作步骤.

例 8.4.1　某工业企业近八年来的销售收入(单位:万元)数据如表 8.4.1 所示.

表 8.4.1　销售收入数据

年份(X)	1	2	3	4	5	6	7	8
销售收入(Y)	1 820	2 010	2 200	2 420	2 630	2 820	3 010	3 200

(1) 画出散点图;

(2) 建立该企业销售收入随年份变化趋势的回归方程,并在显著性水平 $\alpha = 0.01$ 下进行回归方程的显著性经验;

(3) 预测下一年的销售收入.

解　(1) 画散点图的步骤如下:

第一步,打开 Excel 工作表,把 X 数据输入到"A2:A9",把 Y 数据输入到"B2:B9";

第二步,同时选中区域"A2:A9"和区域"B2:B9",然后依次单击"插入""图表""散点图(XY 图)",即可得到如图 8.4.1 所示的销售收入散点图.

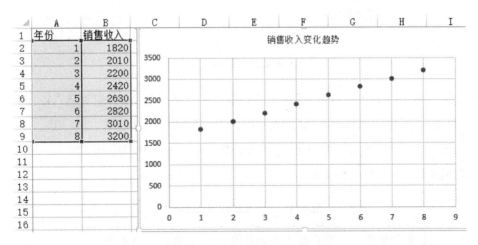

图 8.4.1　销售收入散点图

由图 8.4.1 可见,该企业的销售收入随年份的变化趋势明显地呈现出一条上升的直线,故可以考虑建立线性回归方程.

（2）求线性回归方程的步骤如下：

第一步，依次单击"数据分析""回归""确定"，弹出"回归"对话框，如图 8.4.2 所示；

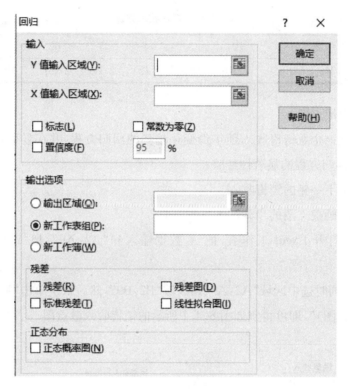

图 8.4.2　回归对话框

第二步，在"Y 值输入区域"键入"B2：B9"，在"X 值输入区域"键入"A2：A9"，在"输出选项"中选择输出区域（这里我们选择的是"K1"）；

第三步，单击"确定"，即可得到计算表格. 输出的表格共三张，最后一张表的信息最重要，如表 8.4.2 所示.

表 8.4.2　一元线性回归分析表

	回归系数	标准误差	t 统计量	p 值	下限 95%	上限 95%
截距	1 617.5	8.759 915	184.647 9	1.7E-12	1 596.065	1 638.935
x	199.166 7	1.734 722	114.811 9	2.94E-11	194.922	203.411 4

由表 8.4.2 可以得到如下结果:

① 表 8.4.2 中回归系数栏下的截距:1 617.5 和 x:199.166 7 分别为回归方程中的常数项和 x 的系数,故得一元线性回归方程为

$$\hat{y} = 1\,617.5 + 199.166\,7x \tag{8.4.1}$$

② 表 8.4.2 中 p 值栏下的 x:2.94E-11 为回归系数 β(即 x 的系数)的双边检验 $H_0:\beta=0$ vs $H_1:\beta\neq0$ 的 p 值,由于 $\alpha=0.01>2.94\text{E-}11=p$,故拒绝 H_0,即认为回归效果是显著的.

(3) 预测下一年的销售收入,即求回归方程(8.4.1)当 $x=9$ 时的回归值,即

$$\hat{y} = 1\,617.5 + 199.166\,7 \times 9 = 3\,410$$

由此可见,该企业下一年的销售收入的预测值为 3 410 万元.

除输出的表格外,根据需要我们还可以通过在"回归"对话框中勾选我们需要的其他输出选项,如"残差图""线性拟合图"等.

8.4.2 多元线性回归分析

在第 7 章中我们对多元线性回归分析作了简单介绍. 在实际问题中多元线性回归的应用非常广泛,只是计算量较大,Excel 软件较好地解决了这个问题. 运用 Excel 软件进行多元线性回归分析,基本操作步骤和一元线性回归类似,下面我们结合实例着重介绍多元线性回归方程的建立和重要参数的估计.

例 8.4.2 根据经验,货运总量 y(万吨)与工业总产值 x_1(亿元),农业总产值 x_2(亿元)之间具有较强的线性关系,现收集数据如表 8.4.3 所示. 试建立 y 关于 x_1,x_2 的线性回归方程,并求出标准误差 σ 的估计.

表 8.4.3 货运总量、工业总产值和农业总产值数据表

y	160	260	210	265	240	220	275	160	275	250
x_1	70	75	65	74	72	68	78	66	70	65
x_2	35	40	40	42	38	45	42	36	44	42

解 第一步,根据表 8.4.3,建立数据文件. 即在 Excel 工作表中把数据输入 A,B,C 三列,其中 C 列为 y,前两列为 x_1 和 x_2.

第二步,在"数据分析"中的"回归"对话框中,分别输入因变量单元格范围

"C2:C11"和自变量的单元格范围"A2:B11",最后单击"确定",即得回归分析结果.输出三张表格,后两张表格的信息较重要,如表8.4.4和表8.4.5所示.

表8.4.4 方差分析表

来源	自由度(df)	平方和(SS)	均方(MS)	F 值	p 值
回归分析	2	12 893.199 01	6 446.599 503	11.116 740 68	0.006 718 329
残差	7	4 059.300 995	579.900 142 1		
总计	9	16 952.5			

表8.4.5 多元线性回归分析表

	回归系数	标准误差	t 统计量	p 值	下限 95%	上限 95%
截距	− 459.624	153.057 6	− 3.002 95	0.019 859	− 821.547	− 97.7
x_1	4.675 63	1.816 071	2.574 586	0.036 761	0.381 305	8.969 956
x_2	8.970 961	2.468 461	3.634 232	0.008 351	3.133 978	14.807 94

由表8.4.5的第2列可建立线性回归方程如下:

$$\bar{y} = -459.624 + 4.675\,63x_1 + 8.970\,961x_2 \tag{8.4.2}$$

由表8.4.4可见,对回归方程进行显著性检验的 F 值为 11.116 7,对应的 p 值为 0.006 7,小于显著性水平 $\alpha = 0.05$. 因此从整体上来说,回归方程是显著的,即"工业总产值"与"农业总产值"对"货运总量"的综合影响是显著的. 由表8.4.5可见,对两个回归系数各自是否为 0 的 t-检验的值分别为 2.575,3.634(在 t 统计量列中),对应的 p 值分别为 0.037,0.008(在 p 值列中). 因此,在显著性水平 $\alpha = 0.05$ 下,两个回归系数都显著不为 0,这表明各个自变量 x_i(在另一个自变量不变的情况下)对货运总量的影响都是显著的. 综上所述,回归方程(8.4.2)是有意义的.

回归方程(8.4.2)表明:当 x_2 不变时,工业总产值每增加 1 亿元,平均来说货运总量将增加约 4.68 万吨;当 x_1 不变时,农业总产值每增加 1 亿元,平均来说货运总量将增加约 8.97 万吨. 显然,农产品相对于工业产品,对货运总量的影响更大.

最后,由表8.4.4可得标准误差 σ 的估计为

$$\hat{\sigma} = \sqrt{\frac{S_e}{10 - 2 - 1}} = \sqrt{579.900\,1} = 24.081\,12$$

习题参考答案

习 题 1

1. (1) C;(2) D;(3) C;(4) B;(5) B.

2. (1) $\Omega=\{\text{HHH},\text{HHT},\text{HTH},\text{THH},\text{HTT},\text{THT},\text{TTH},\text{TTT}\}$,H 表示正面,T 表示反面;(2) $\Omega=\{0,1,2,3\}$;(3) Ω;(4) 0.7;0.4;0.1;0.8;(5) 19/27.

3. (1) $\varnothing$;(2) $\{2,4\}$;(3) $\{6,8,10\}$.

4. (1) 不是计算机专业的一年级的男生;

(2) 计算机专业学生全是一年级学生;

(3) 计算机专业学生全是一年级男生.

5. (1) 不成立;(2) 不成立;(3) 不成立;(4) 成立;(5) 成立;(6) 成立.

6. (1) 1/2;(2) 1/6;(3) 3/8.

7. 0.2.

8. $1-r$.

9. 3/4.

11. (1) 30%;(2) 7%;(3) 73%;(4) 14%;(5) 10%.

12. $1/C_{10}^2$;$C_2^1 C_8^1/C_{10}^2$;C_8^2/C_{10}^2.

13. $C_4^2 C_{48}^3/C_{52}^5$.

14. 1/4;3/8.

15. (1) $1-(11^6/12^6)$;(2) $11^4 C_6^2/12^6$;(3) $C_6^2 A_{12}^1(A_{11}^4+C_4^3 A_{11}^2+C_4^4 A_{11}^1)/12^6$.

16. $2/(n-1)$.

17. (1) 1/5;(2) 3/5;(3) 3/10.

18. 2/105.

21. 2/3.

22. (1) 0.98;(2) 0.6.

23. 0.18.

24. 0.93.

25. (1) 0.175;(2) 0.057.

26. (1) 0.625;(2) 0.8.

27. 0.003 8.

28. (1) 0.53;(2) 0.62.

29. (1) 0.15;(2) 0.5.

30. 0.3.

31. 2/3.

32. 4/5.

33. 0.91;4.

35. (1) 0.801 9;(2) 0.963 9.

习　题　2

1. (1) B;(2) A;(3) C;(4) B;(5) D;(6) C.

2. (1)

X	-1	1	3
P	0.4	0.4	0.2

(2) $\lambda = 2$;(3) $A = 1/2$;(4) 9/64;

(5) $f_Y(y) = \begin{cases} \dfrac{2}{\sqrt{2\pi}}\mathrm{e}^{-y^2/2}, & y > 0 \\ 0, & y \leqslant 0 \end{cases}$;(6) 6/7.

3. (1) $a = 27/38$;(2) $b = 1/(\mathrm{e}^4 - 1)$.

4. (1)

X	3	4	5
P	0.1	0.3	0.6

(2) $F(x) = \begin{cases} 0, & x<3 \\ 0.1, & 3 \leqslant x < 4 \\ 0.4, & 4 \leqslant x < 5 \\ 1, & x \geqslant 5 \end{cases}$.

5. (1) $P(X=k)=(0.9)^{k-1}(0.1)(k=1,2,\cdots)$; (2) 0.729.

6.

X	1	2
P	3/4	1/4

$$F(x) = \begin{cases} 0, & x<1 \\ 3/4, & 1 \leqslant x < 2 \\ 1, & x \geqslant 2 \end{cases}$$

7. $P(X=k) = \dfrac{(n-m)C_m^k}{C_n^{k+1}}(k=0,1,\cdots,m)$.

8. $P(X_1=k)=0.76 \cdot 0.24^{k-1}(k=1,2,\cdots)$; $P(X_2=k)=0.76 \cdot 0.6^k 0.4^{k-1}(k=1, 2,\cdots)$.

9. $P(X=k)=\dfrac{C_3^k}{8}(k=0,1,2,3)$.

10. 0.998 3.

11. 1/64.

12. 0.874 0.

13. (1) 0.999 99, (2) 0.918 54.

14. (1) $P(X=k)=C_n^k 0.94^k 0.06^{n-k}(k=0,1,2,\cdots,n)$; (2) 0.117 6.

15. (1) 0.033 3, (2) 0.259.

16. (1) $A=0.5$; (2) $P(0<x<1)=1-e^{-1}$; (3) $F(x) = \begin{cases} e^x/2, & x<0 \\ 1-e^{-x}/2, & x \geqslant 0 \end{cases}$.

17. (1) $A = 1/2, B = 1/\pi$;(2) $f(x) = \begin{cases} \dfrac{1}{\pi\ \sqrt{a^2 - x^2}}, & -a < x < a \\ 0, & \text{其他} \end{cases}$;

(3) $P(X > a/2) = 1/3$.

18. $P(X > 0.8) = 0.027\ 2, P(X > 0.9) = 0.003\ 7$.

19. 3/5.

20. 0.8.

21. (1) $0.532\ 8, 0.999\ 6, 0.697\ 7$;(2) $c = 3$.

22. 0.045 6.

23. 504.

24. (1) 0.923 6;(2) $x \geqslant 57.75$.

25. $\sigma \leqslant 31.25$.

26. $\mu = 79.13, \sigma = 10.07$.

27. $P(Y = k) = C_5^k e^{-2k} (1 - e^{-2})^{5-k} (k = 0,1,2,3,4,5), P(Y \geqslant 1) \approx 0.516\ 7$.

28.

Y ＼ X	0	1	2	3	$P(X = x_i)$
1	0	3/8	3/8	0	3/4
3	1/8	0	0	1/8	1/4
$P(Y = y_j)$	1/8	3/8	3/8	1/8	1

29.

X ＼ Y	1	2	3	4	$P(Y = y_j)$
1	1/4	0	0	0	1/4
2	1/8	1/8	0	0	1/4
3	1/12	1/12	1/12	0	1/4
4	1/16	1/16	1/16	1/16	1/4
$P(X = x_i)$	25/48	13/48	7/48	3/48	1

30. (1)

Y \ X	0	1	2	3	$P(Y=y_j)$
0	0	0	3/35	2/35	1/7
1	0	6/35	12/35	2/35	4/7
2	1/35	6/35	3/35	0	2/7
$P(X=x_i)$	1/35	12/35	18/35	4/35	1

(2) 9/35.

31. (1) $f(x)=\begin{cases} e^{-x}, & x>0 \\ 0, & \text{其他} \end{cases}, f_Y(y)=\begin{cases} ye^{-y}, & y>0 \\ 0, & \text{其他} \end{cases};$

(2) $f_X(x)=\begin{cases} \dfrac{21}{8}x^2(1-x^4), & -1<x<1 \\ 0, & \text{其他} \end{cases}, f_Y(y)=\begin{cases} \dfrac{7}{2}y^{5/2}, & 0<y<1 \\ 0, & \text{其他} \end{cases}.$

32. (1) $A=4$;(2)0.25.

34. 第 28,29,30,31 题中的 X 与 Y 均不独立;第 32 题中的 X 与 Y 独立.

35. (1) $F_X(x)=\begin{cases} 1-e^{-0.5x}, & x>0 \\ 0, & x\leqslant 0 \end{cases}, F_Y(y)=\begin{cases} 1-e^{-0.5y}, & y>0 \\ 0, & y\leqslant 0 \end{cases}.$

(2) X 与 Y 独立;(3)0.904 8.

36. (1)

X	0	1	2	3	4	5	6
P	0.202	0.273	0.208	0.128	0.100	0.060	0.029

Y	0	1	2	3
P	0.627	0.260	0.095	0.018

(2) X 与 Y 不独立.

37. (1)

X Y	−1	0	1	$P(Y=y_j)$
0	1/4	0	1/4	1/2
1	0	1/2	0	1/2
$P(X=x_i)$	1/4	1/2	1/4	1

(2) X 与 Y 不独立.

38. 当 $a=2/9, b=1/9$ 时，X 与 Y 独立.

39. (1) $f(x,y)=\begin{cases} \dfrac{1}{2}e^{-y/2}, & 0<x<1, y>0 \\ 0, & 其他 \end{cases}$; (2) 0.144 5.

40. (1) $f(x,y)=\begin{cases} 12e^{-3x-4y}, & x>0, y>0 \\ 0, & 其他 \end{cases}$; (2) 0; (3) $1-4e^{-3}$.

41. (1)

Y	−2	1	4	7	10
P	0.2	0.1	0.1	0.3	0.3

(2)

Y	−1	0	3	8
P	0.1	0.3	0.3	0.3

42. (1) $f_Y(y)=\begin{cases} \dfrac{1}{y\sqrt{2\pi}}e^{-(\ln y)^2/2}, & y>0 \\ 0, & y\leqslant 0 \end{cases}$;

(2) $f_Y(y)=\begin{cases} 0, & y<1 \\ \dfrac{1}{2\sqrt{\pi(y-1)}}e^{-(y-1)/4}, & y\geqslant 1 \end{cases}$.

43. $f_Y(y)=\begin{cases} \dfrac{1}{\sqrt{\pi y}}, & \dfrac{25\pi}{4}<y<\dfrac{36\pi}{4} \\ 0, & 其他 \end{cases}$.

44. (1)

U	0	1	2	3	4	5
P	0	0.04	0.16	0.28	0.24	0.28

(2)

V	0	1	2	3
P	0.28	0.30	0.25	0.17

(3)

U	0	1	2	3	4	5	6	7	8
P	0	0.02	0.06	0.13	0.19	0.24	0.19	0.12	0.05

习　题　3

1. (1) A；(2) C；(3) A；(4) C；(5) B.

2. (1) $-0.2, 2.8, 13.4$；(2) 18.4；(3) 11,31；(4) $\frac{8}{3}, \frac{11}{36}$；(5) -0.2182.

3. 因 $E(X_1) = 1.3 > 0.9 = E(X_2)$，故乙的技术水平比甲高.

4. 81/64.

5. $k = 3; \alpha = 2$.

6. $7n/2, 35n/12$.

7. 8.784.

8. 1；1/6.

9. $a = 1/4, b = 1, c = -1/4$.

10. 5.

11. 1 097(部).

12. 21(件).

13. 1/3；1/18.

14. $4/3$; $5/8$;$5/6$.

16. 97.

17. (1) $f_X(x) = \begin{cases} x+1/2, & 0 \leqslant x \leqslant 1 \\ 0, & 其他 \end{cases}$, $f_Y(y) = \begin{cases} y+1/2, & 0 \leqslant y \leqslant 1 \\ 0, & 其他 \end{cases}$, X 与 Y 不独立；

(2) $E(X) = E(Y) = 7/12$, $\mathrm{Var}(X) = \mathrm{Var}(Y) = 11/144$；

(3) $\mathrm{Cov}(X,Y) = -1/144$, $\rho_{XY} = -1/11$.

18. $-\sqrt{2}/2$.

19. 0.397.

20. $(a^2 - b^2)/(a^2 + b^2)$.

21. (1)

Z	0	1
P	$2p - 2p^2$	$1 - 2p + 2p^2$

(2) (X,Z) 的联合分布列

X＼Z	0	1
0	$p(1-p)$	$(1-p)^2$
1	$p(1-p)$	p^2

(3) $p = 1/2$ 时，X 与 Z 不相关，此时，X 与 Z 相互独立.

22. 0.997 3.

23. 0.93.

24. (1) $P(X = k) = C_n^k (0.2)^k (0.8)^{n-k} (k = 0,1,2,\cdots,100)$；(2) 0.927.

25. 0.046.

26. (1) 0.158 7；(2) 1 809 870.

27. 226(万).

28. 103.

29. $n = 25$.

30. (1) 250；(2) 68.

习　题　4

1. (1) C;(2) A;(3) B;(4) D;(5) C.

2. (1) 相互独立且与 X 同分布;(2) 4.5,18;(3)$1-\alpha,\alpha,2\alpha$;(4) $\chi^2(1)$, $F(1,n-1)$;

(5) $N\left(\mu_1-\mu_2,\dfrac{\sigma^2}{m}+\dfrac{\sigma^2}{n}\right)$, $\chi^2(m+n-2)$.

3. 总体是任取一盒产品中的次品数 X, $X\sim B(m,p)$;样本是抽取的 n 盒中每盒产品中的次品数 $X_1,X_2,\cdots,X_n$,其联合分布列为

$$P(X_1=x_1,\cdots,X_n=x_n)=\prod_{i=1}^{n}C_m^{x_i}p^{x_i}(1-p)^{m-x_i}=\left(\prod_{i=1}^{n}C_m^{x_i}\right)p^t(1-p)^{nm-t}$$

其中,$t=x_1+x_2+\cdots+x_n(x_i=0,1,\cdots,m)$.

5. 3.85,1.95. $F_n(x)=\begin{cases}0, & x<2\\0.20, & 2\leqslant x<3\\0.50, & 3\leqslant x<4\\0.60, & 4\leqslant x<5\\0.85, & 5\leqslant x<6\\1, & x>6\end{cases}$.

6. p, $p(1-p)/n$; $1/\lambda$, $1/(n\lambda^2)$.

7. 0.774 5.

8. (1) 167,(2) 97.

9. $a=183.05$.

10. 0.5.

11. 0.95.

12. 0.779 8.

13. $a=1/8$, $b=1/12$, $c=1/16$; $n=3$.

14. (1) 提示:求相关系数;(2) $F(1,1)$, 0.90.

习　题　5

1. (1) B;(2) D;(3) C;(4) D;(5) B.

2. (1) 似然；(2) 4,3；(3) $\dfrac{1}{2(n-1)}$；(4) (15.87,24.13),(60.97,193.53)；(5) 62 .

3. (1) $\hat{\theta} = \dfrac{\bar{x}}{2}$；(2) $\hat{\theta} = \bar{x} - 1$；(3) $\hat{p} = \dfrac{\bar{x}}{m}$；(4) $\hat{\mu} = \bar{x}$；(5) $\hat{\sigma}^2 = \dfrac{1}{n}\sum_{i=1}^{n}(x_i - \bar{x})^2$.

4. $\hat{\mu} = \bar{x} - \sqrt{b_2}, \hat{\theta} = \sqrt{b_2}$，其中 $b_2 = \dfrac{1}{n}\sum_{i=1}^{n}(x_i - \bar{x})^2$.

5. $\hat{m} = \left[\dfrac{\bar{x}^2}{\bar{x} - b_2}\right]$；$\hat{p} = 1 - \dfrac{b_2}{\bar{x}}$.

6. (1) $\hat{\theta} = \dfrac{\bar{x}}{2}$；(2) $\hat{\theta} = \min\{x_1, x_2, \cdots, x_n\}$；(3) $\hat{p} = \dfrac{\bar{x}}{m}$；(4) $\hat{\mu} = \bar{x}$；(5) $\hat{\sigma}^2 = \dfrac{1}{n}\sum_{i=1}^{n}(x_i - \mu)^2$.

7. $\dfrac{1 - 2\bar{x}}{\bar{x} - 1}$；$-\dfrac{n}{\sum\limits_{i=1}^{n} \ln x_i} - 1$.

8. 5/6.

9. 0.007 5.

10. 4,4.

11. $n/(n-1)$.

13. $E(Y) = \lambda^2 + 4\lambda$.

14. $a = \dfrac{m}{m+n}$；$b = \dfrac{n}{m+n}$.

15. (14.81,15.13).

16. 11,16.

17. (24.56,29.90).

18. (1) $\hat{\mu} = 14.72$；$\hat{\sigma}^2 = 1.906$；(2) (14.292, 15.148).

19. (157.6,182.4).

20. (0.607,3.393)；(3.07,15.62).

21. (6.12,16.24).

22. (−0.90,0.02).

23. (−44.407 5,4.407 5)

24. (0.664 9,5.335 7).

25. (0.77,6.18)；(0.18,3.92).

26. (1) 1 064.98；(2) 236.76.

27. 180.25.

28. (35.2%,44.8%).

29. (7.025 7,8.006 3).

30. (4.02×10⁻⁴,5.98×10⁻⁴).

习 题 6

1. (1) C;(2) C;(3) A;(4) D;(5) D.

2. (1) 小概率;(2) 第一类;(3) $t = \dfrac{\bar{x} - \mu_0}{s/\sqrt{n}}, t(n-1), \{|t| \geqslant t_{\alpha/2}(n-1)\}$;

(4) $\chi^2 = \dfrac{(n-1)s^2}{\sigma_0^2}, \chi^2(n-1), \{\chi^2 \geqslant \chi_\alpha^2(n-1)\}$;

(5) $F = s_1^2/s_2^2, F(m-1,n-1), \{F \leqslant F_{1-\alpha/2}(m-1)\} \bigcup \{F \geqslant F_{\alpha/2}(n-1)\}$.

3. (1) 0.057;(2) 0.105 6.

4. 第一类错误;第二类错误.

5. (1) 可以认为这批钢管的平均长度为 30 mm;(2) 结论同(1).

6. 该员工的工作时间不符合劳动法的规定.

7. 该厂处理后的水是合格的.

8. 这批钢筋的平均强度为 52 kg/mm².

9. 接受原假设 H_0.

10. 未达到商店经理的预期效果.

11. (1) 无显著变化;(2) 有显著变化.

12. 该厂这批零件的内径的均值不符合设计要求;标准差符合设计要求.

13. 这批电池寿命的波动性无明显地偏大.

14. 接受原假设 H_0.

15. 无显著差异.

16. 甲种玉米的产量明显高于乙种玉米的产量.

17. 第 15、16 题"方差相等"的假设成立.

18. (1) 方差相等;(2) 均值相等.

19. 汽油添加剂的效果显著.

20. 两种测定方法有显著差异.

21. 由于 $p = 0.024\,12 < 0.05 = \alpha$,故拒绝原假设($H_0 : \mu \leqslant 400$),因此判断农夫山泉关于钙含量的信息标注是真实的.

22. 由于 $p = 0.481\,097 > 0.05 = \alpha$,故接受原假设($H_0 : \sigma^2 \leqslant 5^2$),因此判断农夫山泉关于钙含量的波动符合要求.

23. 该市老年人口的比例是 14.7% 的说法成立,检验的 p 值为 0.799\,372,结论同前.

24. 可以认为 X 服从泊松分布($\hat{\lambda} = 0.605$).

25. (2) 总体 X 服从正态分布($\hat{\mu} = 122.52$; $\hat{\sigma}^2 = 179.07$).

习　题　7

1. (1) B; (2) C; (3) C; (4) D; (5) D.

2. (1) $S_e = \sum (y_i - \hat{y}_i)^2$; $S_r = \sum \left(\hat{y}_i - \dfrac{1}{n} \sum y_i \right)^2$; (2) $\hat{\sigma}^2 = \dfrac{S_e}{n-2}$;

(3) $\hat{y} = -250 + 3x$; (4) 14; (5) 负号.

3. $\hat{\beta}_1 = l_{xy} / l_{xx}$, $\hat{\beta}_0 = \bar{y} - \hat{\beta}_1 \bar{x}$; 它们与最小二乘估计一致.

6. 令 $Y = \ln(y - 100)$,变换后的函数为 $Y = \ln a - bx$.

7. (2) $\hat{y} = 6.284 + 0.183x$; (3) $F = 3\,084.4$,回归方程显著.

8. (2) $\hat{y} = 196.274 + 6.921x$; (3) $F = 54.5$,回归方程显著; (4) (322, 416.6).

9. (2) $\hat{y} = 100.79\mathrm{e}^{-0.313x}$; (3) 1.188.

10. $\hat{y} = 12.562 - 0.001x_1 - 0.077x_2$.

附表 1 标准正态分布函数表

$$\Phi(x) = \int_{-\infty}^{x} \frac{1}{\sqrt{2\pi}} e^{-t^2/2} \mathrm{d}t$$

x	0.00	0.01	0.02	0.03	0.04	0.05	0.06	0.07	0.08	0.09
0.0	0.5000	0.5040	0.5080	0.5120	0.5160	0.5199	0.5239	0.5279	0.5319	0.5359
0.1	0.5398	0.5438	0.5478	0.5517	0.5557	0.5596	0.5636	0.5675	0.5714	0.5753
0.2	0.5793	0.5832	0.5871	0.5910	0.5948	0.5987	0.6026	0.6064	0.6103	0.6141
0.3	0.6179	0.6217	0.6255	0.6293	0.6331	0.6368	0.6406	0.6443	0.6480	0.6517
0.4	0.6554	0.6591	0.6628	0.6664	0.6700	0.6736	0.6772	0.6808	0.6844	0.6879
0.5	0.6915	0.6950	0.6985	0.7019	0.7054	0.7088	0.7123	0.7157	0.7190	0.7224
0.6	0.7257	0.7291	0.7324	0.7357	0.7389	0.7422	0.7454	0.7486	0.7517	0.7549
0.7	0.7580	0.7611	0.7642	0.7673	0.7703	0.7734	0.7764	0.7794	0.7823	0.7852
0.8	0.7881	0.7910	0.7939	0.7967	0.7995	0.8023	0.8051	0.8078	0.8106	0.8133
0.9	0.8159	0.8186	0.8212	0.8238	0.8264	0.8289	0.8315	0.8340	0.8365	0.8389
1.0	0.8413	0.8438	0.8461	0.8485	0.8508	0.8531	0.8554	0.8577	0.8599	0.8621
1.1	0.8643	0.8665	0.8686	0.8708	0.8729	0.8749	0.8770	0.8790	0.8810	0.8830
1.2	0.8849	0.8869	0.8888	0.8907	0.8925	0.8944	0.8962	0.8980	0.8997	0.9015
1.3	0.9032	0.9049	0.9066	0.9082	0.9099	0.9115	0.9131	0.9147	0.9162	0.9177
1.4	0.9192	0.9207	0.9222	0.9236	0.9251	0.9265	0.9278	0.9292	0.9306	0.9319
1.5	0.9332	0.9345	0.9357	0.9370	0.9382	0.9394	0.9406	0.9418	0.9430	0.9441
1.6	0.9452	0.9463	0.9474	0.9484	0.9495	0.9505	0.9515	0.9525	0.9535	0.9545
1.7	0.9554	0.9564	0.9573	0.9582	0.9591	0.9599	0.9608	0.9616	0.9625	0.9633
1.8	0.9641	0.9648	0.9656	0.9664	0.9671	0.9678	0.9686	0.9693	0.9700	0.9706
1.9	0.9713	0.9719	0.9726	0.9732	0.9738	0.9744	0.9750	0.9756	0.9762	0.9767
2.0	0.9772	0.9778	0.9783	0.9788	0.9793	0.9798	0.9803	0.9808	0.9812	0.9817
2.1	0.9821	0.9826	0.9830	0.9834	0.9838	0.9842	0.9846	0.9850	0.9854	0.9857
2.2	0.9861	0.9864	0.9868	0.9871	0.9874	0.9878	0.9881	0.9884	0.9887	0.9890
2.3	0.9893	0.9896	0.9898	0.9901	0.9904	0.9906	0.9909	0.9911	0.9913	0.9916
2.4	0.9918	0.9920	0.9922	0.9925	0.9927	0.9929	0.9931	0.9932	0.9934	0.9936
2.5	0.9938	0.9940	0.9941	0.9943	0.9945	0.9946	0.9948	0.9949	0.9951	0.9952
2.6	0.9953	0.9955	0.9956	0.9957	0.9959	0.9960	0.9961	0.9962	0.9963	0.9964
2.7	0.9965	0.9966	0.9967	0.9968	0.9969	0.9970	0.9971	0.9972	0.9973	0.9974
2.8	0.9974	0.9975	0.9976	0.9977	0.9977	0.9978	0.9979	0.9979	0.9980	0.9981
2.9	0.9981	0.9982	0.9982	0.9983	0.9984	0.9984	0.9985	0.9985	0.9986	0.9986
3.0	0.9987	0.9990	0.9993	0.9995	0.9997	0.9998	0.9998	0.9999	0.9999	1.0000

附表 2 χ^2 分布上侧分位数 $\chi_\alpha^2(n)$ 表

$$P(\chi^2(n) > \chi_\alpha^2(n)) = \alpha$$

α $\diagdown$ n	0.995	0.99	0.975	0.95	0.90	0.10	0.05	0.025	0.01	0.005
1	...	...	...	...	0.02	2.71	3.84	5.02	6.63	7.88
2	0.01	0.02	0.02	0.10	0.21	4.61	5.99	7.38	9.21	10.60
3	0.07	0.11	0.22	0.35	0.58	6.25	7.81	9.35	11.34	12.84
4	0.21	0.30	0.48	0.71	1.06	7.78	9.49	11.14	13.28	14.86
5	0.41	0.55	0.83	1.15	1.61	9.24	11.07	12.83	15.09	16.75
6	0.68	0.87	1.24	1.64	2.20	10.64	12.59	14.45	16.81	18.55
7	0.99	1.24	1.69	2.17	2.83	12.02	14.07	16.01	18.48	20.28
8	1.34	1.65	2.18	2.73	3.40	13.36	15.51	17.53	20.09	21.96
9	1.73	2.09	2.70	3.33	4.17	14.68	16.92	19.02	21.67	23.59
10	2.16	2.56	3.25	3.94	4.87	15.99	18.31	20.48	23.21	25.19
11	2.60	3.05	3.82	4.57	5.58	17.28	19.68	21.92	24.72	26.76
12	3.07	3.57	4.40	5.23	6.3	18.55	21.03	23.34	26.22	28.30
13	3.57	4.11	5.01	5.89	7.04	19.81	22.36	24.74	27.69	29.82
14	4.07	4.66	5.63	6.57	7.79	21.06	23.68	26.12	29.14	31.32
15	4.60	5.23	6.27	7.26	8.55	22.31	25.00	27.49	30.58	32.80
16	5.14	5.81	6.91	7.96	9.31	23.54	26.30	28.85	32.00	34.27
17	5.70	6.41	7.56	8.67	10.09	24.77	27.59	30.19	33.41	35.72
18	6.26	7.01	8.23	9.39	10.86	25.99	28.87	31.53	34.81	37.16
19	6.84	7.63	8.91	10.12	11.65	27.2	30.14	32.85	36.19	38.58
20	7.43	8.26	9.59	10.85	12.44	28.41	31.41	34.17	37.57	40.00
21	8.03	8.90	10.28	11.59	13.24	29.62	32.67	35.48	38.93	41.40
22	8.64	9.54	10.98	12.34	14.04	30.81	33.92	36.78	40.29	42.80
23	9.26	10.20	11.69	13.09	14.85	32.01	35.17	38.08	41.64	44.18
24	9.89	10.86	12.40	13.85	15.66	33.20	36.42	39.36	42.98	45.56
25	10.52	11.52	13.12	14.61	16.47	34.38	37.65	40.65	44.31	46.93
26	11.16	12.20	13.84	15.38	17.29	35.56	38.89	41.92	45.64	48.29
27	11.81	12.88	14.57	16.15	18.11	36.74	40.11	43.19	46.96	49.64
28	12.46	13.56	15.31	16.93	18.94	37.92	41.34	44.46	48.28	50.99
29	13.12	14.26	16.05	17.71	19.77	39.09	42.56	45.72	49.59	52.34
30	13.79	14.95	16.79	18.49	20.60	40.26	43.77	46.98	50.89	53.67
35	17.20	18.51	20.57	22.47	24.80	46.06	49.80	53.20	57.34	60.27
40	20.71	22.16	24.43	26.51	29.05	51.8	55.76	59.34	63.69	66.77
45	24.31	25.90	28.37	30.61	33.35	57.50	61.66	65.41	69.96	73.17

附表 3　t 分布上侧分位数 $t_\alpha(n)$ 表

$$P(t(n) > t_\alpha(n)) = \alpha$$

n＼α	0.20	0.10	0.05	0.025	0.01	0.005
1	1.3764	3.0777	6.3137	12.7062	31.8210	63.6559
2	1.0607	1.8856	2.9200	4.3027	6.9645	9.9250
3	0.9785	1.6377	2.3534	3.1824	4.5407	5.8408
4	0.9410	1.5332	2.1318	2.7765	3.7469	4.6041
5	0.9195	1.4759	2.0150	2.5706	3.3649	4.0321
6	0.9057	1.4398	1.9432	2.4469	3.1427	3.7074
7	0.8960	1.4149	1.8946	2.3646	2.9979	3.4995
8	0.8889	1.3968	1.8595	2.3060	2.8965	3.3554
9	0.8834	1.3830	1.8331	2.2622	2.8214	3.2498
10	0.8791	1.3722	1.8125	2.2281	2.7638	3.1693
11	0.8755	1.3634	1.7959	2.2010	2.7181	3.1058
12	0.8726	1.3562	1.7823	2.1788	2.6810	3.0545
13	0.8702	1.3502	1.7709	2.1604	2.6503	3.0123
14	0.8681	1.3450	1.7613	2.1448	2.6245	2.9768
15	0.8662	1.3406	1.7531	2.1315	2.6025	2.9467
16	0.8647	1.3368	1.7459	2.1199	2.5835	2.9208
17	0.8633	1.3334	1.7396	2.1098	2.5669	2.8982
18	0.8620	1.3304	1.7341	2.1009	2.5524	2.8784
19	0.8610	1.3277	1.7291	2.0930	2.5395	2.8609
20	0.8600	1.3253	1.7247	2.0860	2.5280	2.8453
21	0.8591	1.3232	1.7207	2.0796	2.5176	2.8314
22	0.8583	1.3212	1.7171	2.0739	2.5083	2.8188
23	0.8575	1.3195	1.7139	2.0687	2.4999	2.8073
24	0.8569	1.3178	1.7109	2.0639	2.4922	2.7970
25	0.8562	1.3163	1.7081	2.0595	2.4851	2.7874
26	0.8557	1.3150	1.7056	2.0555	2.4786	2.7787
27	0.8551	1.3137	1.7033	2.0518	2.4727	2.7707
28	0.8546	1.3125	1.7011	2.0484	2.4671	2.7633
29	0.8542	1.3114	1.6991	2.0452	2.4620	2.7564
30	0.8538	1.3104	1.6973	2.0423	2.4573	2.7500
35	0.8520	1.3062	1.6896	2.0301	2.4377	2.7238
40	0.8507	1.3031	1.6839	2.0211	2.4233	2.7045
45	0.8497	1.3006	1.6794	2.0141	2.4121	2.6896

附表 4   F 分布上侧分位数 $F_\alpha(m,n)$ 表

$$P(F(m,n) > F_\alpha(m,n)) = \alpha$$

1. $\alpha = 0.05$

n \ m	1	2	3	4	5	6	8	12	24	∞
1	161.4	199.5	215.7	224.6	230.2	234.0	238.9	243.9	249.0	254.3
2	18.51	19.00	19.16	19.25	19.30	19.33	19.37	19.41	19.45	19.50
3	10.13	9.55	9.28	9.12	9.01	8.94	8.84	8.74	8.64	8.53
4	7.71	6.94	6.59	6.39	6.26	6.16	6.04	5.91	5.77	5.63
5	6.61	5.79	5.41	5.19	5.05	4.95	4.82	4.68	4.53	4.36
6	5.99	5.14	4.76	4.53	4.39	4.28	4.15	4.00	3.84	3.67
7	5.59	4.74	4.35	4.12	3.97	3.87	3.73	3.57	3.41	3.23
8	5.32	4.46	4.07	3.84	3.69	3.58	3.44	3.28	3.12	2.93
9	5.12	4.26	3.86	3.63	3.48	3.37	3.23	3.07	2.90	2.71
10	4.96	4.10	3.71	3.48	3.33	3.22	3.07	2.91	2.74	2.54
11	4.84	3.98	3.59	3.36	3.20	3.09	2.95	2.79	2.61	2.40
12	4.75	3.88	3.49	3.26	3.11	3.00	2.85	2.69	2.50	2.30
13	4.67	3.80	3.41	3.18	3.02	2.92	2.77	2.60	2.42	2.21
14	4.60	3.74	3.34	3.11	2.96	2.85	2.70	2.53	2.35	2.13
15	4.54	3.68	3.29	3.06	2.90	2.79	2.64	2.48	2.29	2.07
16	4.49	3.63	3.24	3.01	2.85	2.74	2.59	2.42	2.24	2.01
17	4.45	3.59	3.20	2.96	2.81	2.70	2.55	2.38	2.19	1.96
18	4.41	3.55	3.16	2.93	2.77	2.66	2.51	2.34	2.15	1.92
19	4.38	3.52	3.13	2.90	2.74	2.63	2.48	2.31	2.11	1.88
20	4.35	3.49	3.10	2.87	2.71	2.60	2.45	2.28	2.08	1.84
21	4.32	3.47	3.07	2.84	2.68	2.57	2.42	2.25	2.05	1.81
22	4.30	3.44	3.05	2.82	2.66	2.55	2.40	2.23	2.03	1.78
23	4.28	3.42	3.03	2.80	2.64	2.53	2.38	2.20	2.00	1.76
24	4.26	3.40	3.01	2.78	2.62	2.51	2.36	2.18	1.98	1.73
25	4.24	3.38	2.99	2.76	2.60	2.49	2.34	2.16	1.96	1.71
26	4.22	3.37	2.98	2.74	2.59	2.47	2.32	2.15	1.95	1.69
27	4.21	3.35	2.96	2.73	2.57	2.46	2.30	2.13	1.93	1.67
28	4.20	3.34	2.95	2.71	2.56	2.44	2.29	2.12	1.91	1.65
29	4.18	3.33	2.93	2.70	2.54	2.43	2.28	2.10	1.90	1.64
30	4.17	3.32	2.92	2.69	2.53	2.42	2.27	2.09	1.89	1.62
40	4.08	3.23	2.84	2.61	2.45	2.34	2.18	2.00	1.79	1.51
60	4.00	3.15	2.76	2.52	2.37	2.25	2.10	1.92	1.70	1.39
120	3.92	3.07	2.68	2.45	2.29	2.17	2.02	1.83	1.61	1.25
∞	3.84	2.99	2.60	2.37	2.21	2.09	1.94	1.75	1.52	1.00

2. $\alpha = 0.025$

m\n	1	2	3	4	5	6	8	12	24	∞
1	647.8	799.5	864.2	899.6	921.8	937.1	956.7	976.7	997.2	1018
2	38.51	39.00	39.17	39.25	39.30	39.33	39.37	39.41	39.46	39.50
3	17.44	16.04	15.44	15.10	14.88	14.73	14.54	14.34	14.12	13.90
4	12.22	10.65	9.98	9.60	9.36	9.20	8.98	8.75	8.51	8.26
5	10.01	8.43	7.76	7.39	7.15	6.98	6.76	6.52	6.28	6.02
6	8.81	7.26	6.60	6.23	5.99	5.82	5.60	5.37	5.12	4.85
7	8.07	6.54	5.89	5.52	5.29	5.12	4.90	4.67	4.42	4.14
8	7.57	6.06	5.42	5.05	4.82	4.65	4.43	4.20	3.95	3.67
9	7.21	5.71	5.08	4.72	4.48	4.32	4.10	3.87	3.61	3.33
10	6.94	5.46	4.83	4.47	4.24	4.07	3.85	3.62	3.37	3.08
11	6.72	5.26	4.63	4.28	4.04	3.88	3.66	3.43	3.17	2.88
12	6.55	5.10	4.47	4.12	3.89	3.73	3.51	3.28	3.02	2.72
13	6.41	4.97	4.35	4.00	3.77	3.60	3.39	3.15	2.89	2.60
14	6.30	4.86	4.24	3.89	3.66	3.50	3.29	3.05	2.79	2.49
15	6.20	4.77	4.15	3.80	3.58	3.41	3.20	2.96	2.70	2.40
16	6.12	4.69	4.08	3.73	3.50	3.34	3.12	2.89	2.63	2.32
17	6.04	4.62	4.01	3.66	3.44	3.28	3.06	2.82	2.56	2.25
18	5.98	4.56	3.95	3.61	3.38	3.22	3.01	2.77	2.50	2.19
19	5.92	4.51	3.90	3.56	3.33	3.17	2.96	2.72	2.45	2.13
20	5.87	4.46	3.86	3.51	3.29	3.13	2.91	2.68	2.41	2.09
21	5.83	4.42	3.82	3.48	3.25	3.09	2.87	2.64	2.37	2.04
22	5.79	4.38	3.78	3.44	3.22	3.05	2.84	2.60	2.33	2.00
23	5.75	4.35	3.75	3.41	3.18	3.02	2.81	2.57	2.30	1.97
24	5.72	4.32	3.72	3.38	3.15	2.99	2.78	2.54	2.27	1.94
25	5.69	4.29	3.69	3.35	3.13	2.97	2.75	2.51	2.24	1.91
26	5.66	4.27	3.67	3.33	3.10	2.94	2.73	2.49	2.22	1.88
27	5.63	4.24	3.65	3.31	3.08	2.92	2.71	2.47	2.19	1.85
28	5.61	4.22	3.63	3.29	3.06	2.90	2.69	2.45	2.17	1.83
29	5.59	4.20	3.61	3.27	3.04	2.88	2.67	2.43	2.15	1.81
30	5.57	4.18	3.59	3.25	3.03	2.87	2.65	2.41	2.14	1.79
40	5.42	4.05	3.46	3.13	2.90	2.74	2.53	2.29	2.01	1.64
60	5.29	3.93	3.34	3.01	2.79	2.63	2.41	2.17	1.88	1.48
120	5.15	3.80	3.23	2.89	2.67	2.52	2.30	2.05	1.76	1.31
∞	5.02	3.69	3.12	2.79	2.57	2.41	2.19	1.94	1.64	1.00

3. $\alpha = 0.01$

n ╲ m	1	2	3	4	5	6	8	12	24	∞
1	4052	4999	5403	5625	5764	5859	5981	6106	6234	6366
2	98.49	99.01	99.17	99.25	99.30	99.33	99.36	99.42	99.46	99.50
3	34.12	30.81	29.46	28.71	28.24	27.91	27.49	27.05	26.60	26.12
4	21.20	18.00	16.69	15.98	15.52	15.21	14.80	14.37	13.93	13.46
5	16.26	13.27	12.06	11.39	10.97	10.67	10.29	9.89	9.47	9.02
6	13.74	10.92	9.78	9.15	8.75	8.47	8.10	7.72	7.31	6.88
7	12.25	9.55	8.45	7.85	7.46	7.19	6.84	6.47	6.07	5.65
8	11.26	8.65	7.59	7.01	6.63	6.37	6.03	5.67	5.28	4.86
9	10.56	8.02	6.99	6.42	6.06	5.80	5.47	5.11	4.73	4.31
10	10.04	7.56	6.55	5.99	5.64	5.39	5.06	4.71	4.33	3.91
11	9.65	7.20	6.22	5.67	5.32	5.07	4.74	4.40	4.02	3.60
12	9.33	6.93	5.95	5.41	5.06	4.82	4.50	4.16	3.78	3.36
13	9.07	6.70	5.74	5.20	4.86	4.62	4.30	3.96	3.59	3.16
14	8.86	6.51	5.56	5.03	4.69	4.46	4.14	3.80	3.43	3.00
15	8.68	6.36	5.42	4.89	4.56	4.32	4.00	3.67	3.29	2.87
16	8.53	6.23	5.29	4.77	4.44	4.20	3.89	3.55	3.18	2.75
17	8.40	6.11	5.18	4.67	4.34	4.10	3.79	3.45	3.08	2.65
18	8.28	6.01	5.09	4.58	4.25	4.01	3.71	3.37	3.00	2.57
19	8.18	5.93	5.01	4.50	4.17	3.94	3.63	3.30	2.92	2.49
20	8.10	5.85	4.94	4.43	4.10	3.87	3.56	3.23	2.86	2.42
21	8.02	5.78	4.87	4.37	4.04	3.81	3.51	3.17	2.80	2.36
22	7.94	5.72	4.82	4.31	3.99	3.76	3.45	3.12	2.75	2.31
23	7.88	5.66	4.76	4.26	3.94	3.71	3.41	3.07	2.70	2.26
24	7.82	5.61	4.72	4.22	3.90	3.67	3.36	3.03	2.66	2.21
25	7.77	5.57	4.68	4.18	3.86	3.63	3.32	2.99	2.62	2.17
26	7.72	5.53	4.64	4.14	3.82	3.59	3.29	2.96	2.58	2.13
27	7.68	5.49	4.60	4.11	3.78	3.56	3.26	2.93	2.55	2.10
28	7.64	5.45	4.57	4.07	3.75	3.53	3.23	2.90	2.52	2.06
29	7.60	5.42	4.54	4.04	3.73	3.50	3.20	2.87	2.49	2.03
30	7.56	5.39	4.51	4.02	3.70	3.47	3.17	2.84	2.47	2.01
40	7.31	5.18	4.31	3.83	3.51	3.29	2.99	2.66	2.29	1.80
60	7.08	4.98	4.13	3.65	3.34	3.12	2.82	2.50	2.12	1.60
120	6.85	4.79	3.95	3.48	3.17	2.96	2.66	2.34	1.95	1.38
∞	6.64	4.60	3.78	3.32	3.02	2.80	2.51	2.18	1.79	1.00

附表 5 相关系数临界值 $r_\alpha(n-2)$ 表

α $n-2$	0.05	0.01	α $n-2$	0.05	0.01	α $n-2$	0.05	0.01
1	0.997	1.000	16	0.468	0.590	35	0.325	0.418
2	0.950	0.990	17	0.456	0.575	40	0.304	0.393
3	0.878	0.959	18	0.444	0.561	45	0.288	0.372
4	0.811	0.917	19	0.433	0.549	50	0.273	0.354
5	0.754	0.874	20	0.423	0.537	60	0.250	0.325
6	0.707	0.834	21	0.413	0.526	70	0.232	0.302
7	0.666	0.798	22	0.404	0.515	80	0.217	0.283
8	0.632	0.765	23	0.396	0.505	90	0.205	0.267
9	0.602	0.735	24	0.388	0.496	100	0.195	0.254
10	0.576	0.708	25	0.381	0.487	125	0.174	0.228
11	0.553	0.684	26	0.374	0.478	150	0.159	0.208
12	0.532	0.661	27	0.367	0.470	200	0.138	0.181
13	0.514	0.641	28	0.361	0.463	300	0.113	0.143
14	0.497	0.623	29	0.355	0.456	400	0.095	0.123
15	0.482	0.606	30	0.349	0.449	1 000	0.062	0.081

参 考 文 献

[1] 陈希孺.概率论与数理统计[M].合肥:中国科学技术大学出版社,1992.

[2] 魏宗舒.概率论与数理统计教程[M].2版.北京:高等教育出版社,2008.

[3] 茆诗松,程依明,濮晓龙.概率论与数理统计教程[M].2版.北京:高等教育出版社,2011.

[4] 盛骤,谢式千.概率论与数理统计及其应用[M].2版.北京:高等教育出版社,2010.

[5] 王松桂,程维虎,高旅端.概率论与数理统计[M].北京:科学出版社,2004.

[6] 缪铨生.概率与统计[M].3版.上海:华东师范大学出版社,2007.

[7] 张从军,刘亦农,肖丽华,等.概率论与数理统计[M].2版.上海:复旦大学出版社,2011.

[8] 郭跃华.概率论与数理统计[M].北京:科学出版社,2007.

[9] 周纪芗.回归分析[M].上海:华东师范大学出版社,1993.